BIM 技术系列岗位人才培养项目辅导教材

BIM 装饰专业操作实务

人力资源和社会保障部职业技能鉴定中心
工业和信息化部电子通信行业职业技能鉴定指导中心　组织编写
北京绿色建筑产业联盟BIM技术研究与应用委员会

BIM 技术人才培养项目辅导教材编委会　编

郭志强　张　倩　主编

中国建筑工业出版社

图书在版编目(CIP)数据

BIM装饰专业操作实务/BIM技术人才培养项目辅导教材编委会编. —北京:中国建筑工业出版社,2018.5
BIM技术系列岗位人才培养项目辅导教材
ISBN 978-7-112-22207-0

Ⅰ.①B… Ⅱ.①B… Ⅲ.①建筑装饰-建筑设计-计算机辅助设计-应用软件-技术培训-教材 Ⅳ.①TU238-39

中国版本图书馆CIP数据核字(2018)第086860号

责任编辑:封 毅 毕凤鸣 张瀛天
责任校对:姜小莲

BIM技术系列岗位人才培养项目辅导教材
BIM装饰专业操作实务

人力资源和社会保障部职业技能鉴定中心
工业和信息化部电子通信行业职业技能鉴定指导中心 组织编写
北京绿色建筑产业联盟BIM技术研究与应用委员会
BIM 技 术 人 才 培 养 项 目 辅 导 教 材 编 委 会 编
郭志强 张 倩 主编
*
中国建筑工业出版社出版、发行(北京海淀三里河路9号)
各地新华书店、建筑书店经销
北京红光制版公司制版
环球东方(北京)印务有限公司印刷
*
开本:787×1092毫米 1/16 印张:24¼ 字数:604千字
2018年5月第一版 2018年5月第一次印刷
定价:**62.00**元
ISBN 978-7-112-22207-0
(32102)

版权所有 翻印必究
如有印装质量问题,可寄本社退换
(邮政编码 100037)

本书编委会

编委会主任：陆泽荣　北京绿色建筑产业联盟执行主席

主　　编：郭志强　北京中外联合建筑装饰工程有限公司
　　　　　　张　倩　北京中外联合建筑装饰工程有限公司

副 主 编：戴　辉　常州九曜信息技术有限公司
　　　　　　龙建军　湖南卓越工程技术有限公司
　　　　　　刘健威　学尔森教育集团上海东方创意设计职业技能学校

编写人员：（排名不分先后）

北京中外联合建筑装饰工程有限公司	王培忠　冯晨曦　刘　伟　遑迎军 李　浩　席晓燕　王　康
上海益埃毕集团	王金城　侯佳伟　张雪梅　张妍妍 傅玉瑞
中国建筑设计院有限公司	薛兆明
中建八局第二建设有限公司装饰分公司	张成凯　杨　旭
湖南远东建设工程有限公司	蔡　辉
奇信建设集团股份有限公司	王世丹
广东方略城镇综合发展有限公司	陈志东
深圳市建筑装饰（集团）有限公司	吴　磊
内蒙古建筑职业技术学院	任尚万
上海市学尔森专修学院	任姿蓉
浙江东辉建筑装饰有限公司	王振涛
山东同圆设计集团有限公司	王效磊　李广绪
四川秉盟工程技术有限公司	吴定琼　杨君华
北京港源建筑装饰设计有限公司	刘　波
湖南六建装饰设计工程有限责任公司	张修源
中标建设集团股份有限公司	乔　刚　姜凯烽
北京绿色建筑产业联盟	陈玉霞　孙　洋　张中华　范明月 吴　鹏　王晓琴　邹　任

主　　审：刘占省　北京工业大学
　　　　　　王其明　中国航天建设集团

丛 书 总 序

中共中央办公厅、国务院办公厅印发《关于促进建筑业持续健康发展的意见》（国发办〔2017〕19号）、住建部印发《2016—2020年建筑业信息化发展纲要》（建质函〔2016〕183号）、《关于推进建筑信息模型应用的指导意见》（建质函〔2015〕159号），国务院印发《国家中长期人才发展规划纲要（2010—2020年）》《国家中长期教育改革和发展规划纲要（2010—2020年）》，教育部等六部委联合印发的《关于进一步加强职业教育工作的若干意见》等文件，以及全国各地方政府相继出台多项政策措施，为我国建筑信息化BIM技术广泛应用和人才培养创造了良好的发展环境。

当前，我国的建筑业面临着转型升级，BIM技术将会在这场变革中起到关键作用；也必定成为建筑领域实现技术创新、转型升级的突破口。围绕住房和城乡建设部印发的《推进建筑信息模型应用指导意见》，在建设工程项目规划设计、施工项目管理、绿色建筑等方面，更是把推动建筑信息化建设作为行业发展总目标之一。国内各省市行业行政主管部门已相继出台关于推进BIM技术推广应用的指导意见，标志着我国工程项目建设、绿色节能环保、装配式建筑、3D打印、建筑工业化生产等要全面进入信息化时代。

如何高效利用网络化、信息化为建筑业服务，是我们面临的重要问题；尽管BIM技术进入我国已经有很长时间，所创造的经济效益和社会效益只是星星之火。不少具有前瞻性与战略眼光的企业领导者，开始思考如何应用BIM技术来提升项目管理水平与企业核心竞争力，却面临诸如专业技术人才、数据共享、协同管理、战略分析决策等难以解决的问题。

在"政府有要求，市场有需求"的背景下，如何顺应BIM技术在我国运用的发展趋势，是建筑人应该积极参与和认真思考的问题。推进建筑信息模型（BIM）等信息技术在工程设计、施工和运行维护全过程的应用，提高综合效益，是当前建筑人的首要工作任务之一，也是促进绿色建筑发展、提高建筑产业信息化水平、推进智慧城市建设和实现建筑业转型升级的基础性技术。普及和掌握BIM技术（建筑信息化技术）在建筑工程技术领域应用的专业技术与技能，实现建筑技术利用信息技术转型升级，同样是现代建筑人职业生涯可持续发展的重要节点。

为此，北京绿色建筑产业联盟应工业和信息化部教育与考试中心（电子通信行业职业技能鉴定指导中心）的要求，特邀请国际国内BIM技术研究、教学、开发、应用等方面的专家，组成BIM技术应用型人才培养丛书编写委员会；针对BIM技术应用领域，组织编写了这套BIM工程师专业技能培训与考试指导用书，为我国建筑业培养和输送优秀的建筑信息化BIM技术实用性人才，为各高等院校、企事业单位、职业教育、行业从业人员等机构和个人，提供BIM专业技能培训与考试的技术支持。这套丛书阐述了BIM技术在建筑全生命周期中相关工作的操作标准、流程、技巧、方法；介绍了相关BIM建模软件工具的使用功能和工程项目各阶段、各环节、各系统建模的关键技术。说明了BIM技术在项目管理各阶段协同应用关键要素、数据分析、战略决策依据和解决方案。提出了推动BIM在设计、施工等阶段应用的关键技术的发展和整体应用策略。

我们将努力使本套丛书成为现代建筑人在日常工作中较为系统、深入、贴近实践的工具型丛书，促进建筑业的施工技术和管理人员、BIM技术中心的实操建模人员，战略规划和项目管理人员，以及参加BIM工程师专业技能考评认证的备考人员等理论知识升级和专业技能提升。本丛书还可以作为高等院校的建筑工程、土木工程、工程管理、建筑信息化等专业教学课程用书。

本套丛书包括四本基础分册，分别为《BIM技术概论》、《BIM应用与项目管理》、《BIM建模应用技术》、《BIM应用案例分析》，为学员培训和考试指导用书。另外，应广大设计院、施工企业的要求，我们还出版了《BIM设计施工综合技能与实务》、《BIM快速标准化建模》等应用型图书，并且方便学员掌握知识点的《BIM技术知识点练习题及详解（基础知识篇）》《BIM技术知识点练习题及详解（操作实务篇）》。2018年我们还将陆续推出面向BIM造价工程师、BIM装饰工程师、BIM电力工程师、BIM机电工程师、BIM路桥工程师、BIM成本管控、装配式BIM技术人员等专业方向的培训与考试指导用书，覆盖专业基础和操作实务全知识领域，进一步完善BIM专业类岗位能力培训与考试指导用书体系。

为了适应BIM技术应用新知识快速更新迭代的要求，充分发挥建筑业新技术的经济价值和社会价值，本套丛书原则上每两年修订一次；根据《教学大纲》和《考评体系》的知识结构，在丛书各章节中的关键知识点、难点、考点后面植入了讲解视频和实例视频等增值服务内容，让读者更加直观易懂，以扫二维码的方式进入观看，从而满足广大读者的学习需求。

感谢各位编委们在极其繁忙的日常工作中抽出时间撰写书稿。感谢清华大学、北京建筑大学、北京工业大学、华北电力大学、云南农业大学、四川建筑职业技术学院、黄河科技学院、湖南交通职业技术学院、中国建筑科学研究院、中国建筑设计研究院、中国智慧科学技术研究院、中国建筑西北设计研究院、中国建筑股份有限公司、中国铁建电气化局集团、北京城建集团、北京建工集团、上海建工集团、北京中外联合建筑装饰工程有限公司、北京市第三建筑工程有限公司、北京百高教育集团、北京中智时代信息技术公司、天津市建筑设计院、上海BIM工程中心、鸿业科技公司、广联达软件、橄榄山软件、麦格天宝集团、成都孺子牛工程项目管理有限公司、山东中永信工程咨询有限公司、海航地产集团有限公司、T-Solutions、上海开艺设计集团、江苏国泰新点软件、浙江亚厦装饰股份有限公司、文凯职业教育学校等单位，对本套丛书编写的大力支持和帮助，感谢中国建筑工业出版社为丛书的出版所做出的大量的工作。

北京绿色建筑产业联盟执行主席　陆泽荣
2018年4月

前　言

随着 IT 技术的创新发展和硬件性能的不断提高,解决装饰工程实施过程中复杂问题的能力得到了提高。BIM 在工程建设行业中使用的优势和好处显而易见。BIM 技术应用成为土木相关专业今后的发展趋势。在短短的时间内被应用于大量的工程项目进行技术实践,应用涵盖了设计、施工和运维。装饰作为建筑的子专业,在实际项目中使用 BIM 的时候,发现了 BIM 技术人员储备不足,BIM 技术流程和成果不规范的现象。

装饰专业分为内装(室内)和外装(幕墙),本书主要是 BIM 技术在室内装饰的介绍。

编写本书的目的是以深圳某售楼处为典型样板,使用 Revit 软件给装饰工程师提供一个 BIM 建模工作流的样例:从前期的项目定位策划开始,依次进行各分部分项工程模型的创建,再到基于模型的应用成果,最后对成果的管理和输出。寻着本书的引导,让读者了解最佳的建模工作方法、建模工作注意事项以及高效率的建模工具软件。本书重点放在装饰 BIM 建模部分,没有全面展开讲解 Revit 所有功能用法,以确保读者的视线集中在装饰专业范围内,读者可以使用 Revit 软件的在线帮助来获得本书没有用到的功能。

本书可以作为高职高专院校装饰相关专业课程的配套教材,也可以作为相关专业技术人员和自学者的参考和学习用书。

本书共分 8 章,其中第 1 章由常州九曜信息技术有限公司的戴辉、浙江东辉建筑装饰有限公司的王振涛、北京中外联合建筑装饰工程有限公司的冯晨曦、湖南远东建设工程有限公司的蔡辉、中建八局第二建设有限公司装饰分公司的杨旭编写;第 2 章由上海益埃毕集团的王金城、山东同圆设计集团有限公司的王效磊、山东同圆设计集团有限公司的李广绪、广东方略城镇综合发展有限公司的陈志东、四川秉盟工程技术有限公司的杨君华、四川秉盟工程技术有限公司的吴定琼、学尔森教育集团上海东方创意设计职业技能学校的刘健威编写;第 3 章由学尔森教育集团上海东方创意设计职业技能学校的刘健威、上海益埃毕集团的王金城、上海益埃毕集团的侯佳伟、上海市学尔森专修学院的任姿蓉、上海益埃毕集团的张雪梅、上海益埃毕集团的张妍妍、上海益埃毕集团的傅玉瑞编写;第 4 章由北京中外联合建筑装饰工程有限公司的郭志强、北京中外联合建筑装饰工程有限公司的张倩、深圳市建筑装饰(集团)有限公司的吴磊、湖南六建装饰设计工程有限责任公司的张修源、北京中外联合建筑装饰工程有限公司的李浩编写;第 5 章由常州九曜信息技术有限公司的戴辉、北京中外联合建筑装饰工程有限公司的王培忠、北京中外联合建筑装饰工程有限公司的逄迎军、北京中外联合建筑装饰工程有限公司的席晓燕、中标建设集团股份有限公司的姜凯烽编写;第 6 章由中国建筑设计院有限公司的薛兆明、北京中外联合建筑装饰工程有限公司的刘伟、中标建设集团股份有限公司的乔刚、奇信建设集团股份有限公司的王世丹编写;第 7 章由湖南卓越工程技术有限公司的龙建军、内蒙古建筑职业技术学院的任尚万、北京港源建筑装饰设计有限公司的刘波编写；第8章由常州九曜信息技术有限公司的戴辉、中建八局第二建设有限公司装饰分公司的张成凯、北京中外联合建筑装饰工程有限公司的王康编写。全书由郭志强主编、修改并定稿；张倩审阅并统稿。

本书在编写过程中，参考了大量专业文献，汲取了行业专家的经验，参考和借鉴了有关专业内容。在此，向这部分文献的作者表达衷心的感谢！

由于编者水平有限，时间紧张，本书难免有不妥之处，衷心期望各位读者批评指正。

《BIM装饰专业操作实务》编写组
2017年8月

目 录

第1章 装饰专业的业态及建筑建模 ·· 1

1.1 装饰专业的业态 ·· 2
- 1.1.1 装饰发展 ·· 2
- 1.1.2 艺术与技术的结合 ·· 2
- 1.1.3 专业化分工细化 ··· 2
- 1.1.4 BIM 含义 ·· 2

1.2 装饰 BIM 软件 ··· 3
- 1.2.1 BIM 相关软件介绍 ··· 3
- 1.2.2 Revit 软件介绍 ·· 3

1.3 装饰 BIM 工作准备 ··· 3
- 1.3.1 新建、改扩建工程数据获得及协同 ··································· 4
- 1.3.2 修缮工程数据获得及协同 ·· 13

1.4 建筑快速入门 ··· 15
- 1.4.1 软件术语 ·· 16
- 1.4.2 软件界面 ·· 16

1.5 墙、轴网、尺寸 ··· 17
- 1.5.1 外墙 ·· 17
- 1.5.2 轴网 ·· 19
- 1.5.3 标高 ·· 21
- 1.5.4 对齐 ·· 22
- 1.5.5 尺寸 ·· 22
- 1.5.6 室内隔断墙 ··· 25

1.6 门 ·· 29
- 1.6.1 放置门族 ·· 29
- 1.6.2 镜像门 ··· 31
- 1.6.3 复制门 ··· 31
- 1.6.4 所有标记 ·· 33
- 1.6.5 删除门 ··· 33

1.7 窗 ·· 34
1.8 屋顶 ··· 35
1.9 楼板 ··· 38
1.10 注释、房间标记、明细表 ·· 39

  1.10.1 注释 ································ 39
  1.10.2 房间标记 ···························· 40
  1.10.3 明细表 ······························ 42
 课后习题 ·· 44

第2章 创建分部分项工程模型 ············ 45
 2.1 隔断墙 ······································ 46
  2.1.1 隔墙 ·································· 46
  2.1.2 玻璃隔断墙 ························ 49
 2.2 装饰墙柱面 ································ 51
  2.2.1 壁纸装饰面墙 ···················· 51
  2.2.2 瓷砖装饰墙 ························ 54
 2.3 门窗 ·· 57
 2.4 楼地面 ······································ 61
 2.5 天花板 ······································ 70
  2.5.1 创建整体式天花板 ············ 70
  2.5.2 创建木格栅天花板 ············ 73
 2.6 楼梯及扶手 ································ 76
  2.6.1 楼梯 ·································· 76
  2.6.2 绘制楼梯 ···························· 78
 2.7 固装家具 ···································· 86
  2.7.1 选择样板文件 ···················· 86
  2.7.2 绘制参照平面 ···················· 87
  2.7.3 绘制模型 ···························· 89
  2.7.4 效果图 ······························ 98
 2.8 装饰节点 ···································· 99
  2.8.1 木作装饰墙 ························ 99
  2.8.2 轻钢龙骨隔墙 ·················· 105
 2.9 卫生间机电设计 ························ 108
  2.9.1 建模准备 ·························· 108
  2.9.2 暖通专业 ·························· 110
  2.9.3 给水排水专业 ·················· 116
  2.9.4 电气专业 ·························· 130
  2.9.5 管道综合 ·························· 133
  2.9.6 模型处理 ·························· 135
 课后习题 ······································ 137

第3章 定制参数化装饰构件 ·············· 138
 3.1 家具与陈设 ······························ 139

3.1.1	坐卧类	139
3.1.2	凭倚类	151
3.1.3	储存类	160
3.1.4	陈设类	166

3.2 照明设备 173
3.3 装饰构件 175
　　3.3.1 踢脚线 176
　　3.3.2 轻钢龙骨族 178
3.4 注释族 184
　　3.4.1 立面符号族 184
　　3.4.2 图纸封面族 189
　　3.4.3 图框族 194
　　3.4.4 材质标记族 200
课后习题 204

第4章 定制装饰材料 205
4.1 概述 Revit 材料应用 206
　　4.1.1 材料属性 209
　　4.1.2 应用对象 209
　　4.1.3 应用范围 210
4.2 创建 Revit 材质 210
　　4.2.1 添加到材质列表 210
　　4.2.2 添加材质资源 211
　　4.2.3 替换材质资源 212
　　4.2.4 删除资源 213
4.3 详解材质面板参数 213
　　4.3.1 标识 214
　　4.3.2 图形 214
　　4.3.3 外观 218
　　4.3.4 材料库 225
4.4 Revit 材料应用对象一：面层 225
　　4.4.1 通用术语（例：石材-ST） 225
　　4.4.2 壁纸材质 226
　　4.4.3 面层材料库 232
4.5 Revit 材料应用对象二：功能材料 233
　　4.5.1 水泥砂浆 233
　　4.5.2 功能材料库 236
4.6 Revit 材料和自定义参数 237

  4.6.1　项目参数 ··· 237
  4.6.2　自定义参数 ··· 238
 课后习题 ··· 240

第5章　可视化应用 ··· 241
 5.1　Revit 表现室内效果图 ··· 242
  5.1.1　流程 ··· 242
  5.1.2　Revit 制作效果图 ·· 242
 5.2　Autodesk 360 云渲染效果图 ·· 261
 5.3　Revit 制作漫游动画 ·· 263
  5.3.1　创建漫游 ·· 263
  5.3.2　美化视图 ·· 266
  5.3.3　导出漫游 ·· 268
  5.3.4　日光研究 ·· 270
  5.3.5　导出日光研究 ·· 271
 5.4　3ds Max Design 室内渲染 ··· 273
  5.4.1　在 3ds Max Design 软件中新建项目文件 ······················· 273
  5.4.2　导出 Revit 项目文件 ··· 274
 课后习题 ··· 278

第6章　装饰施工图应用 ·· 279
 6.1　Revit 装饰施工图应用概述 ··· 280
 6.2　创建 Revit 施工图一般流程 ·· 281
 6.3　Revit 装饰施工图应用内容详解 ··· 284
  6.3.1　出图准备工作 ·· 284
  6.3.2　图纸创建 ·· 294
  6.3.3　创建出图视图 ·· 296
  6.3.4　图面说明 ·· 300
 6.4　创建装饰施工图系列 ·· 302
  6.4.1　平面图系列 ··· 302
  6.4.2　立面图系列 ··· 306
  6.4.3　详图节点系列 ·· 309
  6.4.4　前图部分 ·· 311
 6.5　打印导出 ··· 318
  6.5.1　打印 PDF ·· 318
  6.5.2　导出 CAD ··· 319
 课后习题 ··· 322

第7章　计量 ·· 323
 7.1　分部分项统计 ··· 324

7.2　室内家具统计与陈设统计 ·· 332
　　7.3　导出明细表 ··· 337
　　课后习题 ··· 338
第8章　交付成果 ··· 339
　　8.1　Revit 软件导出文件格式 ··· 340
　　8.2　Revit 导出明细表 ·· 340
　　　　8.2.1　导出 Excel 明细表 ·· 341
　　　　8.2.2　创建 Microsoft Excel 工作表文件 ···················· 342
　　8.3　导出 ODBC 数据库 ·· 344
　　8.4　导出 DWF 文件 ·· 348
　　课后习题 ··· 351
附录 ·· 352
参考文献 ·· 353
附件1　建筑信息化 BIM 技术系列岗位专业技能考试管理办法 ········ 354
附件2　建筑信息化 BIM 工程师（装饰）职业技能考试大纲 ············ 359

第 1 章　装饰专业的业态及建筑建模

本章导读

　　建筑装饰处于项目建设周期的末环，且与建筑最终使用者关系最密切。行业的高速发展衍生了众多的专项设计，在实施过程中受到了诸多限制，传统的解决手段在实际工作中遇到了瓶颈。BIM 的出现是 IT 技术的发展给行业发展带来的红利，为解决现实中遇到的复杂的问题提供了可能性和机会。本章主要介绍行业的发展现状、BIM 软件、建筑建模的一般技能。

本章学习目标

　　通过本章装饰专业的业态及建筑建模的学习，需掌握以下技能：

　　(1) 链接 Revit、CAD、IFC、协调模型方式；
　　(2) 导入 CAD、gbXML 链接文件方式；
　　(3) 传递项目标准的操作方法；
　　(4) 建筑模型创建及常用命令。

1.1 装饰专业的业态

1.1.1 装饰发展

从建筑业细分出来的现代建筑装饰行业,在改革开放的发展历程中,历经市场经济的砥砺,已经成为我国市场化程度最高的行业之一,是建筑行业的重要组成部分之一,与房屋和土木工程建筑业、建筑安装业并列为建筑业的三大组成部分。究其定义来说,建筑装饰是为保护建筑物的主体结构、完善建筑物的物理性能、使用功能和美化建筑物,采用装饰装修材料或饰物对建筑物的内外表面及空间进行的各种处理过程。属于建筑建设施工周期的最后几个阶段,处于建设阶段的末环。

1.1.2 艺术与技术的结合

建筑装饰是建筑艺术的重要组成内容,它不同于一般的艺术表现,它是技术与艺术相结合的产物,属于一种再创作,以工程技术为基础,综合艺术创作,以建筑结构为主体进行实施。在运用工艺和技术手段对建筑物进行修饰、美化,使其达到艺术化效果的同时,更利于人们的使用和观赏。不仅要求从业人员全面掌握装饰专业技术知识,更要求从业者具备基础的美学知识及建筑艺术欣赏能力。

1.1.3 专业化分工细化

当前的建筑装饰工程所包含的内容非常丰富。不仅包含了传统实施项目,随着行业的发展,人们对空间品质提出了新的要求,在原有基础上又细分了照明设计、陈设设计、局部景观等众多专项设计。这增加了各个参与方协同的难度,且实施过程中受到建筑空间的限制。装饰的设计风格各不相同,装饰材料品种繁多,使得装饰施工工艺呈现多样化。

在项目实施过程中,采用传统的管理手段解决所遇到的难点时往往费时费力,无法达到项目管理预期效果。

1.1.4 BIM 含义

目前我国针对建筑信息模型的定义还没有给予统一解释,按照国家规范 GB 的解释:建筑信息模型(Building Information Modeling)或者建筑信息管理(Building Information Management)是以建筑工程项目的各项相关信息数据作为基础,建立起三维的建筑模型,通过数字信息仿真模拟建筑物所具有的真实信息。

BIM 的出现是 IT 技术的发展给行业发展带来的红利,为解决现实中遇到的复杂的问题提供了新的思路和解决方法。尤其是在各参与方的协同和精细化管理上,提供了解决问题的方向。

1.2 装饰BIM软件

1.2.1 BIM相关软件介绍

建筑装饰专业常用的BIM设计软件包括Autodesk Revit、Bentley AECOsim Building Designer（简称ABD）、Graph Software ArchiCAD、Nemetschek Vectorworks、Dassault Catia/Gehry Technologies Digital Project 等。

本书以Revit软件在装饰设计过程中的操作为主要内容，提高装饰工程项目的效率和质量。

1.2.2 Revit软件介绍

作为当前国内应用最广泛的BIM模型创建工具，Revit系列软件是全球领先的数字化与参数化设计软件平台。目前Revit平台为基础推出的专业版软件，包含了建筑、结构、MEP三个专业设计工具，满足设计中各专业的应用需求，是目前国内民用建筑行业应用最为广泛的BIM设计软件。

Revit是针对广大设计师和工程师开发的三维参数化设计软件，利用Revit设计师可以在三维设计模式下，方便推敲设计方案、快速表达设计意图、创建BIM模型，并以BIM模型为基础，得到所需的设计图档、渲染和漫游、碰撞检测、工程量统计和物料清单等整个设计的交付成果。

装饰企业可以凭借Revit平台信息化的优势，针对自身业务特性开展业务范围内的管理。进行企业内部专业技能管理和标准化作业的制定，提高企业设计和施工产品输出的均值化，为企业提升核心竞争力提供了基础。

1.3 装饰BIM工作准备

在基于BIM技术启动装饰项目的时候，要对当前项目进行识别，以便进行相关的前期准备工作，为后续的工作开展奠定基础。依据项目的特性一般分为：新建工程、改扩建工程和修缮工程。参考资料为开展BIM需要的准备资料，业务流程为装饰BIM项目一般性业务流程，成果输出为阶段性成果输出。参考资料的要素依据项目特性进行组合，从而形成本项目实施的路线。

依据项目不同特性，在开展装饰BIM工作的时候，在Revit中采用不同的协同方法（图1.3-1）。

Revit软件支持各种原始设计格式的输入和输出，可以满足现有的装饰项目中各个参与方进行协同工作（图1.3-2）。

（1）链接Revit：将其他参与方创建的Revit模型作为外部参考链接到当前项目。

（2）链接IFC：将其他参与方创建的BIM模型作为外部参考链接到当前项目中。

（3）链接CAD：将其他参与方创建的二维或三维模型作为外部参考链接到当前项目中。

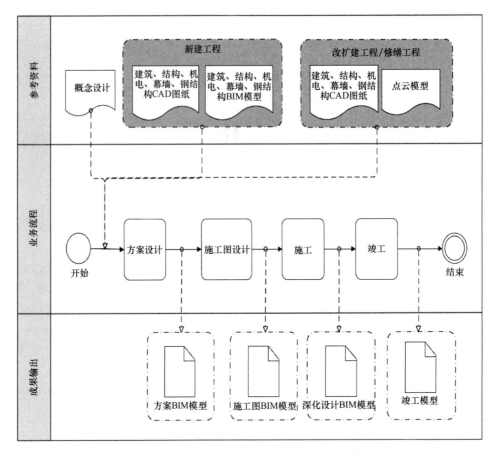

图 1.3-1 装饰 BIM 项目业务流程、要素及交付成果

图 1.3-2 Revit 输入和输出

（4）点云：将三维激光扫描技术创建的三维点云作为外部参考链接到当前项目中。

（5）协调模型：将 Navisworks 的文件作为外部参考链接到当前项目中（Revit 2018 版新增）。

（6）导入 CAD：将 CAD 设计软件创建的二维或三维文件导入到当前项目中。

（7）导入 gbXML：将外部的能耗分析软件创建的 XML 文件导入到当前项目中。

1.3.1 新建、改扩建工程数据获得及协同

新建工程是指从无到有新开始建设的项目，改扩建工程是指原有规模较小，经重新进行总体设计，扩大建设规模。经过项目特性进行识别后，可采取如下几种方式实现与其他

单位的协同工作。

1. 链接 Revit

适用于项目的各个参与方全专业实施 BIM，且在 Revit 同一个操作平台的背景下，开展装饰 BIM 工作。

链接 Revit 是实现建筑装饰专业实现全专业 BIM 设计最重要的方式。通常装饰设计师需要将建筑、结构和机电专业的 Revit 项目文件链接到当前项目中作为设计依据。

（1）链接 Revit 模型的方法

①在打开的项目文件，属性栏中选择"管理"—"管理链接"（图 1.3.1-1）。

图 1.3.1-1 管理链接

②在弹出的管理链接面板上，切换至 Revit 选项，点击"添加"（图 1.3.1-2）。

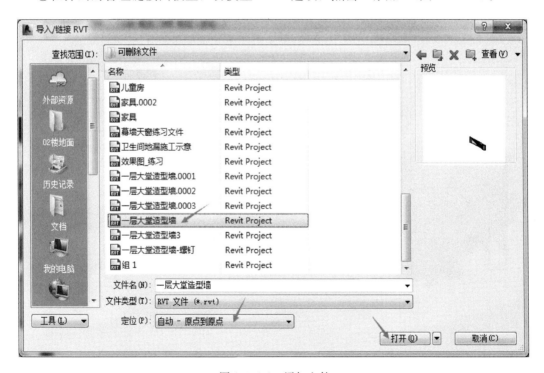

图 1.3.1-2 添加文件

③返回至管理链接面板，点击确定，应用链接（图 1.3.1-3）。

④链接文件时，应区分参照类型是覆盖还是附着（图 1.3.1-4）。

（2）传递项目标准

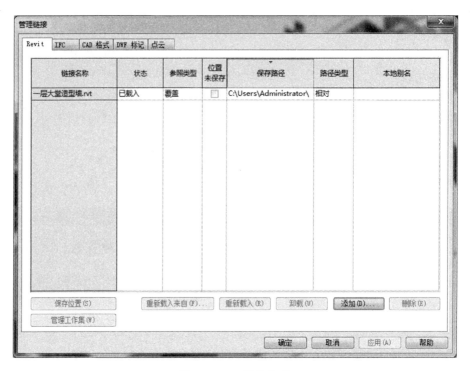

图 1.3.1-3　链接完成

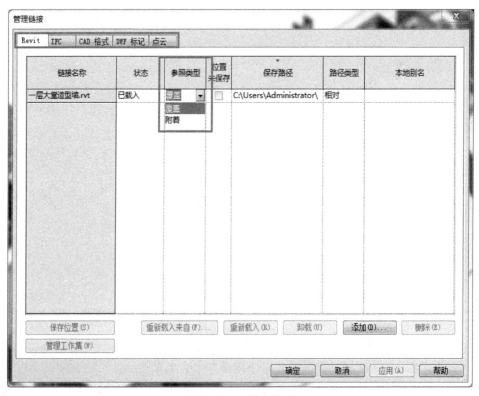

图 1.3.1-4　附着模式

1.3 装饰 BIM 工作准备

嵌套在项目样板中的企业标准可以通过项目传递的方式，进行项目间的复用。以装饰模型文件为例，演示全过程。

① 打开制作标准的"大厅造型墙"文件。

② 切换到本项目文件，点击工具栏中"管理"选项卡，再点击"传递项目标准"（图 1.3.1-5）。

图 1.3.1-5　传递项目标准

③ 在弹出的"选择要复制的项目"对话框中，确定"复制自"中文件为"大厅造型墙"，点击确定按钮（图 1.3.1-6）。

图 1.3.1-6　复制项目

④ 在弹出的"重复类型"对话框中，点击"仅传递新类型"按钮，然后退出"项目标准"文件，传递项目标准完成（图 1.3.1-7）。

注：企业信息的项目传递是高效工作的前提。

2. 链接 CAD 文件

适合于项目参与的其中一方采用 CAD 二维作业模式的背景下，开展装饰 BIM 工作。Revit 支持链接的 CAD 文件有 dwg、dxf、dgn、sat 和 skp 这五种格式，这里的 CAD 文件不仅包括二维图形，也包括三维模型。作为外部数据的参照文件进入本项目，整体控制其在项目中的显示（注意链接 CAD 和导入 CAD 的区别）。

（1）在"插入"选项卡中点击"链接 CAD"，打开"链接 CAD 格式"对话框（图

1.3.1-8、图 1.3.1-9）。

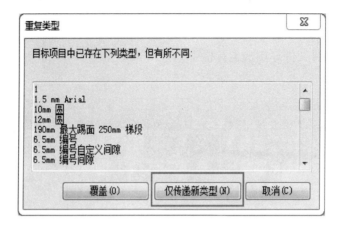

图 1.3.1-7　传递新类型

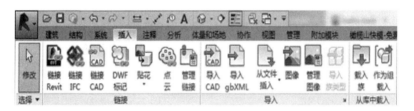

图 1.3.1-8　链接 CAD

图 1.3.1-9　链接 CAD 参数设置

(2) 文件类型：选择要链接的文件格式。

(3) 仅当前视图：如果不需要此 CAD 文件影响其他视图，则勾选此项，一般二维图形需要勾选。

① 颜色：此下拉列表包括反选（将图形颜色设置为原色相反的颜色）：
- 保留（保留原图形的颜色）；
- 黑白（强制图形颜色变为黑白）。

② 图层/标高：
- 全部（将链接所有图层中的图形）；
- 可见（原文件隐藏的图形将不被链接）；
- 指定（仅链接指定图层的图形）。

③ 导入单位：
- 自动检测（软件会保留链接文件的单位）；
- 自定义系数（软件将按系数对图形进行等比例缩放）；
- 其他单位不再赘述。

④ 定位：
- 自动——中心到中心（自动将图形放置在视口的中心位置）；
- 自动——原点到原点（自动根据链接文件设置的原点进行放置）；
- 自动——通过共享坐标（自动通过图形文件中设置好的坐标进行放置）；
- 另外三种方式都是通过手动方式放置，不再赘述。

(4) 放置于：可将导入的文件定位相应的标高上。

3. 链接 IFC 文件

适用于项目的各个参与方全专业实施 BIM，其中一个或多个参与方使用了其他软件平台的背景下，开展装饰 BIM 工作。Revit 支持链接的 IFC 文件有 ifc、ifcXML 和 ifcZIP 三种。

点击"链接 IFC"，在弹出的对话框选中相应的文件打开即可。IFC 文件在 Revit 中需要再次定位（图 1.3.1-10）。

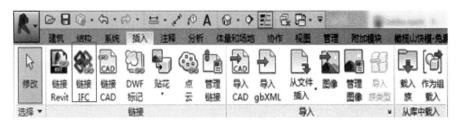

图 1.3.1-10　链接 IFC

注：目前由其他软件导出的 IFC 格式文件，都会出现不同程度的数据丢失现象，在导入 IFC 文件后需要对文件数据信息进行全面检查。

4. 链接其他设计数据

适用于项目的各个参与方全专业实施 BIM，其中一个或多个参与方使用了其他软件平台进行建筑分析与模拟的背景下，开展装饰 BIM 工作。

(1) 导入 CAD 文件

Revit 支持导入的 CAD 文件有 dwg、dxf、dgn、sat 和 skp 这五种格式，这里的 CAD 文件不仅包括二维图形，也包括三维模型。作为外部数据直接进入本项目（注意链接 CAD 和导入 CAD 的区别）。

① 在"插入"选项卡中点击"导入 CAD"，打开"导入 CAD 格式"对话框（图 1.3.1-11、图 1.3.1-12）。

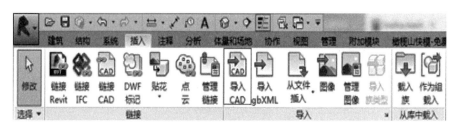

图 1.3.1-11 导入 CAD

图 1.3.1-12 导入 CAD 参数设置

② 文件类型：选择要导入的文件格式。

③ 仅当前视图：如果不需要此 CAD 文件影响其他视图，则勾选此项，一般二维图形需要勾选。

a. 颜色：此下拉列表包括反选（将图形颜色设置为原色相反的颜色）：

- 保留（保留原图形的颜色）；
- 黑白（强制图形颜色变为黑白）。

b. 图层/标高：

- 全部（将导入所有图层中的图形）；
- 可见（原文件隐藏的图形将不被导入）；
- 指定（仅导入指定图层的图形）。

c. 导入单位：
- 自动检测（软件会保留导入文件的单位）；
- 自定义系数（软件将按系数对图形进行等比例缩放）；
- 其他单位不再赘述。

d. 定位：
- 自动——中心到中心（自动将图形放置在视口的中心位置）；
- 自动——原点到原点（自动根据导入文件设置的原点进行放置）；
- 自动——通过共享坐标（自动通过图形文件中设置好的坐标进行放置），另外三种方式都是通过手动方式放置，不再赘述。

④ 放置于：可将导入的文件定位在相应的标高上。

（2）导入 gbXML 文件

在"插入"选项卡中点击"导入 gbXML"，打开"导入 gbXML"对话框，选择相应文件打开即可（图 1.3.1-13、图 1.3.1-14）。

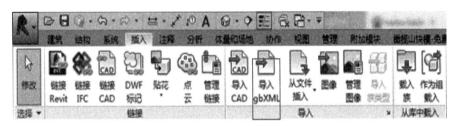

图 1.3.1-13　导入 gbXML

图 1.3.1-14　导入 gbXML 参数设置

5. 协调模型

协调模型是 Revit 2018 版中新增的功能,此功能拓展 Navisworks 软件支持的文件格式都可由此种方式链接到 Revit 软件。

可被链接的文件格式:nwd 和 nwc 两种格式。

(1) 在 Revit 2018 "插入"选项卡中点击"协调模型",打开"协调模型"对话框(图 1.3.1-15、图 1.3.1-16)。

图 1.3.1-15 协调模型

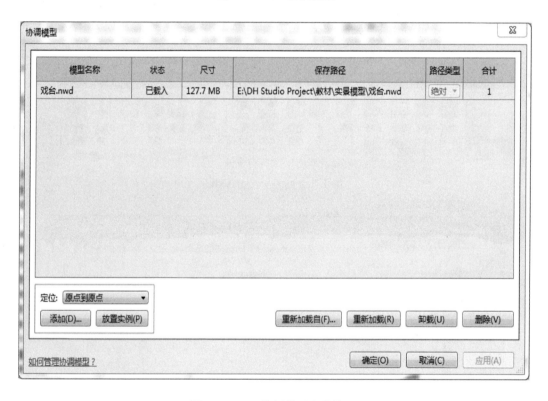

图 1.3.1-16 协调模型参数设置

(2) 定位:

① 原点到原点(通过在 Naviswoks 软件设置的原点进行定位);

② 通过共享坐标(通过在 Navisworks 软件设置的坐标进行定位)。

(3) 添加:添加 nwd 或 nwc 文件到当前项目中。

(4) 放置实例:基于当前协调模型多次添加到当前项目中。

(5) 重新加载自：如果原文件路径发生变化，采用此种方式重新加载。

(6) 重新加载：当原文件发生变动或卸载，可重新链接到当前项目中。

(7) 卸载：将当前协调模型卸载，但保留链接关系。

(8) 删除：在当前项目文件中删除协调模型（图1.3.1-17）。

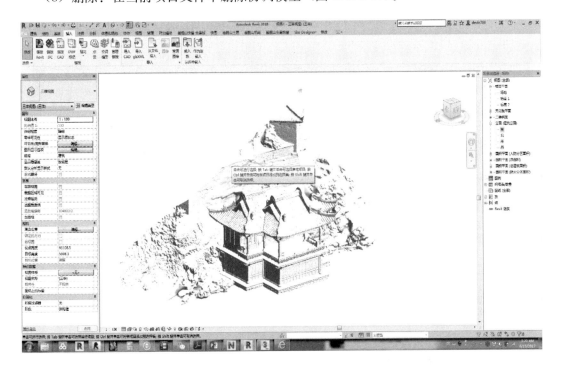

图 1.3.1-17 三维视图

1.3.2 修缮工程数据获得及协同

点云是和目标表面特性的海量点集合。修缮工程是指在一切竣工交付使用的建筑物、构筑物上进行土建、项目更新改造、设备保养、维修、更换、装饰、装修、加固等施工作业，以恢复、改善使用功能，延长房屋使用年限的工程。此类工程存在图纸缺失的问题，除了传统测量技术外，可采用新的BIM技术，即：三维激光扫描。

1. 链接点云文件

在逆向工程中通过测量仪器得到的产品外观表面的点数据集合也称之为点云，通常使用三维坐标测量机所得到的点数量比较少，点与点的间距也比较大，叫稀疏点云；而使用三维激光扫描仪或照相式扫描仪得到的点云点数量比较大并且比较密集，叫密集点云。在获取物体表面每个采样点的空间坐标后，得到的是一个点的集合，称之为"点云"（Point Cloud）。

根据激光测量原理得到的点云，包括三维坐标（XYZ）和激光反射强度（Intensity）；根据摄影测量原理得到的点云，包括三维坐标（XYZ）和颜色信息（RGB）；结合激光测量和摄影测量原理得到的点云，包括三维坐标（XYZ）、激光反射强度（Intensity）和颜色信息（RGB）。

Revit 支持链接的点云文件的格式有 rcp、rcs、3dd、asc、cl3、clr、e57、fls、fws 等格式。

2. 链接点云文件的方法

在"插入"选项卡中点击"点云",在弹出的"链接点云"对话框中打开相应的文件即可(图 1.3.2-1～图 1.3.2-4)。

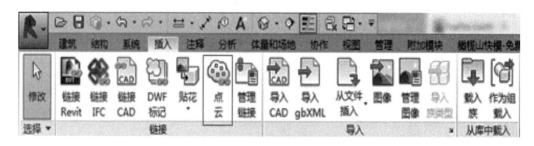

图 1.3.2-1　点云

图 1.3.2-2　文件类型

1.4 建筑快速入门

图 1.3.2-3　链接完成

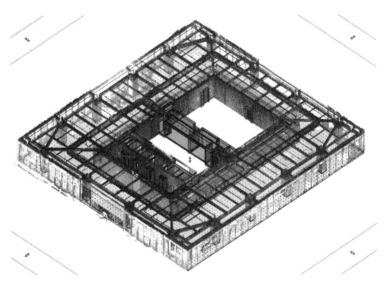

图 1.3.2-4　点云三维视图

1.4　建筑快速入门

本节主要是介绍如何使用 Autodesk Revit 快速建立建筑模型，主要涉及建筑墙、门、窗，其中一些具体的内容在本书的后面章节部分作详细介绍。由于本书的聚焦点为装饰专业的模型建立，有关建筑建模更加详细的介绍，请参阅本丛书的其他系列图书。

1.4.1 软件术语

双击 Revit 图标，软件进入到欢迎界面。该界面中包含"项目"、"族"、"样板"（图1.4.1-1）。

图 1.4.1-1　欢迎界面

1. "项目"的含义

在 Revit 中，"项目"可以理解为一个虚拟的工程项目，即建筑信息模型，项目文件包含了建筑的所有设计信息，如模型、视图、图纸等，"项目"文件名以 rvt 为扩展名。

2. "族"的含义

"族"可以理解为组成项目的基本图元组。项目文件中用于构成模型的墙、屋顶、门窗，以及用于记录该模型的详图索引、标记等内容，都是通过"族"创建的。"族"文件名以 rfa 为扩展名。"族"的内容将在"3.5 族的制作"中详述。

3. "样板"的含义

当新建一个"项目"的时候，会弹出"样板文件"的选择面板。Revit 样板文件的理念类似于 CAD 中的样板文件，用以定义"项目"的初始状态，其中"项目样板"的文件名以 rte 为扩展名。

1.4.2 软件界面

在本练习中，主要讲解软件界面的主要功能区与面板（图 1.4.2-1）。

1.5 墙、轴网、尺寸

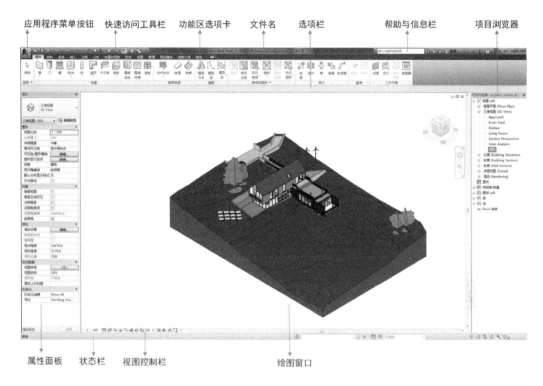

图 1.4.2-1 软件界面

1.5 墙、轴网、尺寸

在本练习中，将绘制建筑外墙。请仔细阅读每一项，对照文章步骤顺序操作。

1.5.1 外墙

（1）新建项目，命名为小型办公室（图 1.5.1-1）。

① 应用菜单→新建→项目；
② 单击"浏览"；
③ 选择"建筑样板"；

图 1.5.1-1 新建项目

图 1.5.1-2　墙命令

④ 新建"项目",单击"确定"。

(2) 选择"建筑"→"墙"(图 1.5.1-2)。

请注意功能区、选项栏、属性选项板已经改变,现在显示的是墙的属性。接下来,将修改这些设置。

提示:默认情况下,新的"墙"的底部限制条件是"标高 1",顶部限制条件是"未连接",应该调整顶部限制条件为"标高 2"。

(3) 修改功能区、工具选项栏和类型选择(图 1.5.1-3)。

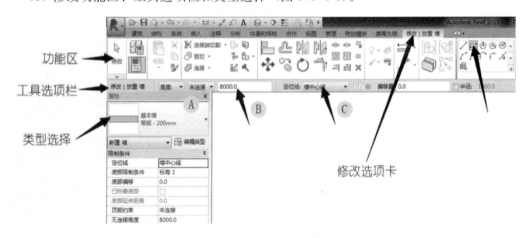

图 1.5.1-3　墙属性面板

① 墙类型选择"基本墙－常规－200";

② 高度:默认值为 8000;

③ 定位线:设置为墙心线;

④ 单击"矩形"图标(允许绘制矩形的四面墙,从而节省时间)。

(4) 绘制外墙(图 1.5.1-4)。

提示:请画在四个的建筑立面窗口中,单击左上角。

(5) 向右下侧移动鼠标(图 1.5.1-5)。

提示:此时墙的长度不准确不重要,下面可以修改墙的长度,蓝色的尺寸为临时尺寸。

你可以单击数字调整墙的尺寸,默认情况下尺寸是以墙的中心线计算,可以通过拖动临时标注两侧的点,来切换到墙内侧。

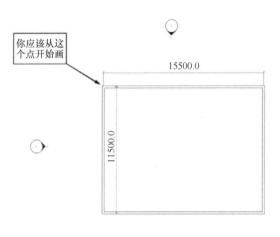

图 1.5.1-4　绘制外墙

1.5 墙、轴网、尺寸

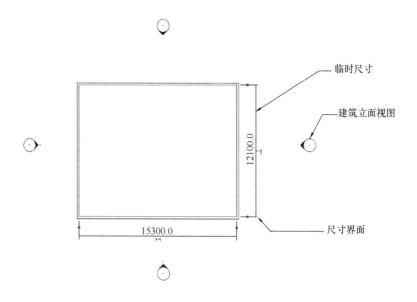

图 1.5.1-5　临时尺寸

1.5.2　轴网

轴网是建筑制图的主体框架，建筑物的主要支承构件按照轴网定位排列。轴网由定位轴线（建筑结构中的墙或柱的中心线）、标志尺寸（用心标注建筑物定位轴线之间的距离大小）和轴号组成。

（1）单击"修改"功能区（完成墙工具的使用），然后选择建筑→基准→轴网。

提示："结构"选项卡上也有相同的轴网选项。

接下来，将在建筑的左侧绘制一条垂直的轴网，首先把所有的轴网都绘制出来，接下来会使用另一个命令使轴网和墙进行对齐并锁定。

（2）绘制轴网（图 1.5.2-1）

［拾取第一点］在建筑物的左侧。

［第二拾取］垂直移动光标直线上升到北侧建筑，确保能看到青色线的虚线角度为 90°，单击"确定"。

（3）现在画的是第一个轴网线。接下来，将快速绘制四个轴网线，两横三纵（图 1.5.2-2）。

（4）修改横向轴号（图 1.5.2-3）。

将光标对准轴号 4，双击鼠标左键，删除原轴号 4，键入 A，然后按键盘上的 Enter 键。

随后修改另一个横向网格，使之成为Ⓑ轴（图 1.5.2-3）。

注：以英文字母为标注轴号时，不能出现以下英文字母：小写字母 i、o，大写字母 I、O。

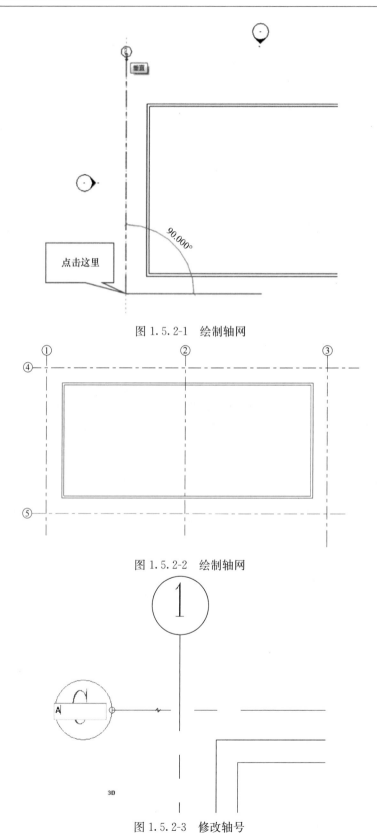

图 1.5.2-1 绘制轴网

图 1.5.2-2 绘制轴网

图 1.5.2-3 修改轴号

1.5.3 标高

使用"标高"工具,可定义垂直高度或建筑内的楼层标高。可为每个已知楼层或其他必需的建筑参照(例如,第二层、墙顶或基础底端)创建标高。

要添加标高,必须处于剖面视图或立面视图中。添加标高时,可以创建一个关联的平面视图。

标高是有限水平平面,用做屋顶、楼板和天花板等以标高为主体的图元的参照。可以调整其范围的大小,使其不显示在某些视图中(图1.5.3-1)。

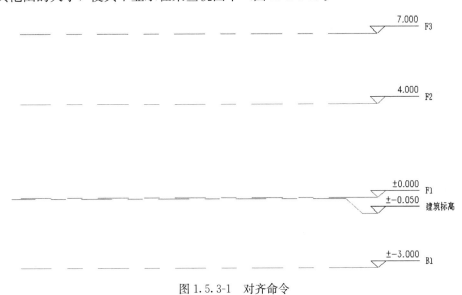

图1.5.3-1 对齐命令

除了为建筑中每个楼层创建标高外,还可以创建参照标高,例如窗台标高。

(1)打开要添加标高的剖面视图或立面视图。

(2)在功能区上,单击 ⊹ (标高)。

①"建筑"选项卡➤"基准"面板➤ ⊹ (标高);

②"结构"选项卡➤"基准"面板➤ ⊹ (标高)。

(3)将光标放置在绘图区域之内,然后单击鼠标。

注:当放置光标以创建标高时,如果光标与现有标高线对齐,则光标和该标高线之间会显示一个临时的垂直尺寸标注。

(4)通过水平移动光标绘制标高线。

在选项栏上,默认情况下"创建平面视图"处于选中状态。因此,所创建的每个标高都是一个楼层,并且拥有关联楼层平面视图和天花板投影平面视图。如果在选项栏上单击"平面视图类型",则仅可以选择创建在"平面视图类型"对话框中指定的视图类型。如果取消了"创建平面视图",则认为标高是非楼层的标高或参照标高,并且不创建关联的平面视图。墙及其他以标高为主体的图元可以将参照标高用做自己的墙顶定位标高或墙底定位标高。

当绘制标高线时,标高线的头和尾可以相互对齐。选择与其他标高线对齐的标高线时，将会出现一个锁以显示对齐。如果水平移动标高线，则全部对齐的标高线会随之移动。

（5）当标高线达到合适的长度时单击鼠标。

通过单击其编号以选择该标高，可以改变其名称。也可以通过单击其尺寸标注来改变标高的高度。

Revit 会为新标高指定标签（如"标高 1"）和标高符号。如果需要，可以使用项目浏览器重命名标高。如果重命名标高，则相关的楼层平面和天花板投影平面的名称也将随之更新。

1.5.4 对齐

接下来将使用"对齐"工具，使轴网与相邻墙的外表皮对齐。

图 1.5.4-1 对齐命令

（1）选择"修改"→"对齐"（图 1.5.4-1）。

（2）对齐①轴与相邻墙。

①［对齐第一点］在"对齐"命令状态下，单击与轴网①相邻的墙面外表皮（若选不中外表皮，可将鼠标悬停在墙上，按 TAB 键，切换参照面）。

②［对齐第二点］单击完墙外表皮后，单击想要与之对齐的轴网①。

③点击"锁定"轴网和墙之间关系的未锁定的挂锁符号。

④使用刚才所描述的步骤，余下的网格线对齐并锁定与其相邻的墙（图 1.5.4-2）。

1.5.5 尺寸

接下来，将添加轴网的尺寸，使用尺寸来控制墙和轴网的位置。

（1）选择"注释"→"对齐"选项（图 1.5.5-1）。

（2）标注尺寸

①选择对齐命令后，软件界面的功能区、选项栏、属性栏应该如图 1.5.5-1 所示。随后在对齐命令状态下选择轴网①。

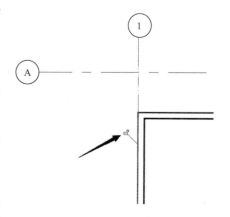

图 1.5.4-2 对齐轴网

提示：网格线将高亮显示，然后再选择它，这有助于确保选择正确的轴网（例如，网格线与墙上的交叉位置）要细心，不要选择墙。

②现在，选择网格线②，然后选择网格线③。

③点击如图 1.5.5-2 所示的位置，空白的位置。

提示：不要单击任何其他对象，否则 Revit 会再次进行标注。

④请注意，现在尺寸标注字符被选中，会看到一个斜线的 EQ 符号。此符号表示的各个组成部分的尺寸长度是不相等的。

1.5 墙、轴网、尺寸

图1.5.5-1 尺寸标注（1）

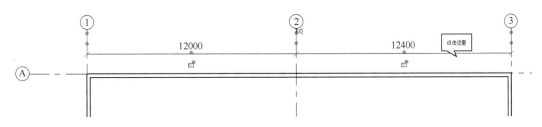

图1.5.5-2 尺寸标注（2）

（3）单击 EQ 符号

此时会发现 EQ 字符中的斜线消失了，这个符号表示的各个组成部分的尺寸长度是相等的（图1.5.5-3）。

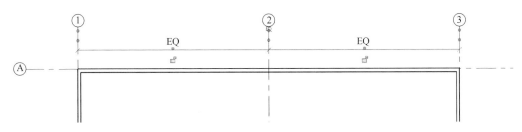

图1.5.5-3 EQ 符号

（4）使用"对齐"尺寸工具，添加一个①～③轴的尺寸标注（图1.5.5-4）

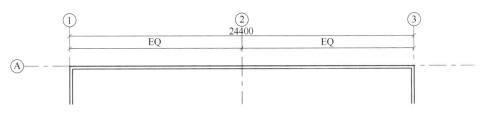

图1.5.5-4 尺寸标注（3）

（5）修改尺寸

① 单击"修改"（或按 Esc 键两次），以确保取消或完成的标注命令。

② 选择"轴网 3"。
③ 单击尺寸文本,然后键入 24400,然后按 Enter 键。
④ 重复前面的步骤,添加轴网Ⓐ和Ⓑ之间的尺寸,然后调整尺寸为10400(图1.5.5-5)

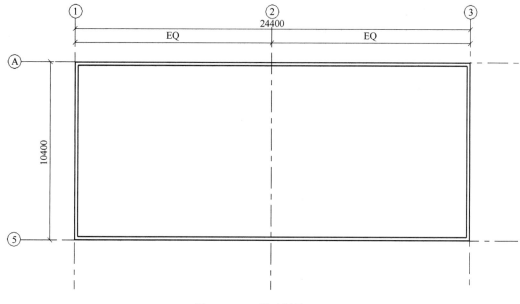

图 1.5.5-5　尺寸标注(4)

应该注意到,尺寸可以控制两个轴网之间的距离,而轴网与墙锁定,所以轴网移动会驱动墙跟着移动。

(6) 修改墙类型

修改墙类型的过程很简单:选择墙,并从类型选项栏中选择不同的类型。接下来的步骤将做到这一点,但也将告诉如何快速地选择所有的外墙,这样就可以一下子改变它们。

① 将光标悬停在其中一面外墙上,随之那面墙会高亮显示(不要点击)。
② 点击 Tab 键,直到四面墙全部高亮显示。
③ 单击以选中高亮显示的四面墙。
④ 此时属性选项栏已变成修改墙的选项。点击如图 1.5.5-6 所示的 1 位置,下拉选择"基本墙-CW 102-50-100p"。

(7) 详细程度

Revit 可以控制构件在视图中显示的详细程度。
① 在视图控制栏上,位于绘图窗口左下角的视图控制栏上,详细程度设置为"精细"(图 1.5.5-7)。
② 正如可以看到下面的两幅图像,粗略模式下墙只会显示轮廓,而精细模式下会显示墙的每个构造层(砖、保温、混凝土、石膏板等)(图1.5.5-8)。

注:针对较大模型文件,启用精细模式显示时,会增加电脑运转附载使电脑运行变慢。

现在,建筑外墙就绘制完了,请保存项目,接下来开始绘制内隔断墙。

1.5 墙、轴网、尺寸

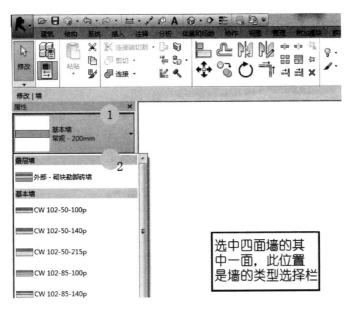

图 1.5.5-6 修改墙类型

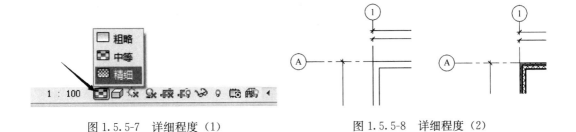

图 1.5.5-7 详细程度（1）　　　　图 1.5.5-8 详细程度（2）

1.5.6 室内隔断墙

室内隔断墙指在室内起分隔空间的作用，没有和室外空气直接接触的隔断墙。

（1）选择"建筑"→"墙"。（图 1.5.6-1）。

① 类型选择：基本墙—内部—79mm 隔断（1-hr）。

② 高度：标高 2。

图 1.5.6-1 绘制内墙

③ 定位线：墙中心线。
（2）绘制内墙
① 绘制一面从西侧建筑墙到东侧建筑墙的横向内墙（图1.5.6-2）。

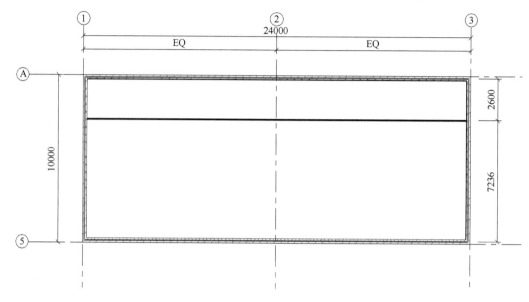

图1.5.6-2 绘制内墙（1）

② 使用"注释"→"对齐"命令对刚刚绘制的内墙进行尺寸标注（图1.5.6-2）。

③ 单击刚刚绘制的内墙后，尺寸标注为可编辑状态，输入6000，然后按Enter键（图1.5.6-3）。

（3）使用刚刚绘制的墙命令，绘制5段垂直方向的内墙，不要担心墙的确切位置（图1.5.6-4）。

（4）使用"注释"→"对齐"命令对刚刚绘制的垂直内墙进行尺寸标注（图1.5.6-5）。

（5）点击EQ，内墙重新定位（图1.5.6-6）。

（6）点击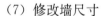锁定符号，约束这个尺寸不能被修改（图1.5.6-7）。

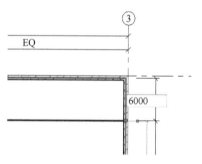

图1.5.6-3 内墙标注

（7）修改墙尺寸

接下来，将调整整个建筑的尺寸，请注意各种参数之间的关系，用参数来控制整个建筑的尺寸。

① 单击标注文字，将尺寸从10000修改为20000，然后按Enter键（图1.5.6-8）。

提示：想要调建筑的尺寸，需要点击轴网，而不是墙，因为尺寸控制的是轴网，轴网控制的是墙，它们是间接联动的关系。

② 选择轴网Ⓐ改变标注尺寸，由20000改成8000（图1.5.6-9）。

（8）保存项目（小型办公室.rvt）。

1.5 墙、轴网、尺寸

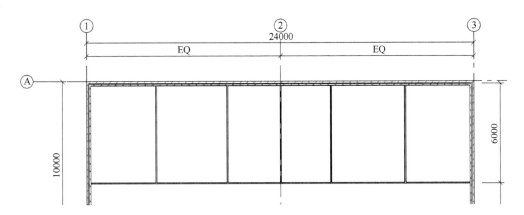

图 1.5.6-4 绘制内墙（2）

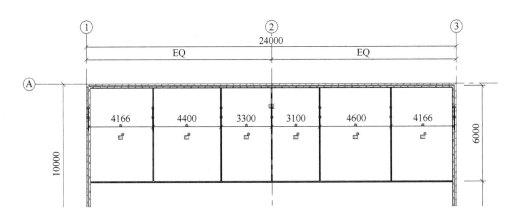

图 1.5.6-5 尺寸标注

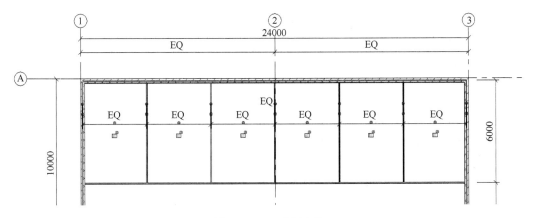

图 1.5.6-6 重新定位

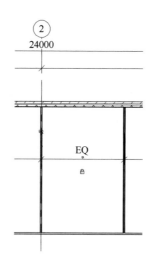

图 1.5.6-7 锁定尺寸

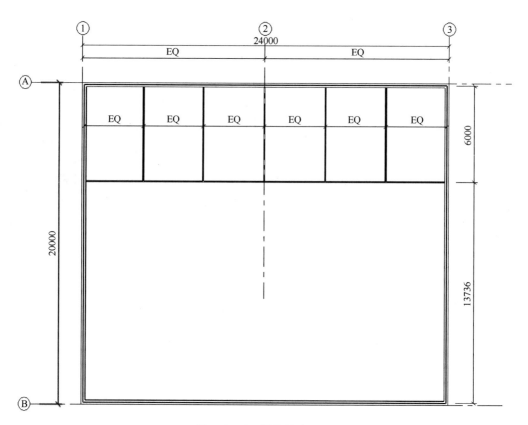

图 1.5.6-8 调整尺寸（1）

1.6 门

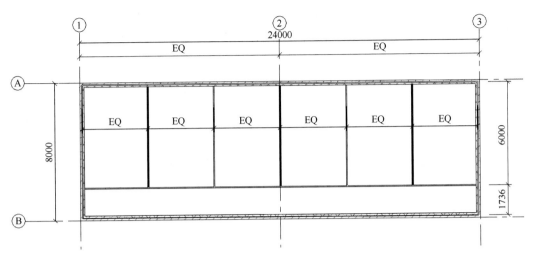

图 1.5.6-9 调整尺寸（2）

1.6 门

在本练习中，将添加门到创建的小型办公室。打开在 1.5 节中创建的项目（小型办公室.rvt）。

1.6.1 放置门族

（1）选择"建筑"→"门"选项（图 1.6.1-1）。

请注意，在功能区的建筑选项栏中选择门。接下来，修改这些设置。

类型选择器指示门的类型——宽度和高度。点击右边的向下箭头，预先加载到当前项目中列出了所有的门。

默认样板创建的项目，备选的门是"单扇—与墙齐"的门。750×2000mm 是标准的门。

（2）选择 750×2000mm 此类型门（图 1.6.1-2）。

（3）将光标移到在墙上门的位置，不要点击（图 1.6.1-3）。

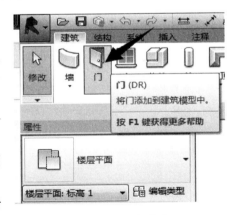

图 1.6.1-1 门命令

① 单击鼠标，将"门"放置于墙上。

提示：门会自动剪切掉墙，若门的方向不对，可以按空格键，进行翻转。

② 现在门处于选中状态，单击变化摆动控制箭头符号，可以控制住门的方向。

③ 单击临时尺寸标注，修改门距墙的位置（图 1.6.1-4）。

提示：可以单击并拖动临时尺寸标注的边界点，确定一个标准边。

④ 点击标注文字，输入 100，然后按 Enter 键（图 1.6.1-5）。

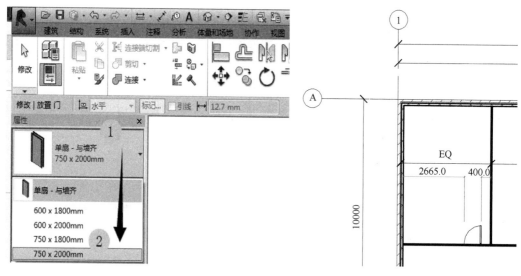

图 1.6.1-2 门类型

图 1.6.1-3 放置门（1）

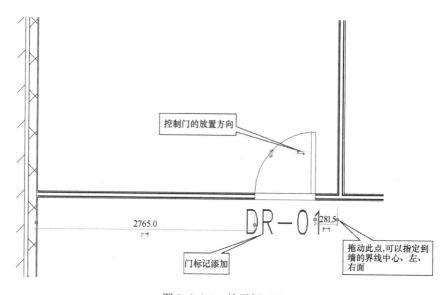

图 1.6.1-4 放置门（2）

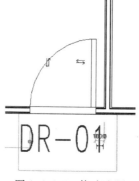

图 1.6.1-5 修改边距

1.6.2 镜像门

使用镜像命令，快速创建相邻垂直墙对面的另一扇门。

（1）单击门，使门处于选中状态，

（2）选择"修改｜门"→"镜像"（图1.6.2-1）。

（3）在选项栏上，勾选"复制"， （默认是勾选状态）。

（4）将光标悬停在毗邻的墙壁上，直到虚线显示参考线，然后单击"确定"（图1.6.2-2）。

（5）门已经被镜像到正确的位置（图1.6.2-3）。

提示：Revit 不会自动添加到镜像或复制门的门标签。这些将在后面添加。

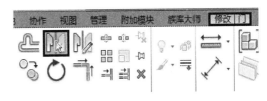

图 1.6.2-1　镜像命令

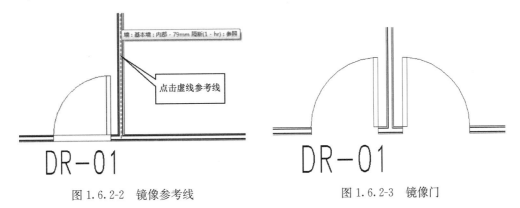

图 1.6.2-2　镜像参考线　　　　图 1.6.2-3　镜像门

1.6.3 复制门

现在，将绘制好的两个门复制到其他房间。

（1）单击以选中第一个门，然后按住 Ctrl 键。在按住 Ctrl 键的同时，单击另外一个门，使这两个门处于选中状态。

（2）选择"修改｜门"→"复制"（图1.6.3-1）。

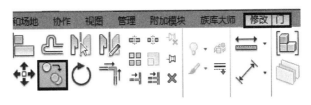

图 1.6.3-1　复制命令

（3）在选项栏上，勾选约束和多个　☑约束　☐分开　☑多个。

（4）将光标移动到两个门中间墙的中心线上，悬停光标会出现一条参照线，随后单击（图1.6.3-2）。

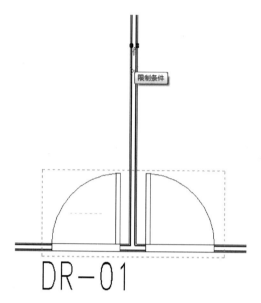

图 1.6.3-2 复制门

(5) 移动光标到以下的 2 和 3 点,并单击(图 1.6.3-3)。
提示:点击 2 和 3 墙的中心线。

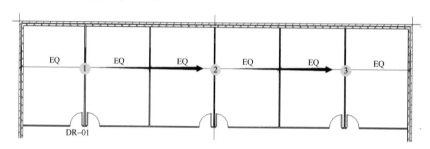

图 1.6.3-3 复制多个

(6) 使用门工具,添加两个外门(图 1.6.3-4)。

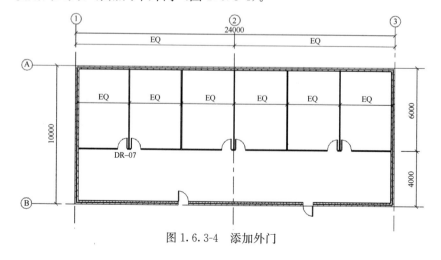

图 1.6.3-4 添加外门

1.6.4 所有标记

使用所有标记命令，对现有的构件进行统一标记。

（1）选择"注释"→"全部标记"（图1.6.4-1）。

图1.6.4-1 全部标记命令

（2）在"标记所有未标记的对象"的对话框中，标记方向为"垂直"，然后点击确定（图1.6.4-2）。

图1.6.4-2 全部标记界面

1.6.5 删除门

接下来，将学习如何删除一个门，这个命令适用于Revit多种场景。

（1）单击门，使之成为选中状态，然后按键盘上的Delete键。

正如你可以看到，门被删除，并自动填充之前门剪切的墙，门标签只能依附于门，门被删掉后门标记也将被删除。

（2）保存项目。

1.7 窗

在本练习中,将为小型办公室添加"窗"构件。打开在1.5节中创建的项目(小型办公室.rvt)。

图1.7-1 窗命令

(1)选择"建筑"→窗(图1.7-1)。

请注意功能区、选项栏、属性选项板已经改变了窗的选项。接下来,将修改这些设置。

类型选择器中显示了窗样式、宽度和高度。单击向下箭头的右边列出了所有的窗。

(2)选择0915×1200mm此类型的窗(图1.7-2)。

提示:

① 点击功能区上的"在放置时进行标记"。

② 注意属性面板的"底高度"。

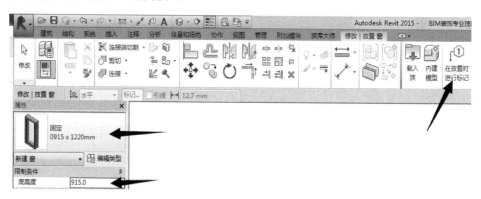

图1.7-2 窗类型

(3)将光标移动到北侧墙上,请注意,窗口位置的变化取决于你的光标放在哪一侧墙上,随后单击,放置两个窗(图1.7-3)

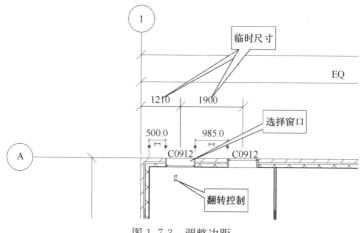

图1.7-3 调整边距

(4) 调整临时尺寸（图 1.7-3）。

左右侧窗设置尺寸为距墙内侧边界 500。

(5) 使用在 1.5 节中学习的"复制"命令，为每一个办公室复制两个窗口（图 1.7-4）。

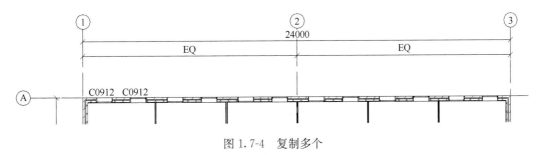

图 1.7-4 复制多个

(6) 保存项目。

1.8 屋 顶

为建筑物添加一个屋顶。

打开在 1.5 节中创建的项目（小型办公室.rvt）。

首先，快速浏览一下三维视图，并注意调整需要修改的外墙。

(1) 单击快速访问工具栏上的 3D 视图图标（图 1.8-1）。

图 1.8-1 3D 视图（1）

3D 图标可以切换到当前项目默认的 3D 视图当中。

(2) 修改外墙高度（图 1.8-2）。

请注意，外墙未达到设定标高高度，接下来，可以在平面图或 3D 视图改变墙的高度。

① 在 3D 视图中，将光标悬停在需要调整的外墙，然后按 Tab 键，直到切换选择到所有的外墙，然后单击以选中它们。

② 在"属性"面板中更改如下：

顶部约束："直到标高：标高 2"。

顶部偏移：500（图 1.8-3）。

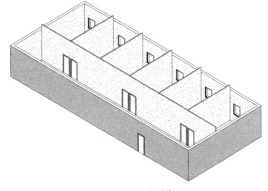

图 1.8-2 3D 视图（2）

图 1.8-3 墙属性

(3) 调整完之后效果如图 1.8-4 所示。

现在外墙是正确的高度,现在可以在这座建筑的顶层添加一个平坦的屋顶。

(4) 绘制屋顶

① 选择"建筑"→"屋顶"→"迹线屋顶"(图 1.8-5)。

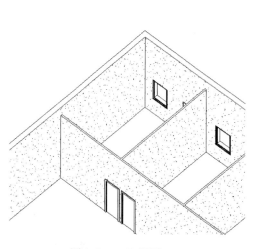

图 1.8-4 3D 视图(3)

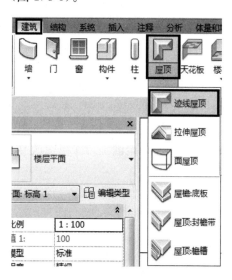

图 1.8-5 迹线屋顶

1.8 屋　顶

现在，已经进入草图模式下，Revit 模型是灰色的，所以绘制的迹线将会高亮显示。还要注意功能区选项栏，属性选项板已切换到屋顶的草图选项。

② 勾选"延伸到墙中（至核心层）"（图 1.8-6）。

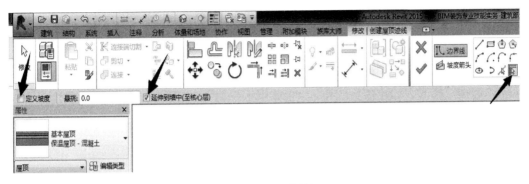

图 1.8-6　屋顶属性

③ 使用绘制面板中拾取墙命令选择所有外墙。

a. 将光标悬停在外墙。

b. 按 Tab 键直到所有的外墙。

c. 单击以选中所有外墙。

提示：在这一点上，在每一面墙有四个红色线条，这代表了你所创建的屋顶轮廓，当绘制迹线屋顶，你需要确保线不重叠，边角都清理了"修剪"命令。

完成屋顶草图之前，你需要把坡度设为 0，将屋顶调整成水平的屋顶。

④ 调整屋顶属性（图 1.8-7）。

现在，你可以完成屋顶和退出草图模式。

（5）查看 3D 视图

按住 Shift 键的同时按下滚轮键并拖动鼠标左右。

（6）保存项目。

图 1.8-7　屋顶标高

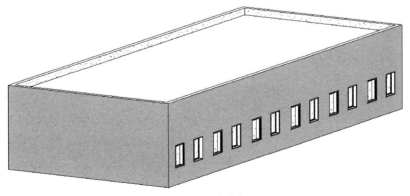

图 1.8-8　3D 视图（4）

1.9 楼板

在本练习中,将为小型办公室项目绘制楼板。
(1) 打开在 1.5 节中创建的项目(小型办公室.rvt)。
(2) 创建楼板
① 选择"建筑"→"楼板"(图 1.9-1)。
② 选择"修改|创建楼层边界"→"拾取边界线"→"拾取线"(图 1.9-2)。
③ 调整楼板属性选项栏(图 1.9-3)。
④ 拾取建筑外侧边界线,随后点击完成命令(图 1.9-4)。
(3) 保存项目。

图 1.9-1 楼板命令

图 1.9-2 拾取线

图 1.9-3 楼板属性

1.10 注释、房间标记、明细表

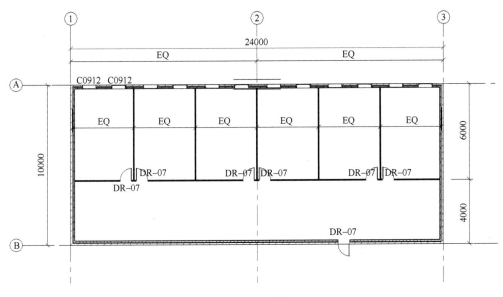

图 1.9-4 绘制楼板

1.10 注释、房间标记、明细表

1.10.1 注释

在 Revit 中添加文字标注是很简单的。在本练习中，将添加一个标题到平面图。
打开在练习 1.6 中创建的项目（小型办公室.rvt）

（1）选择"注释"→"文字"（图 1.10.1-1）。

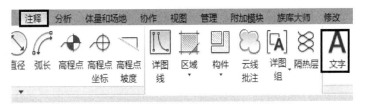

图 1.10.1-1 文字命令

（2）选择"修改|放置文字"→"无引线"（图 1.10.1-2）。
（3）文字属性栏如图 1.10.1-3 所示。

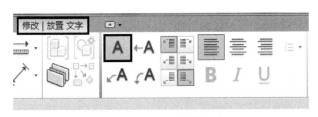

图 1.10.1-2 无引线文字

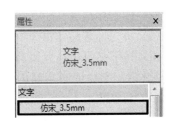

图 1.10.1-3 文字类型

类型选择器中显示的文本样式（这决定了字体样式和高度），可以根据自己的需要创建额外的文本样式。

（4）然后在楼层平面—标高1，单击某处输入文字（图1.10.1-4）。

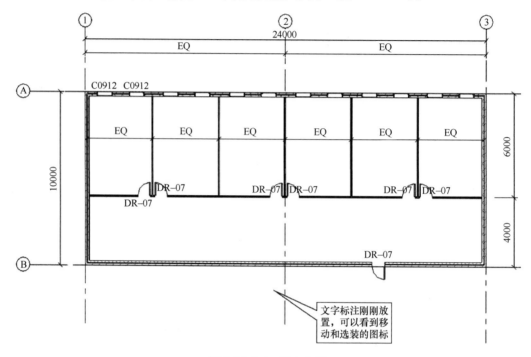

图1.10.1-4　输入文字

1.10.2　房间标记

接下来，为已做好的小型办公室空间，添加房间标签。

（1）选择"建筑"→"房间"（图1.10.2-1）。

图1.10.2-1　房间命令

（2）调整标记属性栏（图1.10.2-2）。

（3）将光标移动到每个闭合空间上，顺序为每个空间添加标记（图1.10.2-3）。

（4）按Esc键以结束目前的工具。

请注意，刚标记时房间内的"X"已经消失了。还要注意，此标记族将显示以下信息：名称和面积。

（5）调整房间的名称：点击房间名称文本，输入对应的空间名称，然后按键盘上的Enter键（图1.10.2-4）。

1.10 注释、房间标记、明细表

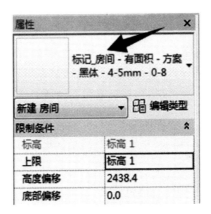

图 1.10.2-2　标签属性栏

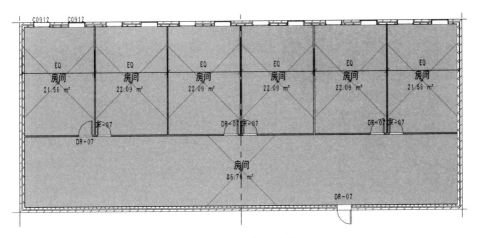

图 1.10.2-3　标记空间

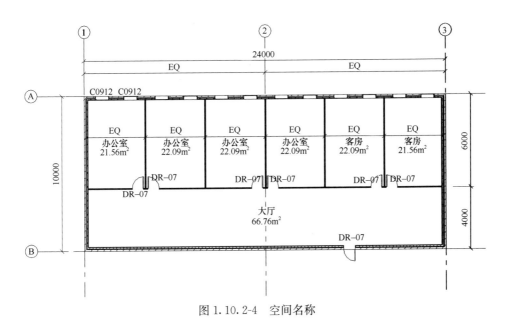

图 1.10.2-4　空间名称

41

1.10.3 明细表

接下来，为小型办公室创建一个房间明细表，这样你可以对项目房间进行快速浏览，以及快速对房间名称修改。

（1）选择"项目浏览器"→"明细表/数量"→"A_房间明细表"（图1.10.3-1）。

图1.10.3-1 项目浏览器

房间明细表是Revit模型中的表格视图。此信息是"活"的，是可以改变的（图1.10.3-2）。

\<A_房间明细表\>			
A	B	C	D
数量	名称	标高	面积（平方米）
1	办公室	标高1	21.56
2	办公室	标高1	22.09
3	办公室	标高1	22.09
4	办公室	标高1	22.09
5	客房	标高1	22.09
6	客房	标高1	21.56
7	大厅	标高1	86.76

图1.10.3-2 房间明细表

（2）更改表格中的房间名称

① 点击列表中5号房间的名字，改变文本为"男卫生间"。

② 点击列表中 6 号房间的名字，改变文本为"女卫生间"（图 1.10.3-3）。

\<A_房间明细表\>			
A	B	C	D
数量	名称	标高	面积（平方米）
1	办公室	标高 1	21.56
2	办公室	标高 1	22.09
3	办公室	标高 1	22.09
4	办公室	标高 1	22.09
5	男卫生间	标高 1	22.09
6	女卫生间	标高 1	21.56
7	大厅	标高 1	86.76

图 1.10.3-3　更改房间名称

③ 切换回平面视图中，请注意，房间名称已被更新（图 1.10.3-4）。

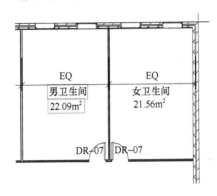

图 1.10.3-4　更新房间名称

（3）保存项目。

课后习题

单项选择题

1. 在 Revit 中可以使用哪个键循环切换靠近光标的构件？（　　）
   A. Shift
   B. Alt
   C. Tab
   D. Ctrl
2. 在使用墙命令时，在哪个栏可以调整墙的高度？（　　）
   A. 直接拉伸
   B. 属性栏
   C. 快速访问栏
   D. 功能区
3. 在放置以下哪种系统族时会自动剪切放置此族的主体？（　　）
   A. 门族
   B. 柱族
   C. 家具族
   D. 梁族
4. 系统门族可以放置在以下哪种主体上？（　　）
   A. 楼板
   B. 墙
   C. 任何一个面上
   D. 以上都可以
5. 使用以下哪个命令可以测量两墙之间的距离？（　　）
   A. 镜像
   B. 修改→对齐
   C. 移动
   D. 注释→对齐
6. 如项目为修缮工程，图纸丢失，采用 BIM 技术进行协同工作，应采用何种方式？（　　）
   A. 连接 Revit 文件
   B. 连接 IFC
   C. 连接点云模型
   D. 连接 CAD
7. 如项目为新建项目，Revit 为统一平台，专业间协同工作应采用何种方式？（　　）
   A. 连接 Revit 文件
   B. 连接 IFC
   C. 连接点云模型
   D. 连接 CAD
8. 如项目为新建项目，设计方使用二维平台，Revit 平台下专业间协同工作应采用何种方式？（　　）
   A. 连接 Revit 文件
   B. 连接 IFC
   C. 连接点云模型
   D. 连接 CAD

参考答案

单项选择题

1. C　2. B　3. A　4. B　5. D　6. C　7. A　8. D

第 2 章　创建分部分项工程模型

本章导读

　　本章主要介绍利用 Revit 创建装饰工程各分部分项工程的信息模型。在 Revit 中以深圳某售楼处项目为蓝本，从装饰工程的隔断开始，依次进行装饰模型的创建，通过实际的案例的模型建立过程让读者了解装饰专业建模基础，熟悉掌握墙柱面、隔断、门窗、楼地面、天花、固定家具。

本章学习目标

　　通过本章分部分项工程模型建立的学习，掌握以下技能：
　　(1) 熟练绘制墙体、地面、吊顶；
　　(2) 类型属性、编辑部件工具的使用；
　　(3) 玻璃幕墙绘制及应用；
　　(4) 可载入族编辑创建及应用；
　　(5) 楼梯及扶手的绘制方式；
　　(6) 创建及放置构建族；
　　(7) 二次机电设计基本技能。

2.1 隔断墙

2.1.1 隔墙

隔断墙以 2013 工程清单的分部分项为依据进行设定。各类型的隔断墙都可以用常规墙修改来完成制作。隔断墙的约束条件：本层建筑板顶到顶层的建筑板底。

常规墙的绘制方法如下：

打开楼层平面视图的标高 1，点击墙命令（快捷键 WA），选项栏有一些参数，如图 2.1.1-1 选项栏设置所示，在平面视图上绘制墙体，"高度"—"未连接"—"8000"是默认的墙体顶标高到标高 1 的距离；"定位线"—"墙中心线"是指绘制墙体时以墙中心线为定位线基准；"链"勾选指的是连续绘制墙，"链"不勾选指的是自动默认绘制单段的墙；"偏移量"是绘制时相对鼠标指针的偏移距离。

图 2.1.1-1　选项栏设置

依据上述方法完成整个项目的隔断墙工程模型。

在平面视图上绘制一段墙，选中此墙在"属性"对话框中可以调整墙的高度，如图 2.1.1-2 墙高度调整。

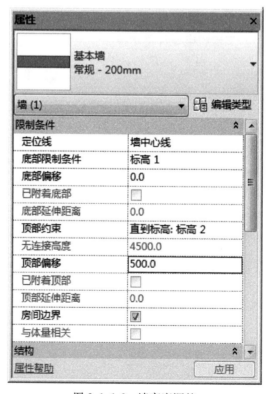

图 2.1.1-2　墙高度调整

2.1 隔断墙

1. 编辑类型

点击"编辑类型",如图 2.1.1-3 所示,可以复制墙的族类型、重命名墙的族名称、编辑墙的结构厚度和材质、选择墙的功能、选择墙的填充图案和颜色。

注:复制墙类型,可保留模型的构造参数,如功能、结构层等。新建则需要重新设置。

图 2.1.1-3 编辑墙

2. 绘制隔墙

切换 1F 平面图视图(图 2.1.1-4),选择墙体命令、选择已经设置好的墙体类型(图 2.1.1-5),在平面视图进行绘画制作(图 2.1.1-6)。绘制完成效果如图 2.1.1-7 所示。

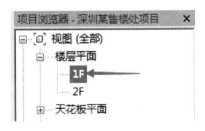

图 2.1.1-4 切换视图

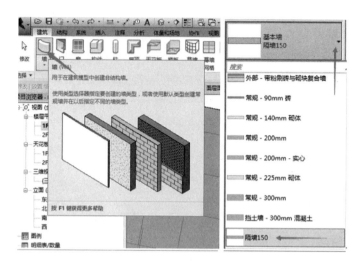

图 2.1.1-5　选择墙类型

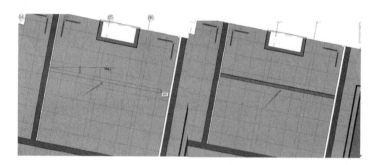

图 2.1.1-6　绘制墙体

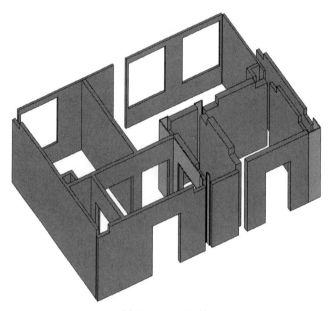

图 2.1.1-7　墙体

2.1.2 玻璃隔断墙

1. 自动生成玻璃隔断墙竖挺方法

单击墙命令，选择"幕墙"族类型，如图 2.1.2-1 所示，绘制一段玻璃墙体。选中玻璃墙体，在属性对话框中单击"编辑类型"，在类型属性中设置数据如图 2.1.2-2 所示，完成玻璃隔墙的创建。切换到三维视图，如图 2.1.2-3 所示。调整显示模式为精细和真实，可以观看玻璃隔墙的三维真实效果，如图 2.1.2-4 所示。

图 2.1.2-1 选择类型　　　　　　图 2.1.2-2 编辑幕墙（1）

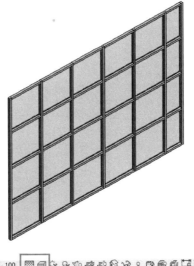

图 2.1.2-3 切换视图

图 2.1.2-4 幕墙

2. 手动添加玻璃隔墙竖挺方法

单击墙命令,选择"幕墙"族类型,如图 2.1.2-1 所示,绘制一段玻璃墙体。选中玻璃墙体,在属性对话框中单击"编辑类型",在类型属性中设置数据如图 2.1.2-5 所示,完成玻璃隔墙的创建。切换到三维视图,调整显示模式为精细和真实,可以看到玻璃隔墙的三维真实效果,如图 2.1.2-6 所示。

图 2.1.2-5 编辑幕墙

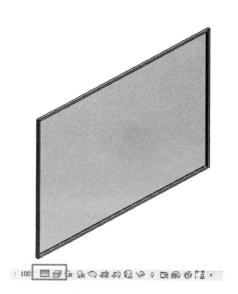

图 2.1.2-6 幕墙

选择"幕墙网格",如图 2.1.2-7 所示,放置在玻璃隔墙上,就生成幕墙网格,如图 2.1.2-8 所示;选择幕墙网格,可以调整网格间距,如图 2.1.2-9 所示,继续添加幕墙网格,完成玻璃隔墙的创建,如图 2.1.2-10 所示。

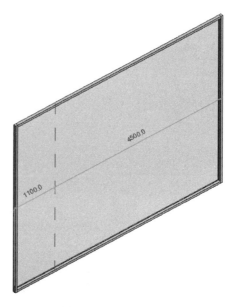

图 2.1.2-7 选择命令　　　　　图 2.1.2-8 放置网格

2.2 装饰墙柱面

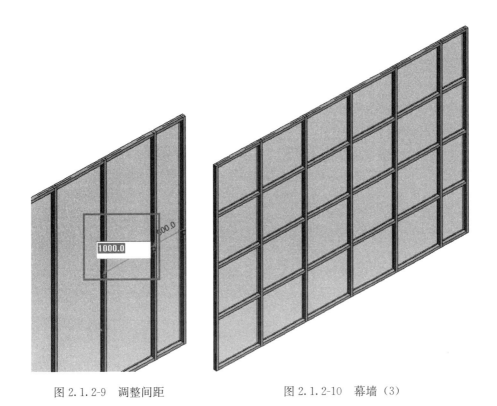

图 2.1.2-9 调整间距　　　　　图 2.1.2-10 幕墙（3）

依照上述方法，完成整个项目的玻璃隔断墙模型建立。

2.2 装饰墙柱面

装饰墙柱面按照装饰材料的不同分为涂料装饰墙、墙纸装饰面墙、陶瓷装饰墙、木作装饰墙、石材装饰墙，各类型的隔断墙都可以用常规墙修改来完成制作。装饰墙柱面的约束条件：装饰地面完成面到吊顶完成面，可依据当前项目的设计意图进行微调，例如：如果有踢脚，会出现不同的约束要求；例如壁纸，要是先贴壁纸可为低于踢脚1～2cm；要是先装踢脚，则完成面在踢脚上口。

2.2.1 壁纸装饰面墙

绘制一段常规墙，点击编辑类型打开类型属性对话框，复制一个墙类型族，命名为"壁纸装饰墙"，点击"确定"，如图 2.2.1-1 所示；打开"结构"—"编辑"，在编辑部件对话框中点击两次"插入"，生成两层结构层，通过"向上"、"向下"调整插入层的位置，如图 2.2.1-2 所示，将插入层重命名，数值和材质调整为如图 2.2.1-3 所示。完成壁纸装饰墙的创建，如图 2.2.1-4 所示。完成效果如图 2.2.1-5 所示。

第 2 章　创建分部分项工程模型

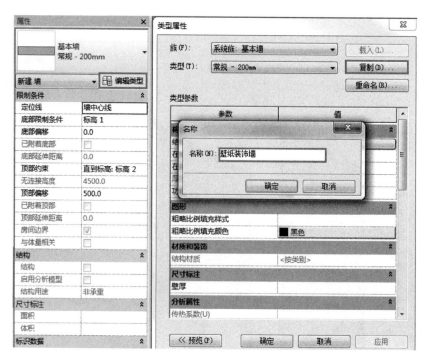

图 2.2.1-1　新建墙体类型

图 2.2.1-2　插入墙体做法层

2.2 装饰墙柱面

图 2.2.1-3 调整材质

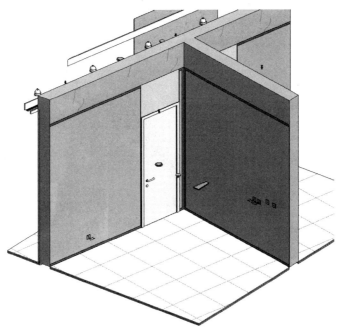

图 2.2.1-4 装饰墙柱面与隔断墙关系

第 2 章 创建分部分项工程模型

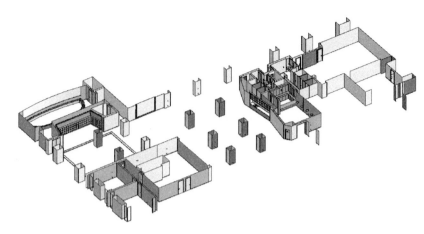

图 2.2.1-5 装饰墙柱面完成效果

2.2.2 瓷砖装饰墙

打开绘制好的隔断墙文件，如图 2.2.2-1 所示。

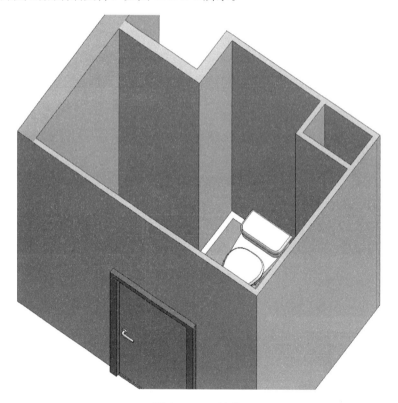

图 2.2.2-1 墙体

使用玻璃幕墙嵌板原理制作墙面瓷砖，打开幕墙族类型进行编辑修改（图 2.2.2-2）。打开类型属性进行复制类型（图 2.2.2-3），调整类型参数，更换幕墙嵌板、调整 600mm×300mm 瓷砖大小参数，利用幕墙的竖挺调整瓷砖缝隙（图 2.2.2-4），族类型制作完成。

2.2 装饰墙柱面

图 2.2.2-2 编辑类型　　　　　图 2.2.2-3 新建类型

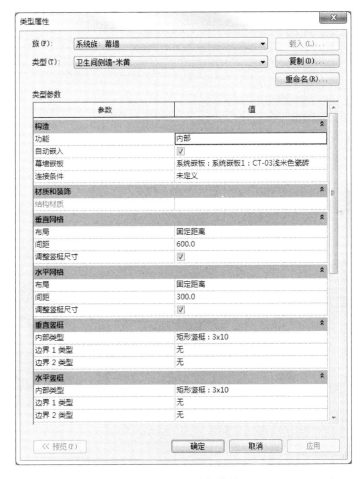

图 2.2.2-4 编辑参数

绘制瓷砖装饰墙,将试图切换平面视图进行绘制(图 2.2.2-5),选择墙体命令,将墙体切换到已经设置好的幕墙类型,设置好顶部约束标高及顶部偏移(注:吊顶区域标高),如图 2.2.2-6 所示,然后沿墙体边缘进行绘制、添加材质(图 2.2.2-7)。

55

第 2 章 创建分部分项工程模型

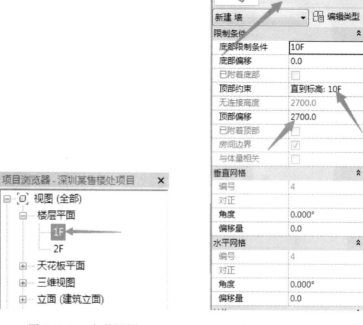

图 2.2.2-5 切换视图　　　　图 2.2.2-6 切换类型

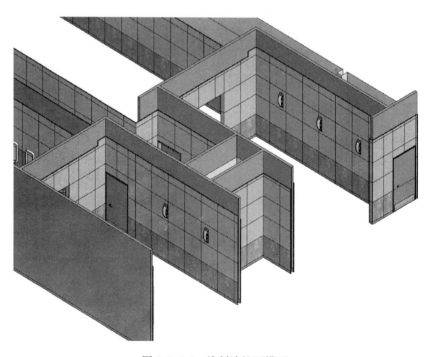

图 2.2.2-7 绘制墙柱面模型

2.3 门　窗

依照上述方法，完成整个项目的装饰墙柱面模型建立。

2.3 门窗

在建筑装饰装修中门与窗都是主要的构件，它们的形状、尺寸、色彩、造型等对室内效果都有很大的影响。Revit 软件默认的建筑样板里，门、窗样式比较单一，项目中如需放置其他类型的门与窗，可下载或制作所需样式的门、窗，再将其载入到项目中使用，同时软件也提供了一个族库，内有常见门、窗族供用户直接使用。本节以售楼处 DR-02 门为例（如图 2.3-1），介绍将制作完成的门载入到项目中的方法，接下来讲解详细步骤。

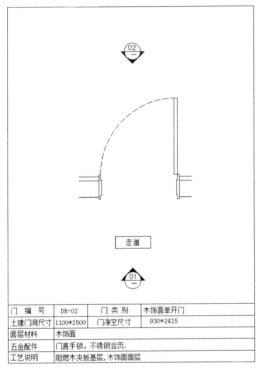

图 2.3-1　门

单击"插入"选项卡中的"载入族"命令（图 2.3-2），弹出"载入族"对话框。

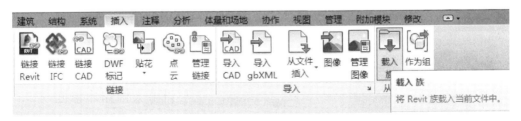

图 2.3-2　载入族

在"载入族"对话框中选择"平开门"族，单击打开（图 2.3-3）。将"门"载入进入项目中。

图 2.3-3 选择族

将门放置到模型中,方法一,单击在"建筑"选项卡中的"DR"命令(图 2.3-4)。

图 2.3-4 选择命令

在"属性"面板中找到平开门(图 2.3-5),将光标放置在墙体上,此时墙体会出现门的预览图像(图 2.3-6)。

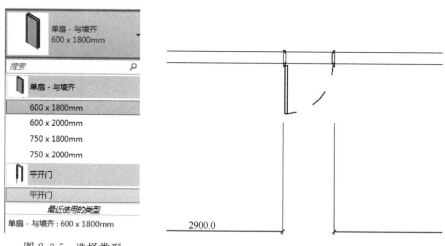

图 2.3-5 选择类型　　　　　　图 2.3-6 门预览

2.3 门　　窗

在放置门时，按空格键可将开门方向从左开翻转为右开或从右开翻转为左开（图2.3-7）；要翻转门面（使其向内开或向外开）（图2.3-8），应将光标移到靠近内墙边缘或外墙边缘的位置；当预览图像位于墙上所需位置时，单击鼠标左键以放置门（图2.3-9）。

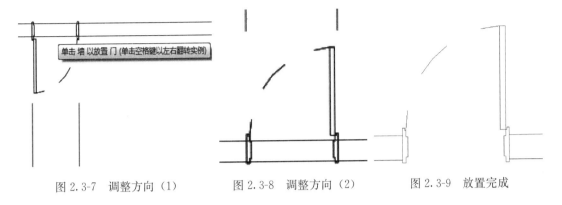

图2.3-7　调整方向（1）　　图2.3-8　调整方向（2）　　图2.3-9　放置完成

方法二，在"项目浏览器"面板的"族"选项卡（图2.3-10）中找到载入的"平开门"族（图2.3-11），将其拖拽至墙体上放置（图2.3-12）。

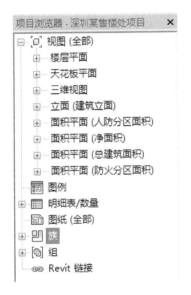 

图2.3-10　寻找门族（1）　　　　图2.3-11　寻找门族（2）

放置完门后，选中该实例，还可通过"⇆""↕"控件调整门的开启方向（图2.3-13）。

如果调整门位置，可选中该实例，单击出现的临时尺寸标注数据，通过编辑临时尺寸标注数据将其放置到合适的位置（图2.3-14）。

单击"属性"面板中"编辑类型"命令（图2.3-15），将弹出"类型属性"的对话框。在对话框中可根据"参数名称"修改相应的值（图2.3-16）。

在"项目浏览器"面板中进入三维视图（图2.3-17），将视图样式更改为"真实"，查看门三维图（图2.3-18）。

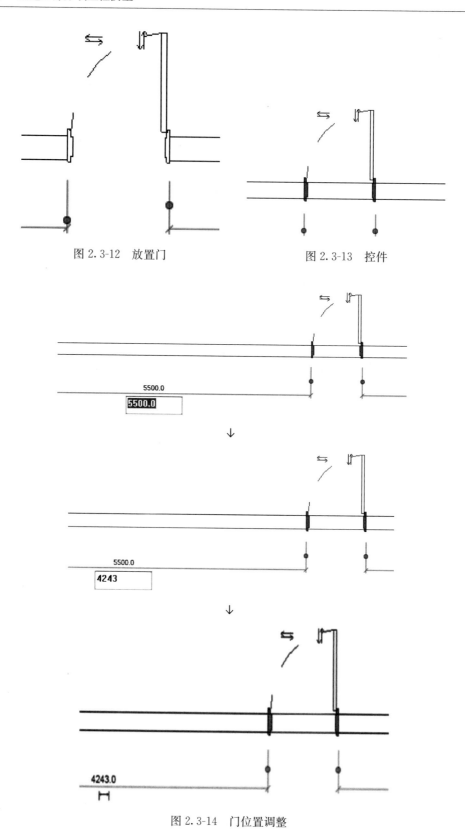

图 2.3-12 放置门　　　图 2.3-13 控件

图 2.3-14 门位置调整

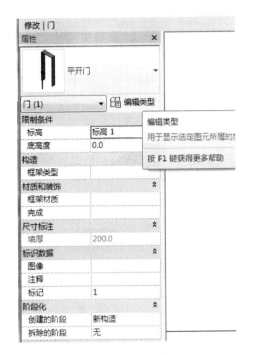

图 2.3-15　编辑类型　　　　　　　　图 2.3-16　修改参数

图 2.3-17　切换视图　　　　　　　　图 2.3-18　门三维图

依照上述方法，完成整个项目的门放置工作。

2.4　楼　地　面

楼地面基本结构主要由基层、垫层和面层等组成。根据材料分类：水泥类楼地面、陶瓷类楼地面、石材类楼地面、木质类楼地面、软质楼地面、塑料类楼地面、涂料类楼地面等；根据构造分类：整体式楼地面、板块式楼地面、木（竹）楼地面、软质楼地面等。

在室内装饰 BIM 模型的制作中，Revit 为楼地面的绘制提供了灵活的楼板与玻璃斜窗（屋顶工具中的类型之一）工具，可以在项目中创建任意形式的楼板与玻璃斜窗，并且根据这几种工具的特点，进行功能用途的随机变化，可以满足不同的建模需求。楼板、玻璃斜窗都属于系统族，可以根据草图轮廓及类型属性中对参数属性的定义生成任意形状的楼地面或其他类型的装饰层。

楼板是建筑设计中常用的建筑构件，用于分割建筑的各层空间。Revit 中提供了 3 种楼板：建筑楼板、结构楼板与面楼板。其中面楼板主要适用于将概念体量模型的体量楼层转换为楼板图元，该方式只能用于从体量拾取生成楼板模型时，不能够自行绘制。在整体式楼地面的建模过程中，主要使用建筑楼板命令。Revit 还提供了楼板边缘工具，用于创建基于楼板边缘的放样模型图元，如踢脚线等。

下面我们将通过实际操作在项目中绘制板块式楼地面，学习楼板工具的使用方法：

使用 Revit 的楼板工具，可以创建任意形式的室内楼地面。只需要在楼层平面视图中绘制楼板的轮廓边缘草图，即可以生成指定构造的楼地面模型。与 Revit 其他对象类似，在绘制前，需预先定义好需要的楼板类型。

在我们已有的项目文件中，切换至楼层平面视图，将视图放大至合适大小。单击"常用"选项卡"构建"面板中的"楼板"工具（或直接点击下拉三角形，选中"楼板·建筑"），进入创建楼板边界模式，自动切换至"修改楼层边界"上下文选项卡。如图 2.4-1 所示，Revit 将淡显其他图元（如在建模过程中发现视图模型被淡显且无法选中，可以检查是否进入了类似楼板这样的编辑环境下，如果是，则单击退出，即可退出编辑环境）。

图 2.4-1　上下文选项卡

提示：单击"楼板"工具的下拉三角形后会出现三种楼板绘制类型，如楼板·结构、面楼板等，以及常用的楼板边缘工具也在下拉列表中可以进行选择。

下面将用深圳某售楼处项目的卫生间楼地面为例，进行命令使用方法的讲解，如图 2.4-2 所示。

在"属性"面板中单击"编辑类型"，进入到楼板类型编辑对话框。首先需要对楼板类型进行复制（为了保证在操作过程中能够始终有一个系统标准类型存在项目中），并且根据具体项目需求进行命名即可，如本项目中命名"CT＿HB灰白瓷砖－250"。

保持类型属性对话框为打开状态，点击结构参数中的"编辑"按钮，弹出"编辑部件"对话框，该对话框与前面章节中的墙体"编辑部件"对话框类似。如图 2.4-3 所示，通过"插入"选项可以插入更多的结构层次，并且通过"向上"、"向下"调整层级顺序。

2.4 楼 地 面

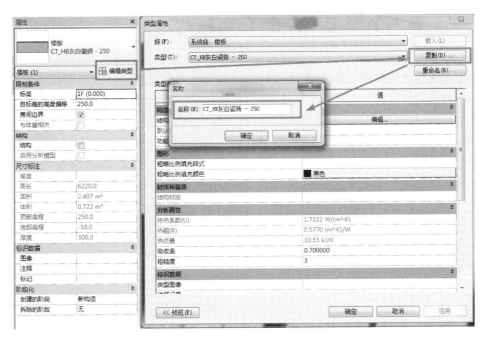

图 2.4-2 新建楼板

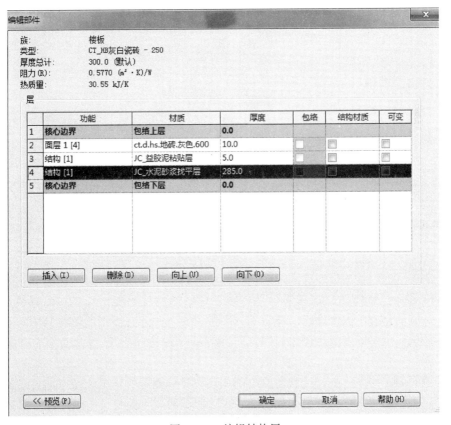

图 2.4-3 编辑结构层

与墙体结构层功能类似，Revit 共提供了 7 种楼板层功能，分别是结构 [1]、衬底 [2]、保温层/空气层 [3]、面层 1 [4]、面层 2 [5]、涂抹层和压型板 [1]。其中"压型板 [1]"是型钢楼板结构使用，在本章节中将不多加赘述。

因为本次绘制的楼板为楼地面（装饰面），所以将表面材质的功能类别设置为"面层 1 [4]"，材质类别点击进入材质库，选择与要设置的材质种类相类似的材质，进行复制后重命名，得到如图 2.4-3 所示的编辑结构层三层构造分层，功能为：ct. d. hs. 地砖. 灰色.600×600. 标准、JC_益胶泥粘贴层、JC_水泥砂浆找平层。在相似材质上复制有利于后期相似材质的管理与参数的共用，厚度根据需要进行设置，如本案例设置为 10mm、5mm、285mm。如图 2.4-4 所示。

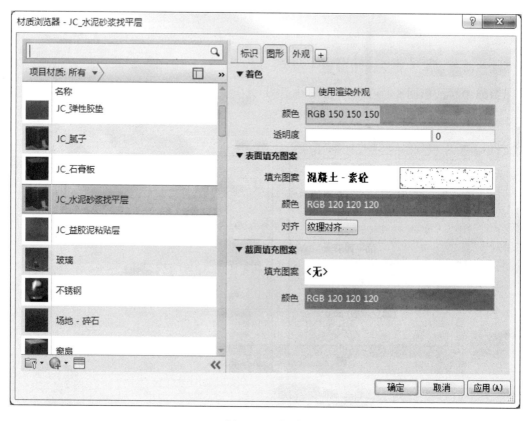

图 2.4-4　材质

为了实现剖面的材质填充样式的表达，需要在对应的材质中，对"截面填充图案"进行设置（Revit 的平面填充图案设置方法有别于 CAD 的 Hatch 命令，Revit 的平面填充图案需要在对应的材质中的"剖面填充图案"中进行设置；并且为了能够在材质的表面有一定的图案显示，也可以对"表面填充图案"进行设置）。如本案例将截面填充图案设置为"混凝土-素砼"类型，如图 2.4-5 所示。

在楼地面的三维表达中，经常需要绘制如地面砖块划分的情况，可以通过"材质"选项中的"表面填充图案"来解决。如图 2.4-6 所示，进入楼板的"编辑部件"窗口，弹出材质选择框，点击"表面填充图案"中的"填充图案"，然后选择需要的图案划分类型或自行新建新的类型。地砖的分隔缝形式如图 2.4-7 所示。

2.4 楼 地 面

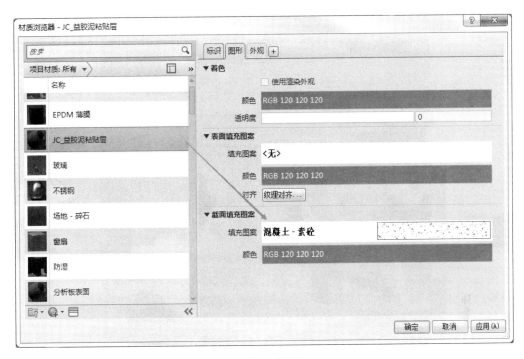

图 2.4-5 填充图案设置（1）

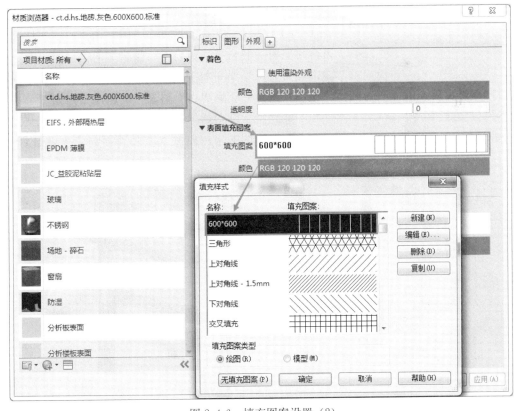

图 2.4-6 填充图案设置（2）

注意：在设置表面填充图案时，需要将"填充图案类型"设置为"模型"。

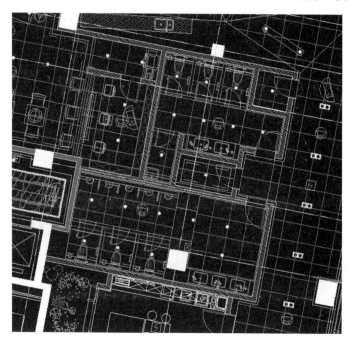

图 2.4-7　CAD 图纸

完成图形面板的设置，接下来要进行外观（渲染效果）的设置，这也是板块装饰面层后期表现成果的重要步骤，如图 2.4-8 所示。

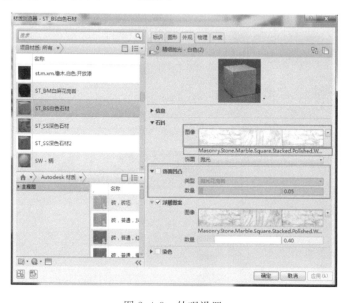

图 2.4-8　外观设置

（1）外观的主要成分是"图像"，也就是我们所谓的"贴图"，点击"图像"的预览图片，可以进入到图像的编辑模式，进行图像大小、比例的调整，如图 2.4-9 所示。出现的

2.4 楼 地 面

纹理编辑器后,可以点击"源",进行贴图的替换(如找到的贴图在显示时总是有拼贴缝,可以使用无缝贴图制作软件进行贴图的处理,再进行导入使用)。

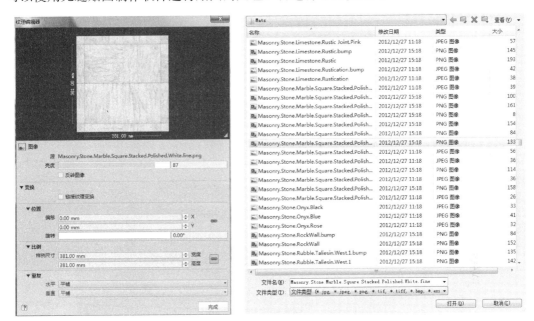

图 2.4-9 编辑图像

(2)设置完图像后,可以进行下一步的设置,为了达到真实模式的显示质量或渲染效果,则需要添加一定的凹凸度或浮雕图案,如图 2.4-8 所示。点击"浮雕图案"下方的图像后将出现"纹理编辑器",此处出现的图像与上方贴图一样,但是确实黑白灰显示,即所谓的"凹凸贴图"或"法线贴图",可以自行使用软件进行制作或使用 PS 进行去色即可,如图 2.4-10 所示。

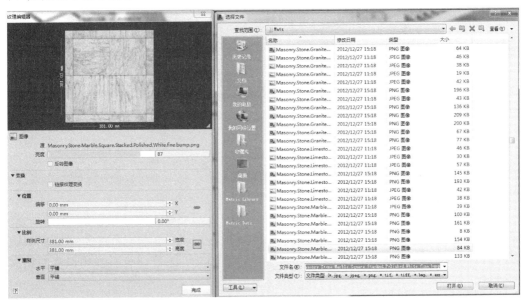

图 2.4-10 贴图替换

67

设置完成后，检查各参数的设置的正确性，没问题后即可点击"确定"按钮两次退出"类型属性"对话框。

提示：每一个楼板或者一个类型的参数属性的详细设置，对后期图纸表达、可视化表达等具有非常重要的作用，也是属于 Revit 模型图元的信息录入，为了防止后续返工修改参数，建议在绘制每一个图元之前便进行详细的参数设置。

如图 2.4-11 所示，确认"绘制"面板中的绘制状态为"边界线"，绘制方式为"拾取墙"，移动鼠标至需要创建楼板的墙的位置，单击即可自动拾取生成粉红色楼板边界。绘制完成后，需保证绘制的轮廓为闭合回路，不得出现开放、交叉或重叠的情况，点击"修改边界"中的确认勾选即可完成楼板的绘制（绘制模式可以为手动绘制线条模式、拾取墙模式，两者的区别在于拾取墙模式生成的边界线与墙体关联，当墙体移动时，楼板大小会跟随着发生移动，而手动绘制线条的模式则不受墙体移动的影响）。

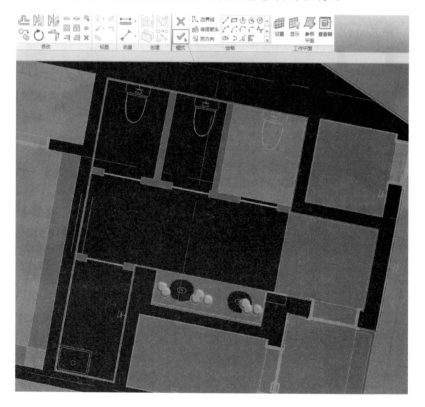

图 2.4-11　绘制边界

提示：在绘制过程中，如果发现线条显示很粗影响绘制，则可以使用"视图"选项卡"图形"面板中的"细线"显示模式，用细线替代所有真实线宽。

楼板的绘制中，可以同时存在多个闭合、不相交、不重叠的轮廓。所达到的效果分为两种情况：一是一个大的闭合轮廓包含多个闭合小轮廓，且不相交、不重叠，则是默认开洞的功能，如图 2.4-12 所示；二是多个闭合的、不相交、不重叠也不互相包含的轮廓，则会形成一个编辑模式下的多块楼板，便于管理，如图 2.4-13 所示。

在绘制楼地面过程中，根据不同的厚度要求，分别绘制不同分区的楼板，如本案例中

2.4 楼 地 面

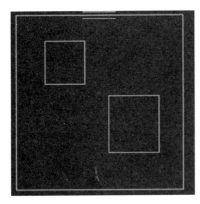 

图 2.4-12 边界（1）

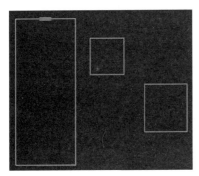 

图 2.4-13 边界（2）

的卫生间楼地面，根据分区不同，共有 400mm 与 250mm 两种楼地面的厚度，参数设置方式与上面阐释的方法一致。如图 2.4-14 所示为分区绘制完成后的结果。

回到三维模式便可以实现如图 2.4-15 所示的三维效果。

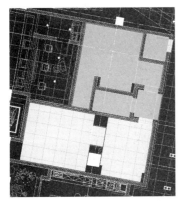 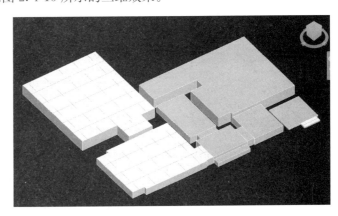

图 2.4-14 楼板平面　　　　　　图 2.4-15 楼板三维

楼地面的创建方式比较简单，与前面章节所提到的楼板的绘制方法一致。板块式楼地面的主要难点在于要熟悉材质的调整方法如"图形"中的"表面填充图案"与"剖面填充图案"的设置，前者直接影响到非真实模式下的三维显示效果，以及"外观"中的贴图的选择、调整与设置，直接影响到整体的渲染效果。

楼地面更多的是一些技巧的延伸与能动性，根据需求进行多种命令的组合，如楼板绘制、楼板修改子图元、玻璃斜窗等，在熟悉了解命令的制作逻辑的基础上，自行延伸学习，在发生错误时，可以直接将其复原到修改前的样式，如修改子图元命令可以进行"重设形状"、玻璃斜窗的轮廓可以随时进入到编辑模式进行形状调整等。

依照上述方法，完成整个项目楼地面的模型。

2.5 天花板

天花板主要分为石膏板、夹板、彩绘玻璃和其他材料等，在本次建模中可以分为两大类，与楼地面相似，分为整体式天花板与模块化天花板两种。

使用天花板工具，可以快速创建室内天花板。在 Revit 中创建天花板的过程与楼板的绘制过程类似，本小节就不多加赘述绘制的细节。但 Revit 为天花板工具开发了更为智能的自动查找房间边界的功能。下面一起来学习该命令的使用方法，绘制如图 2.5-1 所示的天花板。

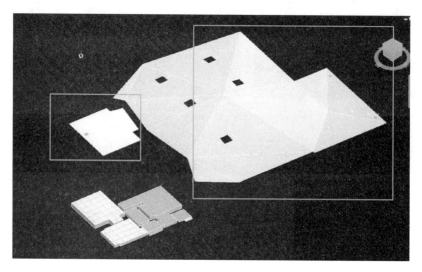

图 2.5-1　天花板（1）

2.5.1　创建整体式天花板

（1）将视图切换至 F1 楼层平面视图。单击"常用"选项卡"构建"面板中"天花板"工具，进入"修改|放置天花板"编辑模式，如图 2.5.1-1 所示。

图 2.5.1-1　创建天花板

2.5 天 花 板

（2）与上一小节绘制楼板方法类似，选好命令后，在开始绘制之前，需要在"属性"面板中选择天花板的类型如"PT_01白色乳胶漆"（与楼板编辑时复制新的类型方法类似，自行在系统默认的天花板的基础上进行复制与重命名新的天花板类型）。同时，回到属性面板，将天花板的高度进行设置，即"自标高的高度偏移"的值进行设置，如2650mm（自标高的高度偏移即从你当前绘制的标高如F1，距离F1标高楼层高2650mm的位置生成天花板），如图2.5.1-2所示。

图 2.5.1-2　天花板边界

（3）开始绘制时，可以将天花板的创建方式设置为"自动创建天花板"。注意，该方式将自动搜索房间边界，生成指定类型的天花板图元。但是针对没有确切墙体的空间进行绘制时，也可以使用手动绘制轮廓线的方式绘制天花板轮廓。

（4）绘制完成后，点击打钩确认，系统将提示"所绘制图元不可见"的警告框，如图2.5.1-3所示，因为我们所处的视图的剖切高度为默认1200mm，而天花板的高度是2600mm，因此不可见。不必理会此窗口，可以通过项目浏览器，选择"天花板平面"的分类，进入"F1"天花板平面，则可以看到绘制完成的天花板了，如图2.5.1-4所示（如

图 2.5.1-3　警告

果想要在楼层平面对天花板进行简单的查看，可以在属性面板中找到"视图范围"，将剖切高度进行调整，注意，顶高度要大于或等于剖切面的高度)。

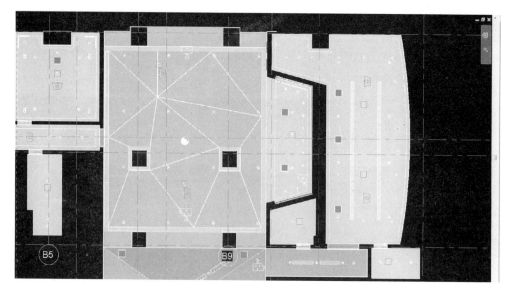

图 2.5.1-4　天花板（2）

（5）天花板的表面填充图案的设置方法与楼板相似，在设置的时候也需要选择填充图案的类型为"模型"类别，切勿用"绘图"类别，因为"绘图"类别的填充图案不会跟随着三维视图的旋转而旋转。"模型"类别的填充图案，能够在三维中进行位置的移动和砖缝的对位，"绘图"类别无法做到，如图 2.5.1-5 所示。

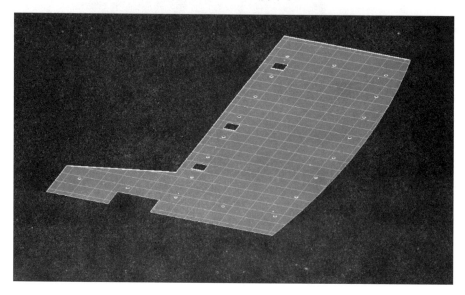

图 2.5.1-5　天花板三维

（6）除了上面绘制的普通天花板外，根据项目需求，可以进行坡度箭头的添加，如图 2.5.1-6 所示，能够实现具有一定坡度形状的天花板。

2.5 天 花 板

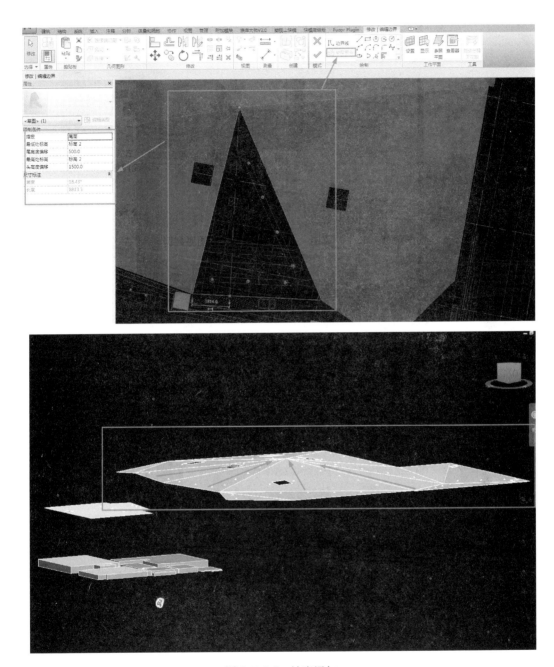

图 2.5.1-6 坡度添加

2.5.2 创建木格栅天花板

玻璃斜窗可以制作常见的天花板木格栅,在地铁、广场、地下步行街等很多地方的天花板设计很常见。如图 2.5.2-1 所示的营销中心部分走道的天花板便采用了这种方法。

具体的制作方法如下:

(1)根据平面的轮廓要求,绘制玻璃斜窗轮廓边界(玻璃斜窗类型在"屋顶"工具,

第 2 章 创建分部分项工程模型

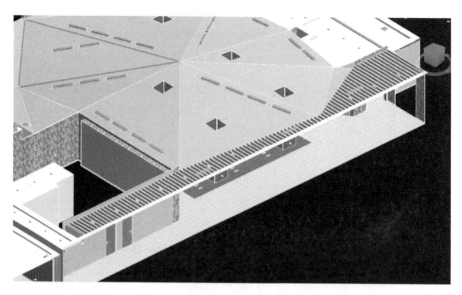

图 2.5.2-1 天花板

"属性"面板中屋顶类型下拉列表最后一项),如图 2.5.2-2 所示。

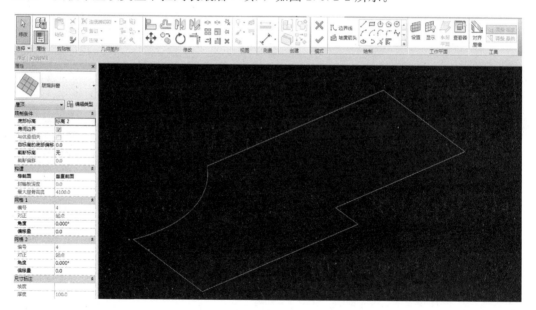

图 2.5.2-2 边界

(2) 先不点击确定,回到属性面板,点击"编辑类型"选项,进行参数的设置,如图 2.5.2-3 所示。

(3) 最后点击确定勾选即可完成天花板木格栅的设置,此种方法的好处非常多,比如可以随时调整木格栅的间距、样式、大小等;以及对于整体而言,可以随时双击进行更改轮廓边界,后期编辑可能性非常高,如图 2.5.2-4 所示。

(4) 注意:在创建玻璃斜窗时,玻璃斜窗没有单独的命令,是属于屋顶的一种,所以需要先使用屋顶的命令进行轮廓的绘制,然后在属性面板将其类型下拉,改为玻璃斜窗

2.5 天花板

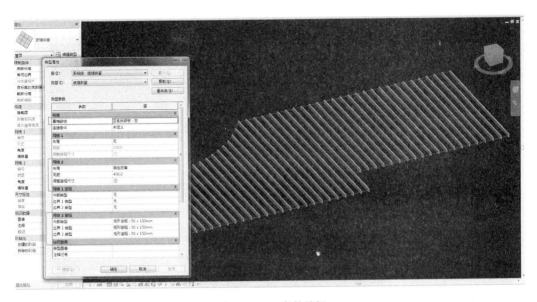

图 2.5.2-3　参数编辑

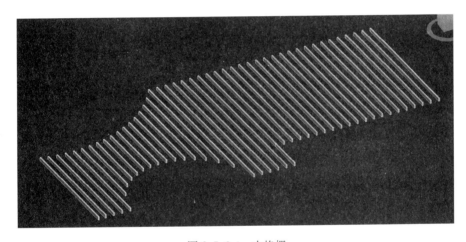

图 2.5.2-4　木格栅

（为了防止设置出错，应复制一个新的类型再做操作，出错后可以改为系统原始玻璃斜窗类型）。并且在绘制完玻璃斜窗轮廓后，需要选中所有轮廓，将其"定义坡度"取消，否则由于边界较为复杂，无法生成坡度，经常在确认后会报错，如图 2.5.2-5 所示。

Revit 为天花板提供了简单快速的创建命令，但是单纯天花板功能的能动性并不高，所以在使用的过程中，需要结合其他的技巧进行学习和整理，拓展更多的可能性，将 Revit 参数化的性能贯彻到底，能用系统参控的就使用参控，手工制作往往是往后排。

Revit 提供了天花板视图，用于查看天花板，要善于使用天花板视图，不要经常调动视图范围查看天花板，如新建楼层标高后未出现天花板视图，则与新建楼层平面方法类似，在"视图"面板中，找到"楼层平面"下拉选项卡，选择"天花板平面"进行创建即可。

在创建的过程中，部分疑问可以直接使用 F1 帮助命令自行解决。

第 2 章 创建分部分项工程模型

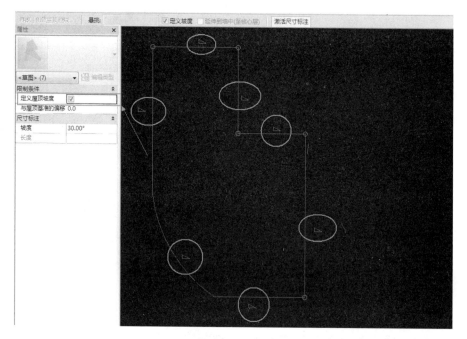

图 2.5.2-5 坡度

依照上述方法，完成整个项目的天花模型。

2.6 楼梯及扶手

2.6.1 楼梯

1. 楼梯作用

楼梯作为垂直的交通设施之一，首要作用是联系上下交通通行，其次还起着灭火救援、承重、装饰、围护等作用。

2. 楼梯的组成

楼梯一般由楼梯段、楼梯梁、楼梯平台、楼梯井、楼梯扶手、楼梯栏杆组成。

（1）楼梯的设计要求

楼梯在使用功能、安全功能、可靠性、施工工艺、技术经济、外观装饰上均满足规范要求，楼梯出入口位置、楼梯梯段宽度、平台宽度、楼梯数量、踏步高度、踏步宽度、楼梯间距、扶手高度均满足相关规范要求。

（2）楼梯分类

按使用材料分为：金属楼梯、木楼梯、钢筋混凝土楼梯；

按构造形式分为：单跑楼梯、双跑楼梯、转角楼梯、弧形楼梯、剪刀楼梯；

按所处位置分为：室内楼梯、室外楼梯；

按使用功能分为：主要楼梯、辅助楼梯、消防专用楼梯；

按平面位置分为：开放式楼梯、封闭及半封闭楼梯、防烟楼梯；

2.6 楼梯及扶手

按构造方式分为：装配式楼梯和整体浇筑式楼梯。

(3) 常见楼梯形式

常见整体无梁板式楼梯，如图 2.6.1-1 所示。

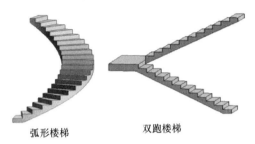

图 2.6.1-1　楼梯样式（1）

常见组合装配式楼梯，如图 2.6.1-2 所示。

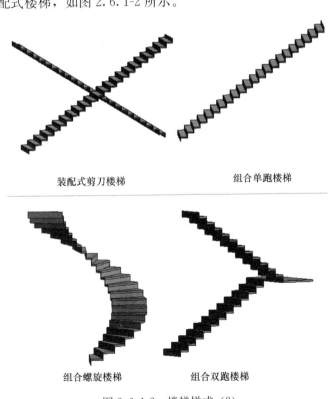

图 2.6.1-2　楼梯样式（2）

（4）Revit 在楼梯项目中的运用

绘制各种楼梯：单跑楼梯、双跑楼梯、转角楼梯、弧形楼梯、剪刀楼梯、室外坡道、弧形滑道、过山车道等。

绘制各种平台、扶栏、扶手等。

Revit 在楼梯中有非常多的妙用，当你对软件用到得心应手，挥洒自如时，会觉得技术变成了艺术。

2.6.2 绘制楼梯

本案例以×××工程 LT4-1 进行分析演示。

1. CAD 二维图数据信息收集整理（LT4-1，B2 层楼梯）

从楼梯 LT4-1、DT4-1（B1，B2）详图（图 2.6.2-1）得知，楼梯开间尺寸为 3400mm，楼梯进深尺寸为 6550mm；楼梯横墙厚为 200mm，墙中与轴线重合；⑥轴外纵墙厚 300mm，墙中与轴线重合；⑥轴外墙厚 200mm，墙中与轴线重合；楼梯井宽度为 200mm；梯步深度 260mm，踢面高度 163.6mm；楼梯起步高度为 234mm，止步高度为

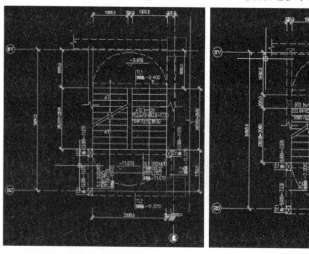
LT4-1 DT4-1 B1平面详图

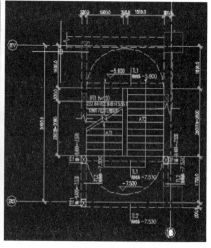
LT4-1 DT4-1 B2平面详图

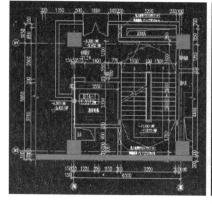
LT4-1 DT4-1 B1平面详图

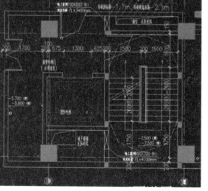
LT4-1 DT4-1 B2平面详图

图 2.6.2-1　楼梯平面详图（一）

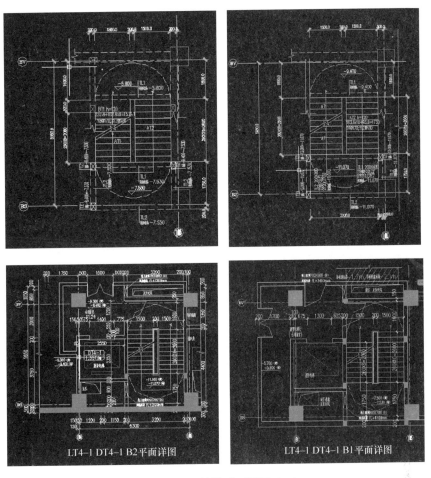

图 2.6.2-1 楼梯平面详图（二）

94mm，属典型不均匀踏高楼梯（此数据在结施楼梯剖面图反映）；楼梯起步标高为 −9.400m，楼梯平台顶标高为 −7.53m，B1 层楼面结构标高为 −5.400m，B2~B1 楼梯层间高度为 3600mm；楼梯为整体浇筑板式楼梯；楼梯板厚为 120mm；TL1 为 200×400，TL2 为 200×300；⑧S轴楼梯休息平台宽度 2110mm，⑧V轴楼层两台宽度 1600mm；TZ 截面为 300×200；框架柱截面为 800×800。

2. 创建方法选择

由于本楼梯为整体不均匀踏高现浇楼梯，固采用"草图"方式创建楼梯模型。

3. 楼梯模型创建流程

（1）创建标高视图

双击桌面 Revit 图标打开软件→双击"构造样板"新建一个项目→将项目以"楼梯名保存"→在"南立面"视图中创建 B1、B2、B3 标高，并将 B1 标高设置为 −5.800m，B2 标高设置为 −9.400m，B3 标高设置为 −13.00m，如图 2.6.2-2 所示。

（2）创建楼层平面视图

单击"视图"面板→点击"平面视图"面板→点击"楼层平面"面板→取消"不复制

第2章 创建分部分项工程模型

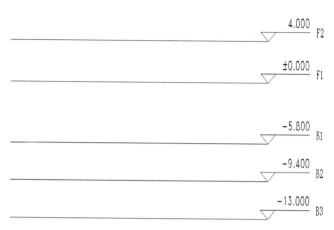

图 2.6.2-2 创建标高

现有视图"前面"勾选"→选中"B1、B2、B3"→单击"确定"→创建完,生成楼层平面视图,如图 2.6.2-3 所示。

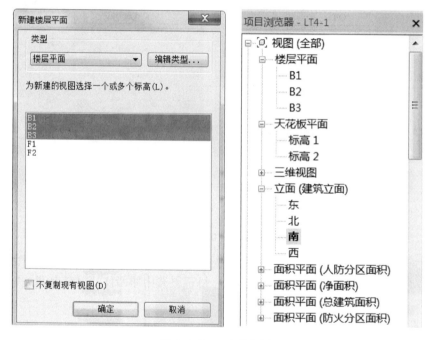

图 2.6.2-3 生成视图

(3) 创建轴线

在"项目浏览器"下,双楼层平面"B2",进入"B2"楼层平面视图→单击"建筑"选项面板→单击"轴网"面板→绘制轴网,如图 2.6.2-4 所示。

(4) 创建主体框架梁、柱

单击"结构"面板→单击"柱"按钮→选择 800×800 柱→绘制柱(选择底部约束为 B3,顶部约束为 B1);单击"结构"面板→单击"柱"按钮→分别选择 200×400、350×

600、400×600混凝土梁→绘制"梁"(梁起点标高偏移、终点标高偏移均为±0.000)→完成框架梁绘制,如图 2.6.2-5 所示。

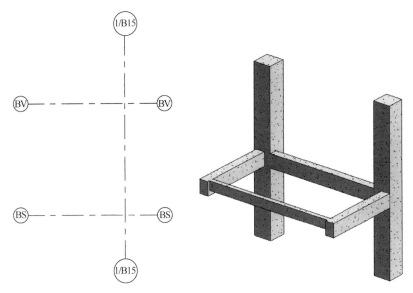

图 2.6.2-4 轴网（1）　　　图 2.6.2-5 柱梁绘制

选中框架梁,单击"修改"面板→点击复制按钮→点击粘贴→点击下拉菜单"与选定标高对齐"→点击"B1"→框架梁从 B2 复制到 B1,如图 2.6.2-6 所示。

(5) 创建楼梯平台梁、平台板、平台柱、楼层平台板

楼梯平台梁、柱创建方法同主体框架梁、柱;点击"结构"面板→点击楼板→点击下拉菜单"楼板:结构"→选择"边界线"→点击"矩形"绘图框,沿相应梁边缘绘制板边沿线→点击绿色"√"按钮,完成板绘制,结果如图 2.6.2-7 所示;参照框架梁复制方法将 B2 楼板平台板复制到 B1,完成结果如图 2.6.2-8 所示。

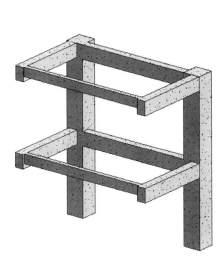
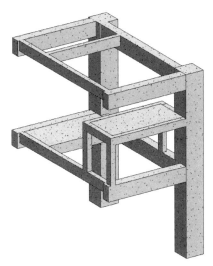

图 2.6.2-6 复制　　　图 2.6.2-7 楼板

第 2 章　创建分部分项工程模型

（6）创建楼梯段

本案例两梯段为不均匀高度，故梯段与平台分别绘制，梯段以草图方式绘制，平台楼板绘制。在 B2 平面视图环境下绘制参照平面并进行尺寸核对，如图 2.6.2-9 所示。

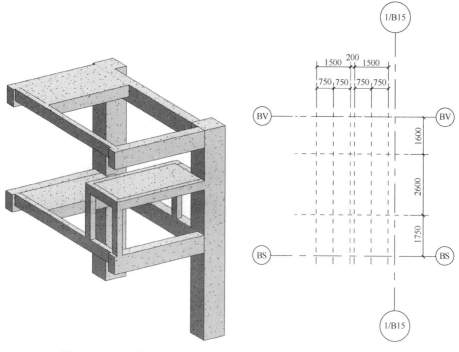

图 2.6.2-8　复制楼板　　　　　　　　图 2.6.2-9　轴网（2）

单击"建筑"面板→单击"楼梯"按钮→单击下拉菜单"楼梯（按草图）"→单击"编辑类型"→完成类型设置后单击"确定"，设置结果如图 2.6.2-10 所示；进行"属性"实例属性设置如图 2.6.2-11 所示。点击梯段中心参照平面与起点参照平面的交点，由 BV 轴方向往 BS 轴方向绘制，到梯段终点参照平面止，完成 B2 至平台梯段结果如图 2.6.2-12、图 2.6.2-13 所示。

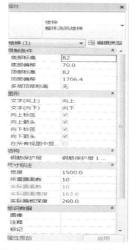

图 2.6.2-10　参数修改（1）　　　　　图 2.6.2-11　参数修改（2）

2.6 楼梯及扶手

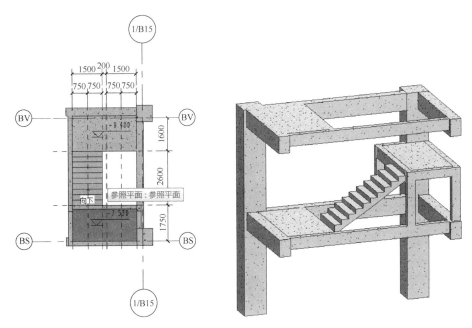

图 2.6.2-12 楼梯平面　　　　　　图 2.6.2-13 楼梯三维（1）

单击"建筑"面板→单击"楼梯"按钮→单击下拉菜单"楼梯（按草图）"→单击"编辑类型"→完成类型设置后单击"确定"，设置结果如图 2.6.2-14 所示；进行"属性"实例属性设置如图 2.6.2-15 所示。点击梯段中心参照平面与起点参照平面的交点，由 ⒝

图 2.6.2-14 编辑类型　　　　　　图 2.6.2-15 参数编辑

83

轴方向往 BV 轴方向绘制,到梯段终点参照平面止,完成 B2 至平台梯段结果如图 2.6.2-16、图 2.6.2-17 所示。

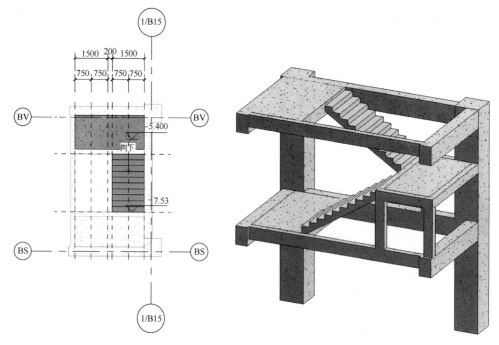

图 2.6.2-16 楼梯平面　　　　　　　　图 2.6.2-17 楼梯三维（2）

(7) 创建楼梯栏杆

本工程楼梯栏杆高度为 900mm,顶面扶手为 70mm×40mm×3mm 矩管,栏杆立柱为 70mm×40mm×3mm 矩管,立柱每三踏步布置一根;栏杆扶栏为 $\phi 20 \times 2$,共 4 排,排距 150mm。

单击"建筑"面板→单击"栏杆扶手"按钮→单击下拉菜单"放置在主体上"→单击"编辑类型"→点击"扶栏结构（非连续）"后的"编辑按钮",设置好后确定如图 2.6.2-18 所示→点击"栏杆位置"后的"编辑按钮"完成类型设置后单击"确定",设置结果如图 2.6.2-19 所示;完成上述两项编辑后结果如图 2.6.2-20 所示,点击确定;进行

图 2.6.2-18 扶手

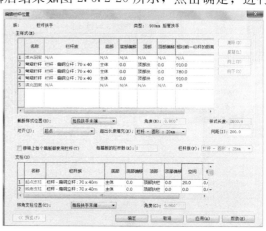

图 2.6.2-19 栏杆位置

2.6 楼梯及扶手

"属性"实例属性设置如图 2.6.2-21 所示。在三维视图拾取梯段,生成栏杆如图 2.6.2-22 所示。

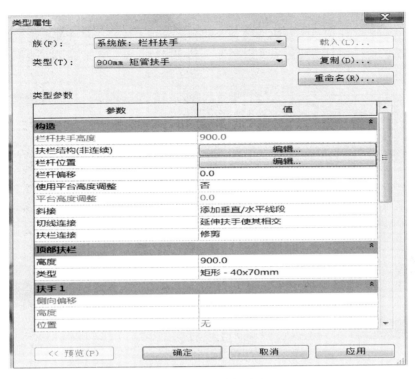

图 2.6.2-20 编辑完成

图 2.6.2-21 参数编辑

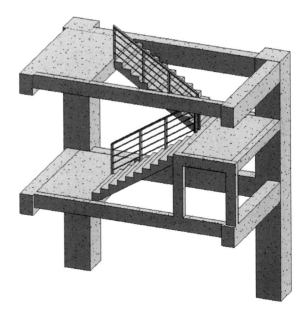

图 2.6.2-22 楼梯三维(3)

2.7 固装家具

固装家具指的是在项目实施中现场实施的分部分项工程，固定在墙壁上或地面上，不能移动的家具。固装家具一般由场外定制部分和场内制作部分组成，可以根据空间的大小自由控制尺寸。

服务台：办理或者解答来访人员的所有问题，一般位于入口处，固定在地面上，本章以售楼处服务台为例（图2.7-1），介绍服务台的制作方法。

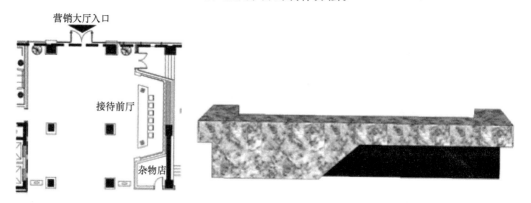

图 2.7-1　服务台

2.7.1　选择样板文件

打开Revit软件，单击左侧"族"选项中的"新建"命令（图2.7.1-1），在"新族-选择样板文件"对话框中的"公制常规模型"样板，单击"打开"（图2.7.1-2）。

图 2.7.1-1　新建族

图 2.7.1-2　选择样板

2.7 固装家具

2.7.2 绘制参照平面

双击"项目浏览器"选项卡中的"参照标高"(图 2.7.2-1),进入参照标高视图,单击"建筑"选项卡中的"参照平面"命令(图 2.7.2-2),绘制参照平面(图 2.7.2-3)。

单击"注释"选项卡中的"对齐"命令(图 2.7.2-4),进行标注(图 2.7.2-5),选择标注,单击"标签"选项卡中的"添加参数"命令(图 2.7.2-6),在弹出的"参数属性"对话框中将名称命名为"长度"(图 2.7.2-7),单击"确定",并将其他标注添加参数(图 2.7.2-8)。

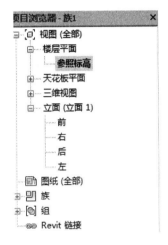

图 2.7.2-1 切换视图

图 2.7.2-2 参照平面命令

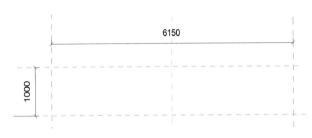

图 2.7.2-3 绘制参照平面

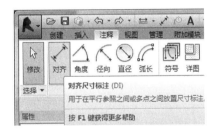

图 2.7.2-4 对齐

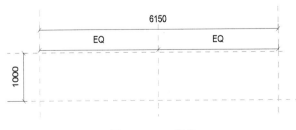

图 2.7.2-5 标注

图 2.7.2-6 添加参数

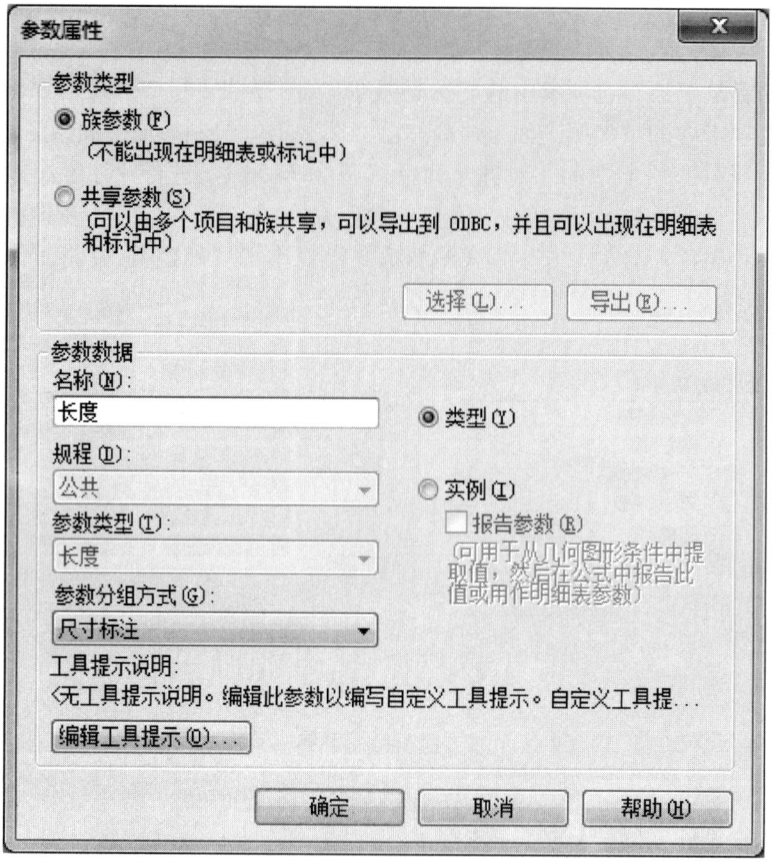

图 2.7.2-7 命名

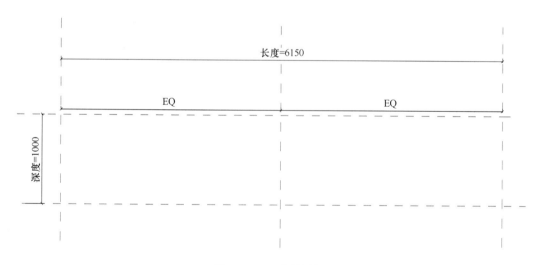

图 2.7.2-8 参数添加

在"项目浏览器"中双击进入"前"视图（图 2.7.2-9），继续绘制参照平面（图 2.7.2-10）。

2.7 固装家具

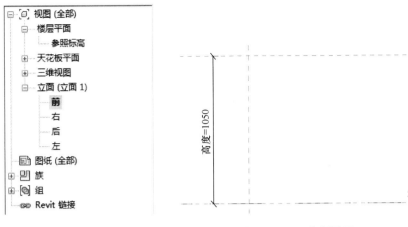

图 2.7.2-9 切换视图　　　　　图 2.7.2-10 参照平面

2.7.3 绘制模型

单击"创建"选项卡中的"拉伸"命令（图 2.7.3-1），单击"设置"命令，设置工作平面（图 2.7.3-2），在弹出的"工作平面"对话框中选择"拾取一个平面"，单击"确定"（图 2.7.3-3），选择"前"视图中的最上方的参照平面为工作平面（图 2.7.3-4）。

图 2.7.3-1 拉伸

图 2.7.3-2 工作平面设置

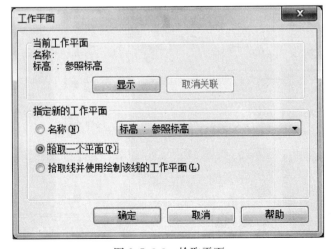

图 2.7.3-3 拾取平面

89

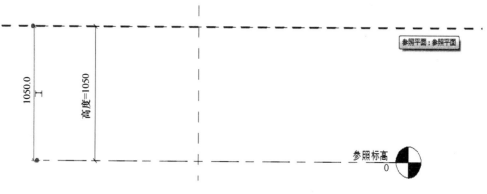

图 2.7.3-4 参照平面

在弹出的"转到视图"对话框中选择"楼层平面:参照标高"单击打开视图(图 2.7.3-5),单击"矩形"命令(图 2.7.3-6),绘制图形(图 2.7.3-7),并和参照平面锁定,单击"√"完成绘制,在项目浏览器中切换到"前"视图,绘制一条参照平面,选中刚拉伸绘制的形体,拉伸上部与参照平面对齐锁定,下部与新绘制的参照平面对其锁定(图 2.7.3-8)。

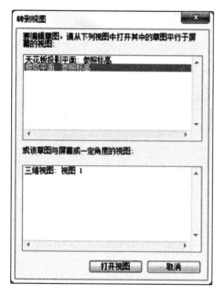

图 2.7.3-5 转到视图

图 2.7.3-6 矩形

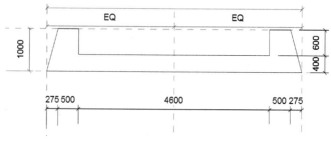

图 2.7.3-7 轮廓

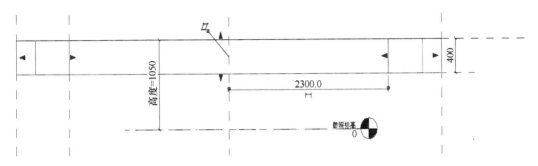

图 2.7.3-8 参照平面

选中刚绘制的模型,单击"属性"面板中"材质和装饰"选项卡中"关联族参数"命令(图 2.7.3-9),在弹出的"关联族参数"对话框中单击"添加参数"命令(图 2.7.3-10),在弹出的"参数属性"对话框中将名称命名为"石材",单击"确定"(图 2.7.3-11),在"关联族参数"对话框中单击"确定"(图 2.7.3-12)。

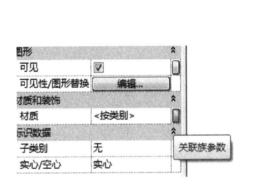

图 2.7.3-9 关联族参数

图 2.7.3-10 添加参数

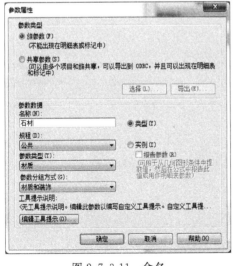

图 2.7.3-11 命名

图 2.7.3-12 完成

单击"创建"选项卡中的"拉伸"命令,单击"设置"命令,设置工作平面,在弹出的"工作平面"对话框中选择"拾取一个平面",单击"确定",选择"前"视图中的最上方的参照平面为工作平面(图 2.7.3-13)。

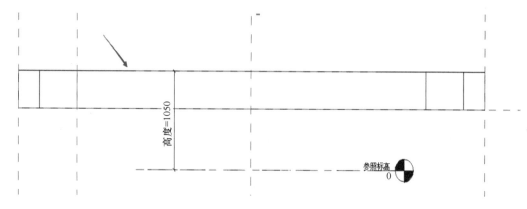

图 2.7.3-13 设置工作平面

在弹出的"转到视图"对话框中选择"楼层平面:参照标高"单击打开视图,单击"矩形"命令,绘制图形(图 2.7.3-14),并与参照平面锁定,单击"√"完成绘制,在项目浏览器中切换到"前"视图,选中刚拉伸绘制的形体,拉伸上部与参照平面对齐锁定,下部与参照标高对其锁定(图 2.7.3-15)。

图 2.7.3-14 轮廓

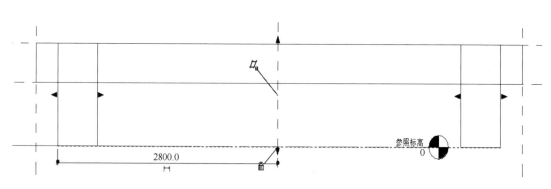

图 2.7.3-15 长度调整

选择绘制完成的模型,单击"属性"面板中的"关联族参数"命令(图 2.7.3-16),在弹出的"关联族参数"对话框中选择石材,单击"确定"(图 2.7.3-17)。

2.7 固装家具

图 2.7.3-16 关联族参数

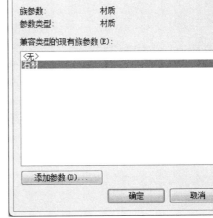

图 2.7.3-17 选择参数

切换至"参照标高"视图，绘制一条参照平面，之后单击"创建"选项卡中的"拉伸"命令，单击"设置"命令，设置工作平面，在弹出的"工作平面"对话框中选择"拾取一个平面"，单击"确定"，选择"参照标高"视图中的最下方的参照平面为工作平面（图 2.7.3-18）。

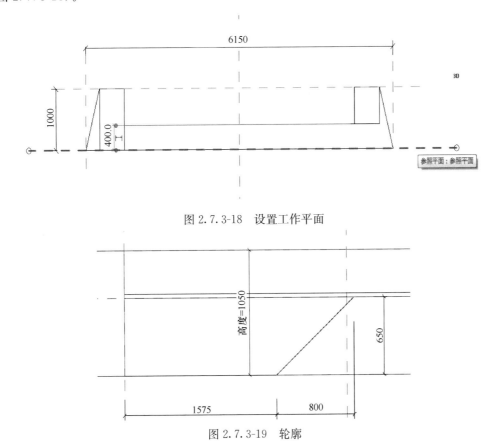

图 2.7.3-18 设置工作平面

图 2.7.3-19 轮廓

在弹出的"转到视图"对话框中选择"立面：前"单击打开视图，单击"直线"命令，绘制图形（图 2.7.3-19），并和参照平面锁定，单击"√"完成绘制，在项目浏览器中切换到"参照标高"视图，绘制一条参照平面选中刚拉伸绘制的形体，拉伸上部与下部分别与相应边对齐锁定（图 2.7.3-20）。

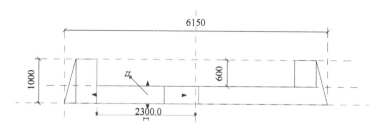

图 2.7.3-20　长度调整

选择绘制完成的模型，单击"属性"面板中的"关联族参数"命令（图 2.7.3-21），在弹出的"关联族参数"对话框中选择石材，单击"确定"（图 2.7.3-22）。

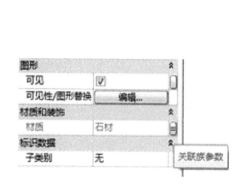

图 2.7.3-21　关联族参数

图 2.7.3-22　选择参数

单击"创建"选项卡中的"拉伸"命令，单击"设置"命令，设置工作平面，在弹出的"工作平面"对话框中选择"拾取一个平面"，单击"确定"，选择"参照标高"视图中水平方向上中间的参照平面为工作平面（图 2.7.3-23）。

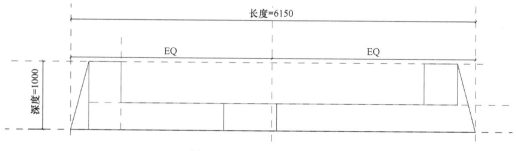

图 2.7.3-23　设置工作平面

在弹出的"转到视图"对话框中选择"立面:前"单击打开视图,单击"直线"命令,绘制图形(图 2.7.3-24),并和参照平面锁定,单击"√"完成绘制,在项目浏览器中切换到"参照标高"视图,选中刚拉伸绘制的形体,拉伸上部与参照平面对齐锁定,下部与新绘制的参照平面对齐锁定(图 2.7.3-25)。

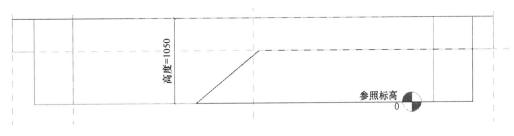

图 2.7.3-24　轮廓

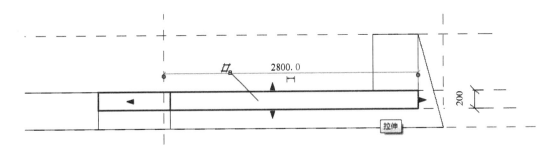

图 2.7.3-25　长度调整

选中刚绘制的模型,单击"属性"面板中"材质和装饰"选项卡中"关联族参数"命令(图 2.7.3-26),在弹出的"关联族参数"对话框中单击"添加参数"命令,在弹出的"参数属性"对话框中将名称命名为"黑钢",单击"确定"(图 2.7.3-27),在"关联族参数"对话框中单击"确定"。

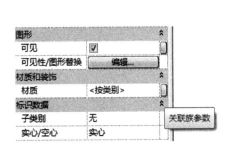

图 2.7.3-26　关联族参数

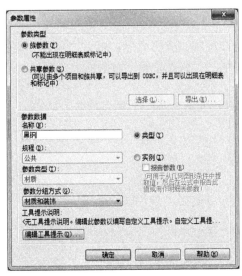

图 2.7.3-27　命名

切换至"前"视图，单击"创建"选项卡中的"拉伸"命令，单击"设置"命令，设置工作平面，在弹出的"工作平面"对话框中选择"拾取一个平面"，单击"确定"，选择"前"视图中最中间的参照平面为工作平面（图2.7.3-28）。

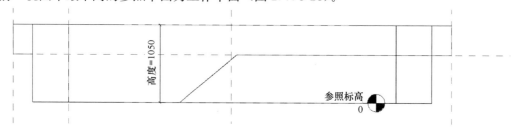

图 2.7.3-28　设置工作平面

在弹出的"转到视图"对话框中选择"楼层平面：参照标高"单击打开视图，单击"矩形"命令，绘制图形（图2.7.3-29），并和参照平面锁定，单击"√"完成绘制，在项目浏览器中切换到"前"视图，选中刚拉伸绘制的形体，拉伸边与相应参照平面对齐锁定（图2.7.3-30）。

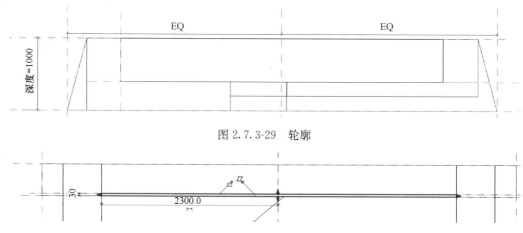

图 2.7.3-29　轮廓

图 2.7.3-30　长度调整

选择绘制完成的图形，单击"属性"面板中的"关联族参数"命令（图2.7.3-31），在弹出的"关联族参数"对话框中选择石材，单击"确定"（图2.7.3-32）。

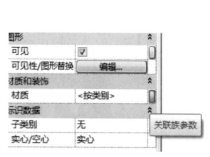

图 2.7.3-31　关联族参数

图 2.7.3-32　选择参数

2.7 固装家具

沿服务台台面绘制参照平面,单击"创建"选项卡中的"拉伸"命令,单击"设置"命令,设置工作平面,在弹出的"工作平面"对话框中选择"拾取一个平面",单击"确定",选择"前"视图中的绘制的参照平面为工作平面(图 2.7.3-33)。

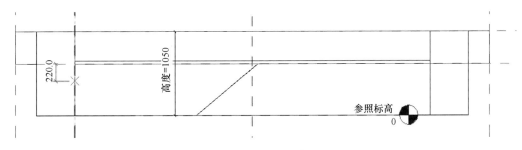

图 2.7.3-33 设置工作平面

在弹出的"转到视图"对话框中选择"立面:右"单击打开视图,单击"矩形"命令,绘制图形(图 2.7.3-34),并和参照平面锁定,单击"√"完成绘制,在项目浏览器中切换到"参照标高"视图,选中刚拉伸绘制的形体,拉伸左右两边与台面边对其锁定(图 2.7.3-35)。

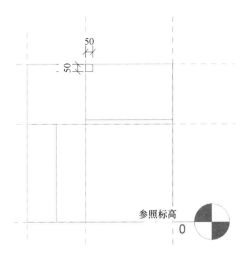

图 2.7.3-34 轮廓

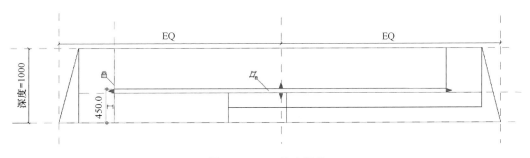

图 2.7.3-35 长度调整

选择绘制完成的图形,单击"属性"面板中的"关联族参数"命令(图 2.7.3-36),

在弹出的"关联族参数"对话框中选择石材,单击"确定"(图 2.7.3-37)。

图 2.7.3-36 关联族参数 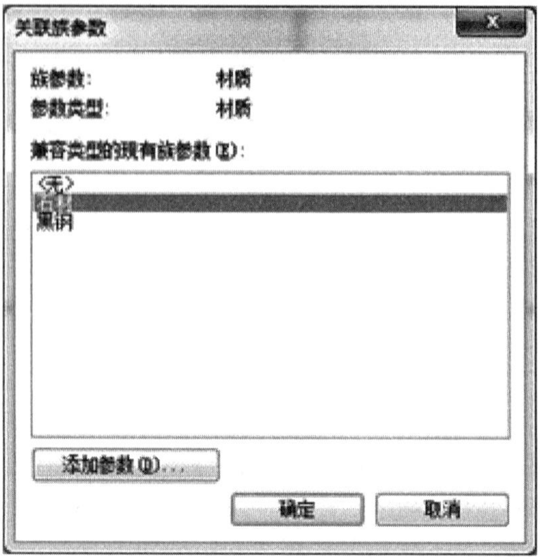　　　　图 2.7.3-37 选择参数

在族类型中将相应材质的值进行更改(图 2.7.3-38)。

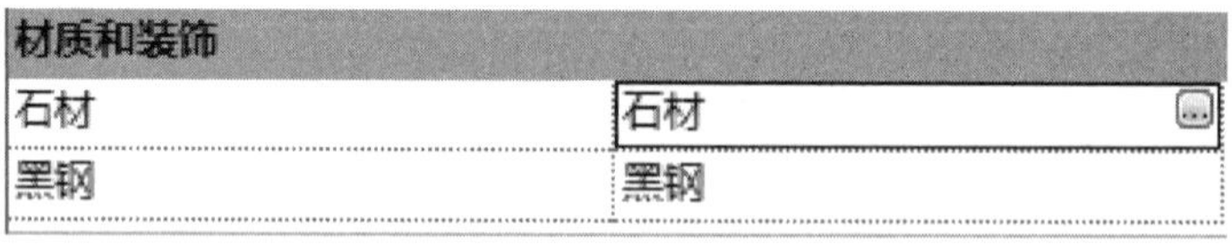

图 2.7.3-38 更改材质

2.7.4 效果图

在项目浏览器中进入三维视图,将视图样式更改为"真实",查看服务台三维图(图 2.7.4-1)。

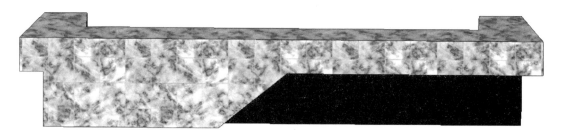

图 2.7.4-1 服务台

依照上述方法,完成整个项目固装家具的模型。

2.8 装饰节点

2.8.1 木作装饰墙

木作装饰墙体剖切如图 2.8.1-1 所示。

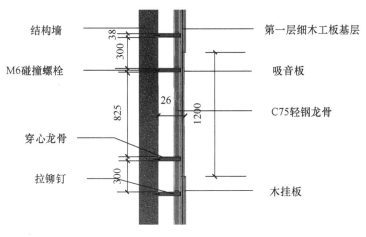

图 2.8.1-1　墙体剖切图

1. 绘制墙体（图 2.8.1-2）

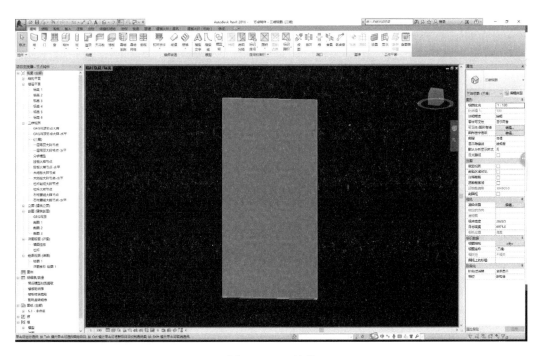

图 2.8.1-2　墙体

2. 载入制作族文件（图 2.8.1-3）

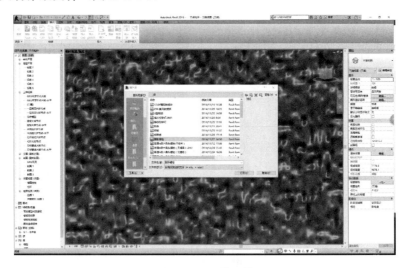

图 2.8.1-3　载入族

3. 放置预埋件

菜单—建筑—构件—构件放置，如图 2.8.1-4、图 2.8.1-5 所示。

图 2.8.1-4　放置构件命令

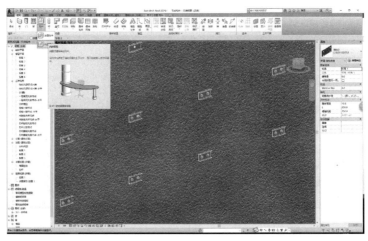

图 2.8.1-5　构件放置

2.8 装饰节点

4. 放置连接件及龙骨

菜单—结构—梁,如图 2.8.1-6 所示(选中制作梁的族文件)。

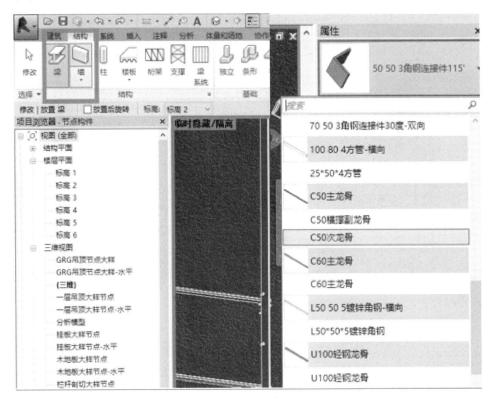

图 2.8.1-6　选择梁类型

根据图纸仿真连接件及龙骨,如图 2.8.1-7、图 2.8.1-8 所示。

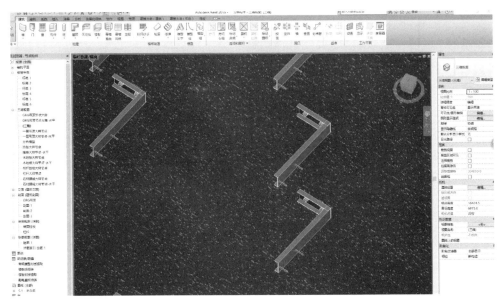

图 2.8.1-7　连接件

101

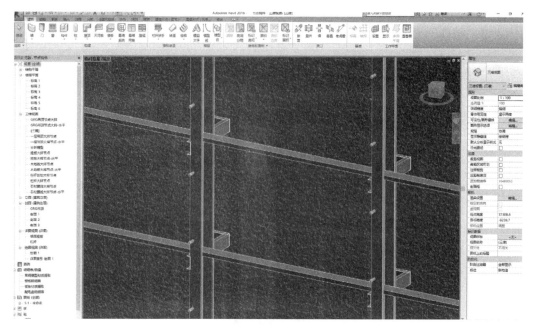

图 2.8.1-8　龙骨

5. 细木工板

使用幕墙系统制作，选中墙切换幕墙进行制作，如图 2.8.1-9 所示。

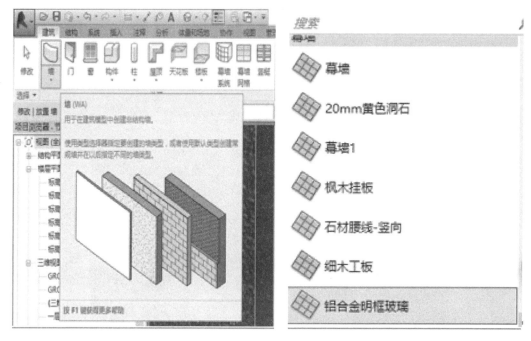

图 2.8.1-9　选择类型

调制幕墙嵌板—载入制作的幕墙嵌板族—更换幕墙嵌板，如图 2.8.1-10、图 2.8.1-11 所示。

2.8 装饰节点

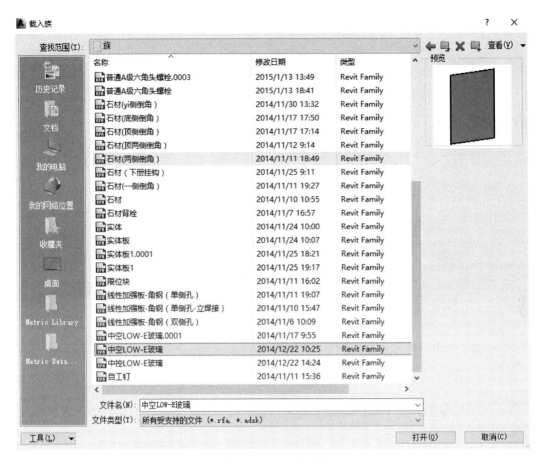

图 2.8.1-10 载入族

图 2.8.1-11 嵌板更换

制作幕墙：选中制作幕墙进行绘制，如图 2.8.1-12 所示。

图 2.8.1-12　编辑幕墙

绘制完成后根据图纸细分板材分割，如图 2.8.1-13 所示。

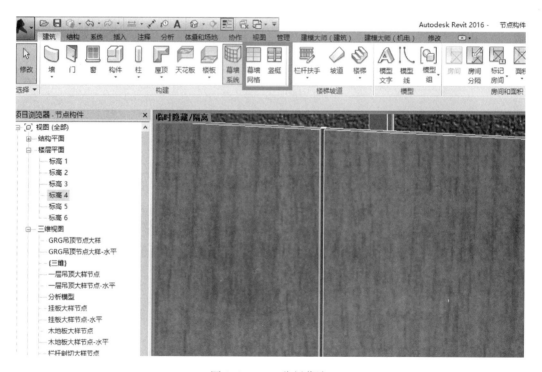

图 2.8.1-13　分割幕墙

最终形成装饰墙体效果，如图 2.8.1-14 所示。
依照上述方法，完成整个项目木作墙面部分模型。

2.8 装 饰 节 点

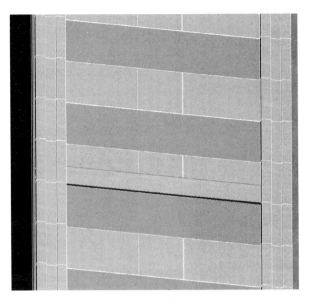

图 2.8.1-14 装饰墙体

2.8.2 轻钢龙骨隔墙

创建结构框架族：新建族文件（图 2.8.2-1）—选择公制结构框架族（图 2.8.2-

图 2.8.2-1 新建族

2）一打开族文件后，将试图切换到立面视图（图2.8.2-3）；点击模型，编辑拉伸，创建轻钢龙骨的形状轮廓（图2.8.2-4），创建完成后保存族文件。

图2.8.2-2 选择样板

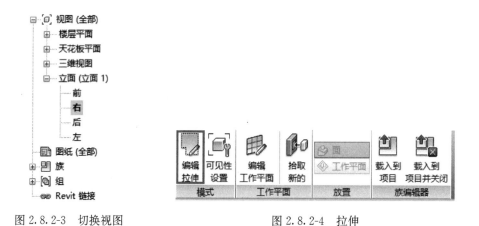

图2.8.2-3 切换视图　　　　　　　图2.8.2-4 拉伸

（1）打开项目文件创建轻钢龙骨隔墙，载入已制作好的轻钢龙骨族文件（图2.8.2-5）。

图2.8.2-5 载入族

2.8 装饰节点

制作轻钢龙骨：菜单结构面板选择梁命令进行绘制（图 2.8.2-6）；选择刚载入的族文件（图 2.8.2-7），根据图纸进行轻钢龙骨绘制（图 2.8.2-8）。

图 2.8.2-6　梁命令

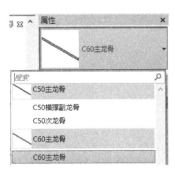

图 2.8.2-7　选择类型

图 2.8.2-8　龙骨三维

（2）石膏面制作：利用墙体制作石膏面板层、面层找平层、粉刷层；创建墙体命令，墙体族属性修改三层属性（图 2.8.2-9），然后进行创建（图 2.8.2-10）。

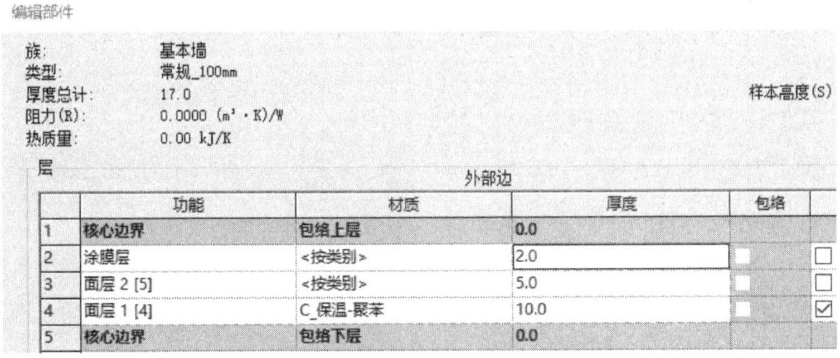

族：	基本墙			
类型：	常规_100mm			
厚度总计：	17.0			样本高度(S)
阻力(R)：	0.0000 (m²·K)/W			
热质量：	0.00 kJ/K			

层	外部边			
	功能	材质	厚度	包络
1	核心边界	包络上层	0.0	
2	涂膜层	<按类别>	2.0	
3	面层 2 [5]	<按类别>	5.0	
4	面层 1 [4]	C_保温-聚苯	10.0	☑
5	核心边界	包络下层	0.0	

图 2.8.2-9　结构层编辑

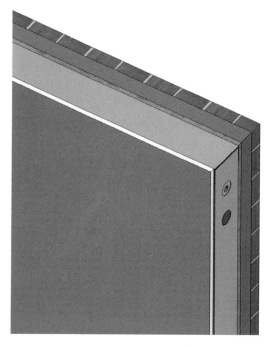

图 2.8.2-10 墙体

依照上述方法,完成整个项目木作墙面部分模型。

2.9 卫生间机电设计

本章将对装饰工程中涉及二次机电设计模型:管道系统、管件、管道附件及卫生洁具的布置进行讲解,如需对机电专业模型的建立作深入了解,请参阅本丛书其他系列图书。

2.9.1 建模准备

以一个卫生间为例,机电模型搭建前,需要处理所需的土建模型及CAD图纸。

注:本章所有练习文件,均在书籍附件中。

1. 模型处理

将之前的搭建好的模型中不需要的构件进行删除,只留卫生间的相关模型,如图 2.9.1-1 所示,之后将其另存为"卫生间"。

2. 图纸处理

在 AutoCAD 中将各专业图纸进行处理,留下需要的部分,将其保存,如图 2.9.1-2 所示(可删除不需要的部分之后另存为,或者直接将需要的部分成块。此处为方便演示,只留了需要的部分,详细程度读者可自定)。

选择"机械样板"新建项目,在"插入"选项卡中,使用"链接 Revit"命令,将处理好的"卫生间"模型链接进来,如图 2.9.1-3 所示。之后便可以搭建各专业的模型了(为了之后与总模型链接,此处链接进来的模型直接进行锁定,不要移动)。

2.9 卫生间机电设计

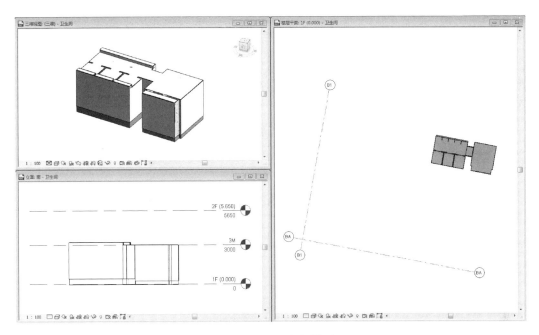

图 2.9.1-1 卫生间模型

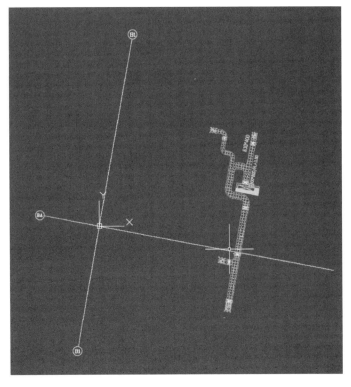

图 2.9.1-2 CAD图纸

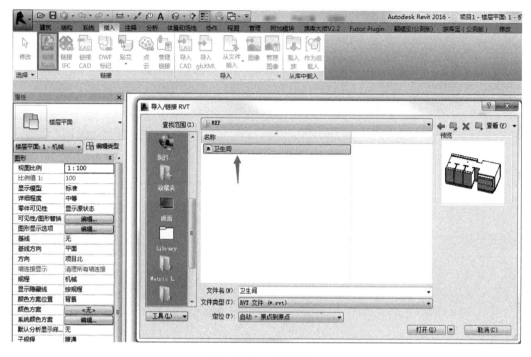

图 2.9.1-3 链接 Revit

2.9.2 暖通专业

1. 链接 CAD

将该专业的 CAD 图纸链接进来,并将其相应轴线与"卫生间"模型的轴线对齐,之后将 CAD 锁定,防止后期绘制时不小心将其移动,如图 2.9.2-1 所示(此处需要先将图纸解锁才能进行移动)。

2. 创建系统、添加材质

(1)从 CAD 底图中可看出,将要绘制的管道是"排风兼排烟"系统,在"项目浏览器"中"族"分类下找到"风管系统",如图 2.9.2-2 所示,之后鼠标右键单击"排风"系统,进行"复制",如图 2.9.2-3 所示,并将复制出来的"排风 2"重命名为"排风兼排烟",完成风管系统的创建。

(2)之后右键单击新建的"排风兼排烟"系统,打开"类型属性",首先添加系统缩写,之后添加管道材质及颜色,如图 2.9.2-4 所示(颜色可根据设计要求等自行更改)。

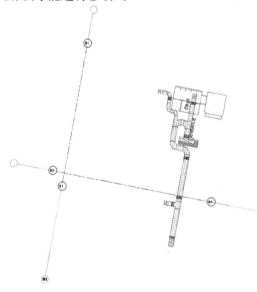

图 2.9.2-1 链接 CAD

2.9 卫生间机电设计

图 2.9.2-2 系统

图 2.9.2-3 复制

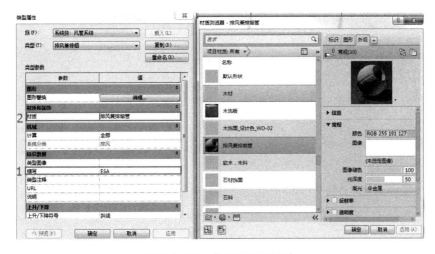

图 2.9.2-4 修改缩写及材质

之后将"图形替换"中的颜色改为与材质相同的颜色,如图 2.9.2-5 所示。

图 2.9.2-5 图形替换

3. 设置管件

"系统"选项卡下"风管"命令,在"属性"面板中切换将要绘制的风管类型,点开"编辑类型"中"布管系统配置"后的"编辑",如图 2.9.2-6 所示。

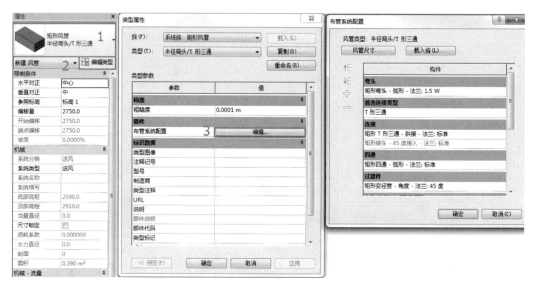

图 2.9.2-6　布管系统配置

可直接点击各构件族后面的下拉菜单进行切换,如果没有想要的类型,可以载入所需的"弯头"、"连接"等族,如图 2.9.2-7 所示(此处演示添加"弯头",其他的管件的载入方式一样。当然除了 Revit 自带族库中的族之外,还可载入插件中的族或自己做的族,此处不再赘述)。

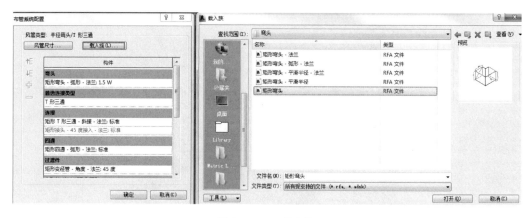

图 2.9.2-7　载入族

载入之后,在"弯头"后面的下拉菜单中选择所需弯头即可,如图 2.9.2-8 所示,其余管件设置方式相同,请读者自行设置(此处使用矩形弯头—弧形—法兰:1.0W,图示是为了进行演示)。

2.9 卫生间机电设计

图 2.9.2-8 修改弯头

4. 绘制水平风管

选择"系统"下"风管"命令，更改选项栏中相应的管道"宽度＝630"、"高度＝400"以及"偏移量＝3800"，在"属性"面板中更改其系统，如图 2.9.2-9 所示。

之后直接绘制 630mm×400mm 的水平风管，如图 2.9.2-10 所示（绘制完之后管道不可见并且会弹出"警告"，可检查模型规程，或对"属性"面板中的视图深度进行调整，检查"视图深度"的顶偏移是否在管道之上，"可见性"中该类型是否可见，以及视图的"详细程度"可调整为"精细"）。

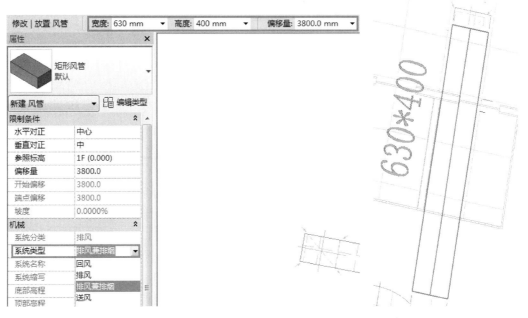

图 2.9.2-9 参数修改　　　　图 2.9.2-10 绘制风管

5. 绘制垂直风管

选中刚绘制的风管，鼠标右键单击端点处的小加号，选择"绘制风管"命令，如图 2.9.2-11 所示。

第 2 章 创建分部分项工程模型

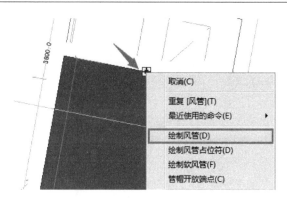

图 2.9.2-11 绘制风管

之后在"选项栏"中直接更改"偏移量"为"3000",双击"应用"按钮,立管便绘制好了,可去三维视图中查看绘制的风管,如图 2.9.2-12 所示。

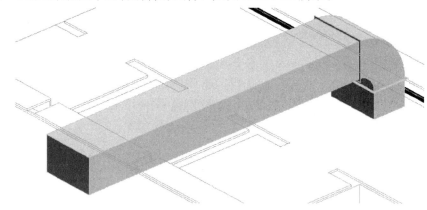

图 2.9.2-12 风管三维

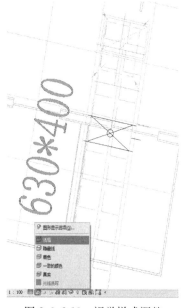

图 2.9.2-13 视觉样式调整

6. 添加风管附件

为了方便看到风管附件的位置,先将视图的"视觉样式"改为"线框",如图 2.9.2-13 所示。

载入所需的暖通所需族,如图 2.9.2-14 所示,此处所需族是提前准备好的,读者可在自带族库或者插件中找。

载入完成之后,选择"系统"选项卡下的"风管附件"命令,在"类型选择器"中找到刚载入的防火阀,如图 2.9.2-15 所示,在相应的中心位置进行放置,管道附件会自动识别管道的尺寸如图 2.9.2-16 所示。

2.9 卫生间机电设计

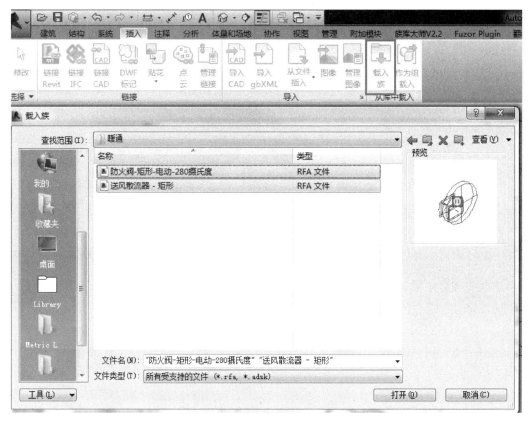

图 2.9.2-14 载入族

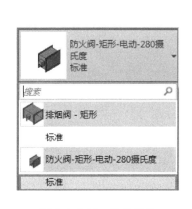

图 2.9.2-15 选择附件

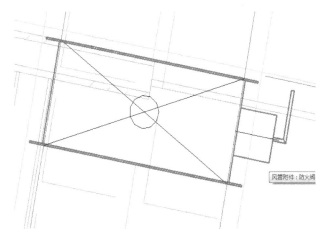

图 2.9.2-16 放置附件

7. 添加风道末端

由于末端是在立管上的，为了方便放置，切换到"三维"视图，"系统"选项卡下"风管末端"中，选择"散流器-矩形"中"480×360"，如图 2.9.2-17 所示。调整角度，捕捉立管的中心线，鼠标单击放置，如图 2.9.2-18 所示。

第 2 章　创建分部分项工程模型

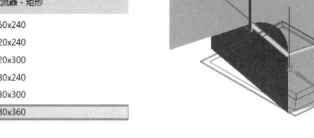

图 2.9.2-17　选择末端　　　　　　图 2.9.2-18　放置

绘制完成后结果如图 2.9.2-19 所示。

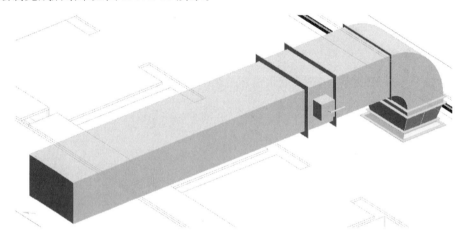

图 2.9.2-19　风管三维

2.9.3　给水排水专业

1. 链接 CAD

将喷淋系统的 CAD 图纸处理好之后链接到"卫生间"模型中,并将相应轴线对齐,如图 2.9.3-1 所示(由于重点在于管道配置的学习,此处除喷淋外其余管道不按实际图纸进行配置)。

2. 创建系统

在"项目浏览器"中找到"管道系统",如图 2.9.3-2 所示。

复制"家用冷水"系统,重命名为"给水系统";复制"卫生设备",重命名为"排水系统";复制"通风孔"系统,重命名为"通气";复制"湿式消防系统",重命名为"喷淋系统",如图 2.9.3-3 所示(由于复制出来的系统带了原本系统的材质,此处使用默认的,不再更改,若要更改,方法同风管材质的设置)。

2.9 卫生间机电设计

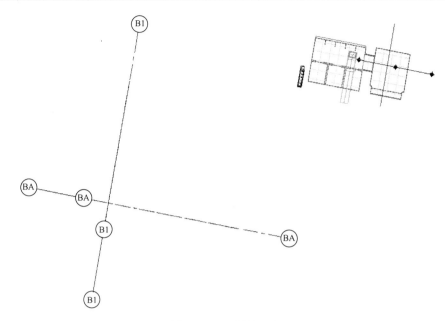

图 2.9.3-1　链接 CAD

图 2.9.3-2　管道系统　　　　图 2.9.3-3　复制

3. 放置用水设备

载入所需族，如图 2.9.3-4 所示。

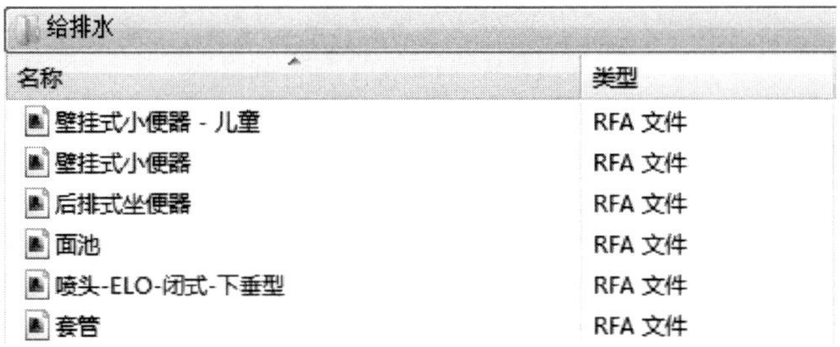

图 2.9.3-4　载入族

在"系统"选项卡下"构件"命令的下拉小箭头中选择"放置构件",如图 2.9.3-5 所示。

图 2.9.3-5　放置构件

放置"面池",位置如图 2.9.3-6 所示,若一次放置不到位,可通过"对齐"或者"移动"命令移动到相应位置。

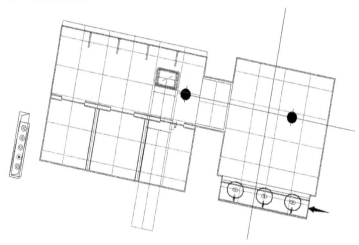

图 2.9.3-6　面池位置

之后放置"后排式坐便器"、"壁挂式小便器"以及"壁挂式小便器-儿童",由于卫生间的地板较高,所以放置前,更改偏移量为"400",如图 2.9.3-7 所示。

放置位置如图 2.9.3-8 所示,除最左边的小便器为"壁挂式小便器-儿童"外,其余皆为"壁挂式小便器"。

图 2.9.3-7　更改偏移量

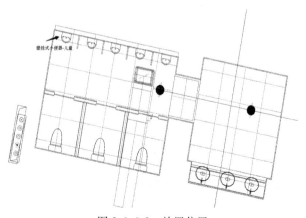

图 2.9.3-8　放置位置

切换到三维视图查看，结果如图 2.9.3-9 所示。

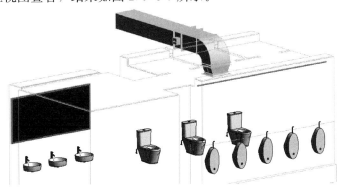

图 2.9.3-9　三维

由于这样不方便检查位置是否正确，可将"属性"面板中的"规程"改为"协调"，之后在"可见性/图形替换"中将"墙"以及"天花板"隐藏，具体如图 2.9.3-10 所示。

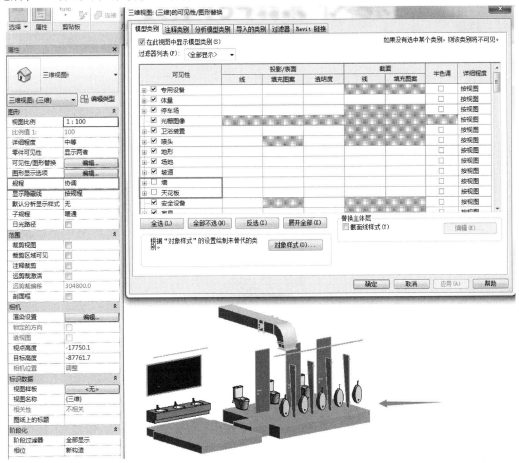

图 2.9.3-10　可见性调整

4. 配置管道

（1）调整显示样式

为了方便绘制，首先需要调整显示样式。打开"可见性/图形替换"将"导入的类别"

中"喷淋"调整为"半色调",如图 2.9.3-11 所示,"过滤器"中将其中的三个类别都可见,如图 2.9.3-12 所示。完成之后如图 2.9.3-13 所示。

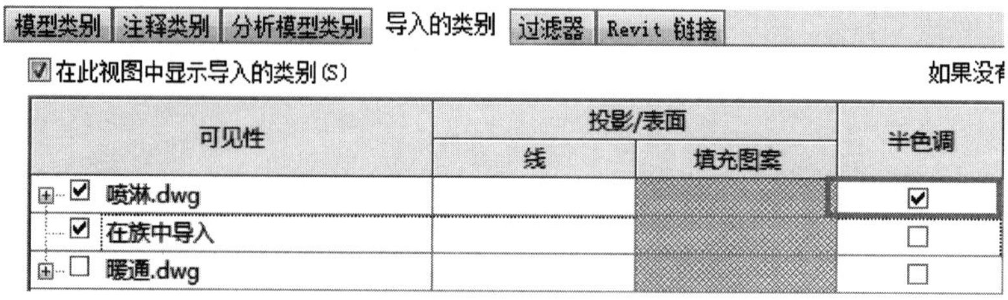

图 2.9.3-11　调整色调

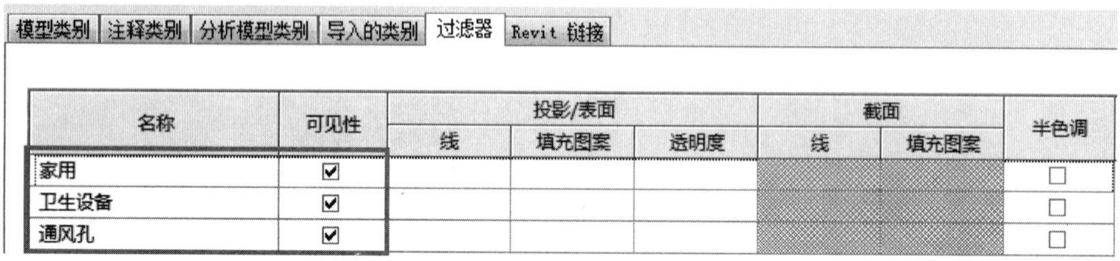

图 2.9.3-12　可见性设置

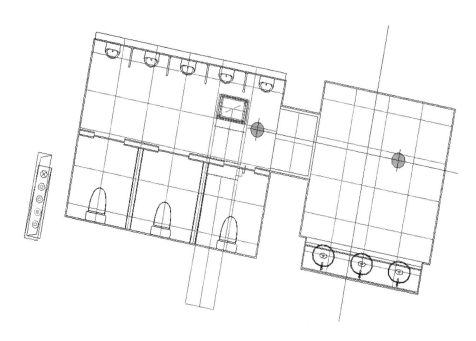

图 2.9.3-13　平面图

(2) 绘制给水管道

从管道井出发,先绘制立管,选择"系统"下"管道"命令,在"属性"面板中将其系统更改为"给水系统",设置直径为"150",偏移量为"0",在绘图区域,选择要绘制的位置,鼠标单击,之后在"选项栏"中,更改其偏移量为"3800",双击"应用"按钮,完成后如图 2.9.3-14 所示。

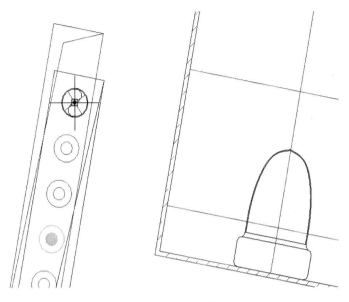

图 2.9.3-14 给水立管

之后继续绘制水平管道，直径为"100"，偏移量为"3300"，捕捉到立管的中心位置，直接绘制，如图 2.9.3-15 所示。

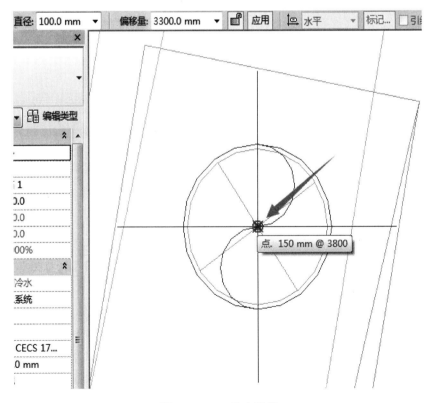

图 2.9.3-15 给水管道

先向上绘制到如图 2.9.3-16 所示的位置，之后将直径更改为"50"继续绘制。

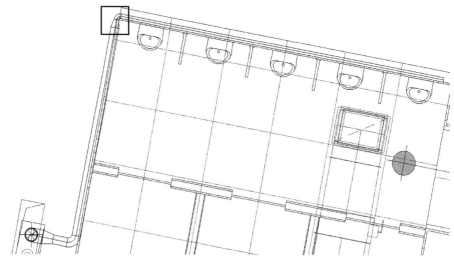

图 2.9.3-16　管道走向

选中如图 2.9.3-17 所示的管件，点击将要绘制的方向上的小加号，将管件改为三通。

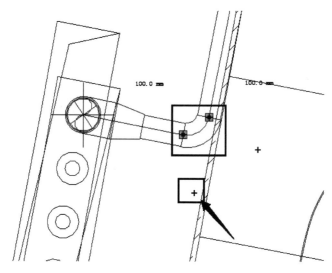

图 2.9.3-17　管件

之后，选择三通上的端点，鼠标右键，"绘制管道"，如图 2.9.3-18 所示，继续绘制。

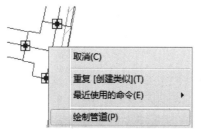

图 2.9.3-18　绘制管道

2.9 卫生间机电设计

绘制完成如图 2.9.3-19 所示。

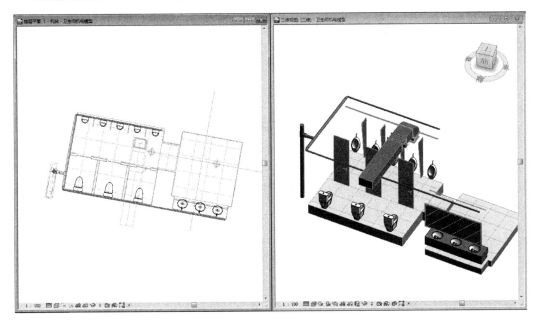

图 2.9.3-19　完成图

(3) 绘制排水管道

首先绘制立管，方法同给水管道一样，系统为"排水系统"，直径为"150"，偏移量为 0~3800，位置如图 2.9.3-20 所示。

由于水平管道高度为 -500，需要先调整视图范围，如图 2.9.3-21 所示。

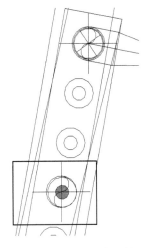

图 2.9.3-20　排水立管

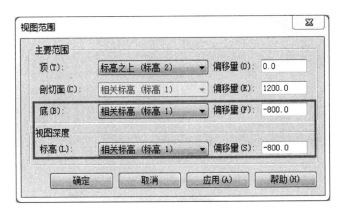

图 2.9.3-21　视图范围

绘制水平排水管，首先绘制直径 100 的水平管，偏移量为"-500"，位置如图 2.9.3-22 所示。

之后继续绘制带坡度的排水管，选择"管道"命令之后，在"上下文选项卡"中点击向上坡度，将坡度值改为"0.8000%"如图 2.9.3-23 所示。

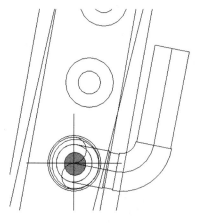

图 2.9.3-22 排水管道

图 2.9.3-23 坡度设置

先绘制下方的管道，再绘制上方的管道，如图 2.9.3-24 所示。

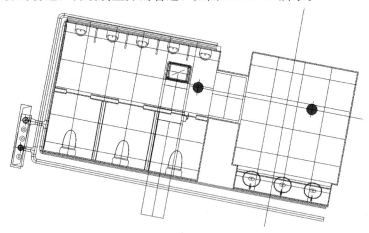

图 2.9.3-24 排水管道图

做一个剖面，如图 2.9.3-25 所示，切换到剖面视图。

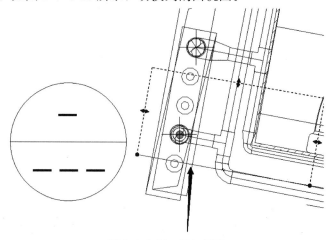

图 2.9.3-25 添加剖面

2.9 卫生间机电设计

将视图的"详细程度"调整为"精细",并拖动视图框,调整到能看到排水管水平管与立管相接的位置,如图 2.9.3-26 所示,将所指位置的过渡件及弯头删除。

选中立管下方的端点,将其向下拖拽,超过水平管的位置,如图 2.9.3-27 所示,之后选中水平支管,将其左边的端点向左下方拖拽与立管连接,完成后如图 2.9.3-28 所示。

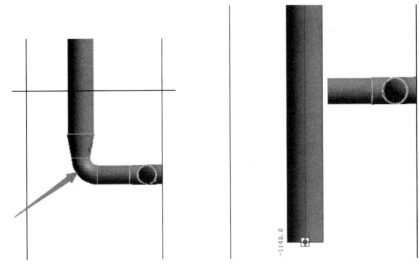

图 2.9.3-26 剖面图　　　　　图 2.9.3-27 立管位置

(4) 绘制通气管道

绘制系统为"通气",直径为"100",偏移量为 0～3800 的立管。位置如图 2.9.3-29 所示。

之后做如图 2.9.3-30 所示的剖面,切换至剖面视图,调整显示样式。

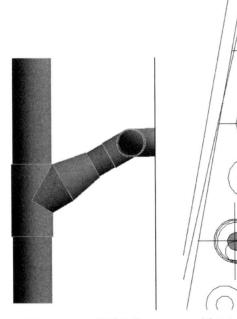 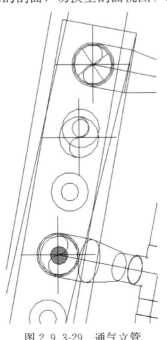 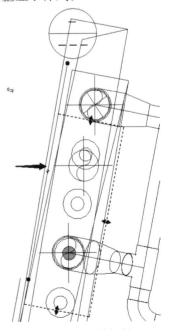

图 2.9.3-28 管道连接　　　图 2.9.3-29 通气立管　　　图 2.9.3-30 添加剖面

将排水立管拆分，位置如图 2.9.3-31 所示，将拆分出来的中间部分及连接件删除，如图 2.9.3-32 所示。

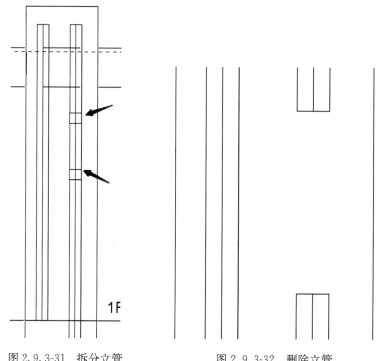

图 2.9.3-31　拆分立管　　　　图 2.9.3-32　删除立管

选择下方排气管，鼠标右键向左上方继续绘制管道，如图 2.9.3-33 所示。选中所生成的弯头，点击加号，如图 2.9.3-34 所示，将其改为三通。

将上方管道拖拽与三通连接，完成后如图 2.9.3-35 所示。

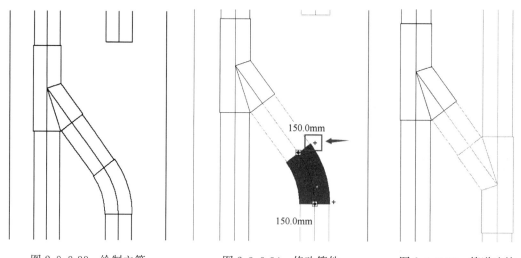

图 2.9.3-33　绘制立管　　　　图 2.9.3-34　修改管件　　　　图 2.9.3-35　管道连接

（5）连接管道与用水设备

首先选中最右侧小便池，点击"连接到"，在弹出来的页面中选择"连接件 1：家用冷水：圆形：15mm"，如图 2.9.3-36 所示，之后选择给水管道，将会自动连接。

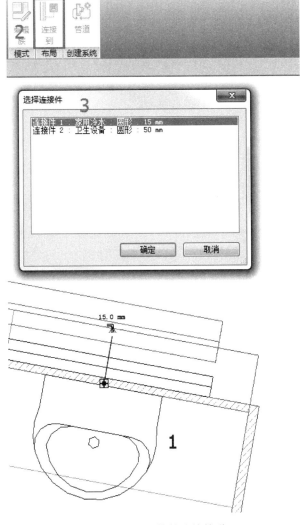

图 2.9.3-36　管件连接管道

若出现图 2.9.3-37 所示连接错误的情况，可先将给水管道拖拽短一点，如图 2.9.3-38 所示，再进行连接。

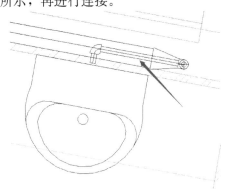

图 2.9.3-37　连接错误

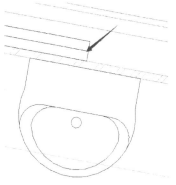

图 2.9.3-38　修改连接

将其余的给水设备以同样的方式与给水管道以及排水管道连接，连接完成后如图 2.9.3-39 所示。

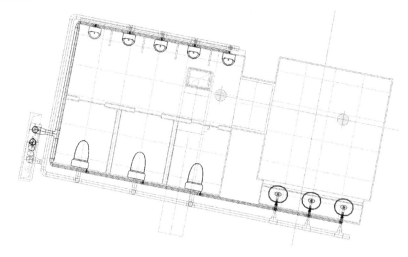

图 2.9.3-39　管件连接完成

在"管路附件"中找到"清扫口-塑料"，捕捉到排水管道的末端放置，如图 2.9.3-40 所示，两侧末端都需进行放置。

（6）绘制喷淋管道

依据图纸所示位置，绘制喷淋系统管道，主管道直径为"32"，偏移量为"3500"，如图 2.9.3-41 所示。

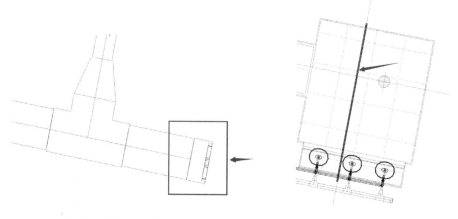

图 2.9.3-40　添加清扫口　　　　　图 2.9.3-41　喷淋主管

再绘制直径为"25"，偏移量为"3500"的支管，装喷淋头的立管偏移量为 3000～3000，绘制完如图 2.9.3-42 所示。

在"系统"选项卡下，选择"喷头"命令，找到"喷头-ELO-闭式-下垂型"，更改其偏移量为"3000"拾取喷淋立管的中心点，进行放置，如图 2.9.3-43 所示。

之后切换至三维视图检查是否有漏接或链接错的管道，自行调整，结果如图 2.9.3-44 所示。

2.9 卫生间机电设计

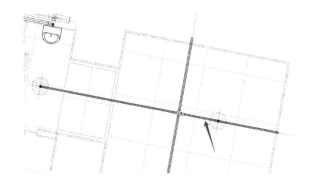

图 2.9.3-42 喷淋支管

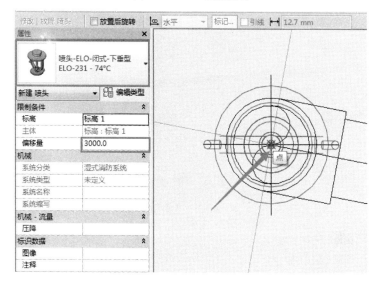

图 2.9.3-43 喷头放置

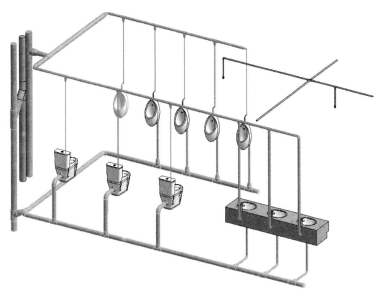

图 2.9.3-44 给水排水三维

129

2.9.4 电气专业

1. 链接CAD

首先链接"背景音乐平面图"图纸,将相应轴线对齐,如图2.9.4-1所示。

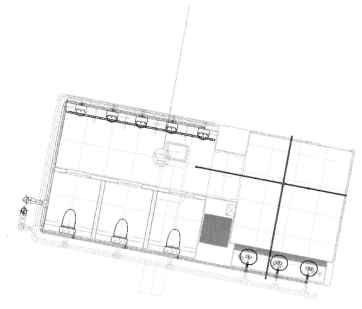

图2.9.4-1 链接CAD

2. 添加用电设备

所需电气族,切换至三维视图,在"可见性/图形替换"中,将"天花板"调为可见,之后"放置构件",找到"扬声器",拾取天花板上大概位置进行放置,如图2.9.4-2所示。

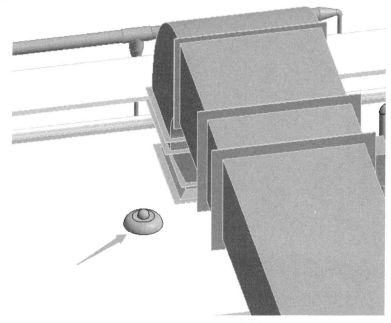

图2.9.4-2 放置扬声器

2.9 卫生间机电设计

切换至平面调整扬声器的位置,如图 2.9.4-3 所示。

3. 绘制线管

使用"系统"选项卡下"线管"命令,先设置直径为"21",偏移量为"3400",捕捉扬声器的中心点,直接绘制水平管道,会自动生成立管,完成后如图 2.9.4-4 所示(由于机械样板中没有线管的管件,需要提前载入,并在"属性"面板中"编辑类型"下添加,方法同风管管件的添加,此处不再赘述)。

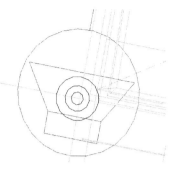

图 2.9.4-3 调整位置

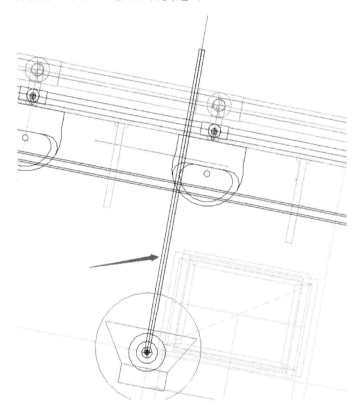

图 2.9.4-4 扬声器线管

4. 绘制照明管线

同样的方法,链接"照明平面图"CAD 图纸,由于管线较乱,为了方便绘制,可以先将如图 2.9.4-5、图 2.9.4-6 所示构件设置为不可见。

图 2.9.4-5 Revit 链接可见性设置

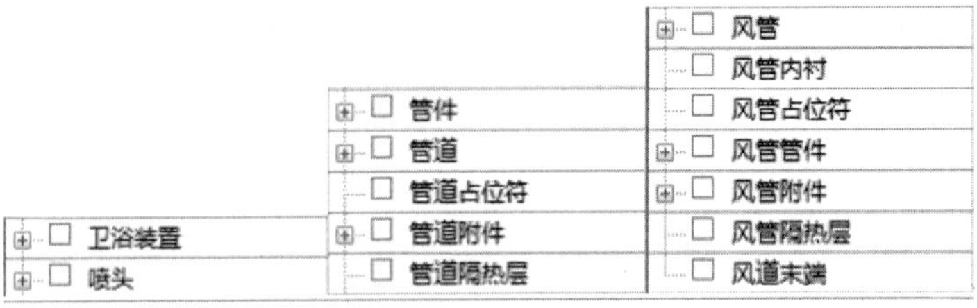

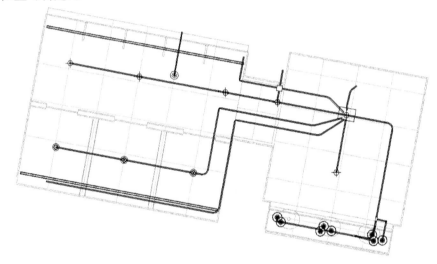

图 2.9.4-6　构件可见性设置

之后放置用电设备并绘制管线，射灯均在 3000mm 的高度，LED 灯带放置在灯槽内，吊灯可自行调整偏移量。

管线直径均为"21"，偏移量为"3400"，用电设备与水平管道的连接，可做剖面进行连接，如图 2.9.4-7、图 2.9.4-8 所示（连接方法同给水排水管道的连接方法，此处不再赘述，位置可自定）。

图 2.9.4-7　管线平面图

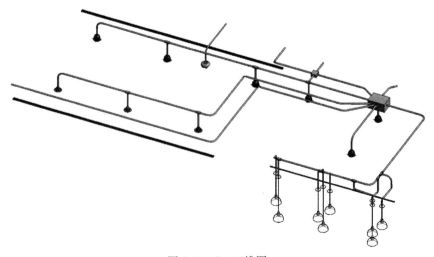

图 2.9.4-8　三维图

链接"配电干线及插座平面图"CAD图纸，同样的方式放置插座并将其与线管进行连接。普通插座高度为700mm，防水插座高度为1300mm。完成平面图如图2.9.4-9、图2.9.4-10所示。

图2.9.4-9　插座位置（1）

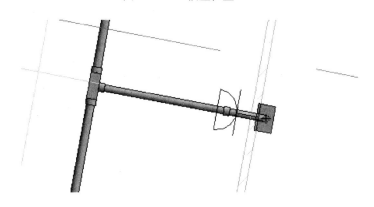

图2.9.4-10　插座位置（2）

整体绘制完成的三维图如图2.9.4-11所示。

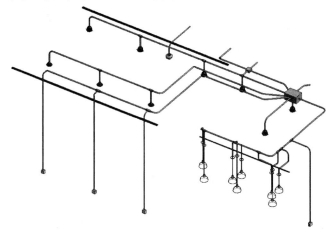

图2.9.4-11　三维图

2.9.5　管道综合

将所有专业的管道以及Revit链接可见，选择"协作"选项卡下"碰撞检测"命令，"运行碰撞检查"，之后将两边全选，点击确定，如图2.9.5-1所示。

之后会生成相应的"冲突报告"，点击相应条目，项目中的构件则会亮显，如图2.9.5-2所示，可根据实际情况进行调整，或者忽略碰撞。

第2章 创建分部分项工程模型

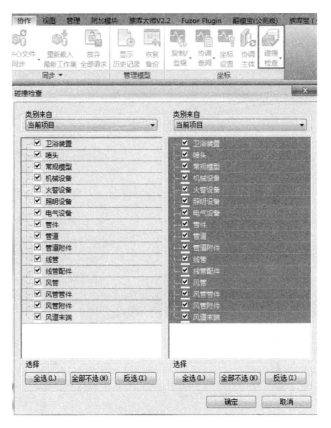

图 2.9.5-1 碰撞检查

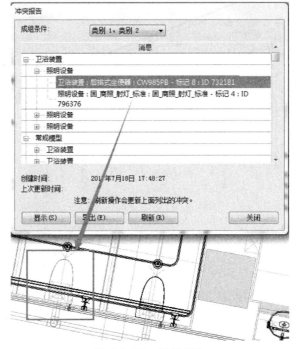

图 2.9.5-2 冲突报告

2.9 卫生间机电设计

如图 2.9.5-3 所示，可以将线管绕过风管，处理之后如图 2.9.5-4 所示。

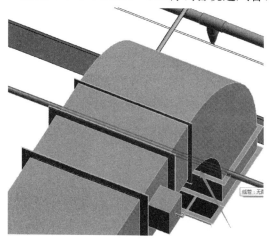
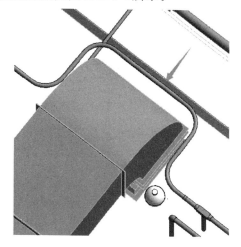

图 2.9.5-3　碰撞位置　　　　　　　　图 2.9.5-4　碰撞处理

2.9.6　模型处理

所有步骤完成后，在"管理"选项卡下，"管理链接"删除链接进来的 CAD 与 Revit 模型，如图 2.9.6-1 所示。此步骤是为保证之后链接到总模型当中不会有多余的构件。

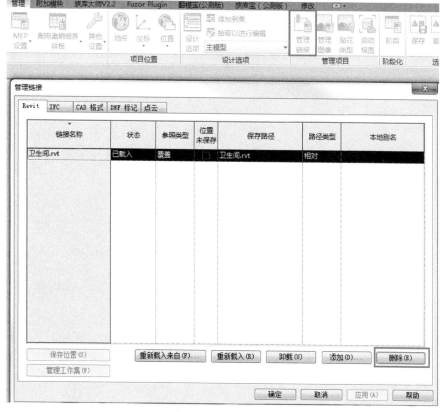

图 2.9.6-1　管理链接

完成后如图 2.9.6-2 所示,保存为"卫生间机电模型"。

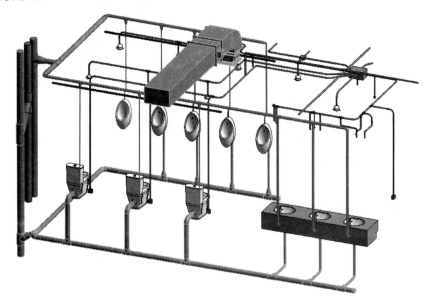

图 2.9.6-2　卫生间机电模型

依照上述方法,完成整个项目二次机电设计。

课 后 习 题

一、单项选择题

卫生间区域共包含几项专业？（ ）

A. 4 种　　　　　　B. 5 种　　　　　　C. 6 种　　　　　　D. 3 种

二、操作题

1. 根据第 4 节楼地面内容，创建整体式楼地面。

构造参数设置为：功能-面层 1［4］、材质-ST＿BS 白色石、厚度-20mm；

"图形"参数为：表面填充图案 750mm×750mm 网格（类别选择为"模型"）、截面填充图案自行定义；

"外观"参数：设置好贴图与浮雕图案，尺寸自行定义。

2. 根据第 5 节天花板内容，创建整体式楼天花板。

构造参数设置为：功能-面层 1［4］、材质-pt.p.bs 白色乳胶漆．粗面、厚度-20mm；材质编辑。

"图形"参数为：表面填充图案 600mm×600mm 网格（类别选择为"模型"）、截面填充图案自行定义。

"外观"参数设置好贴图与浮雕图案，尺寸自行定义。

3. 根据第 5 节天花板内容，自行定义玻璃斜窗边界轮廓，创建天花板木格栅。

格栅截面尺寸为 50mm×150mm；

网格布局设置为"固定距离"；

距离设置为 600mm；

竖梃则根据截面尺寸 50mm×150mm 进行选择，其他参数自定义。

4. 根据第 7 节内容，制作出一个可调整尺寸的族文件，造型及尺寸自定义。

参考答案

一、单项选择题

B

二、操作题

根据本章内容自检。

第 3 章　定制参数化装饰构件

本章导读

　　参数化设计是 BIM 技术最大的特点，是高效工作的基础。室内装饰构件三维模型是在建筑 BIM 模型基础上，根据本专业信息已经形成的建筑内空间形态，建立装饰模型并设置模型尺寸、材质等数据信息，使用参数化构件以递增的详细级别表达设计意图。参数化构件提供一个开放的图形系统用于设计和形状绘制，所有构件的基础均在 Revit 软件中设计。本章将通过在 Revit 中进行操作，从基础开始进行参数化装饰构件的创建，通过实际案例模型的建立过程让读者了解如何定制参数化装饰构件，掌握家具、陈设、照明设备等装饰构件的创建、编辑和修改。

本章学习目标

　　通过本章定制参数化装饰构件的学习，需掌握以下技能：
　　(1) 家具族的模型制作流程；
　　(2) 照明设备的族制作；
　　(3) 踢脚线的族制作；
　　(4) 注释族的族制作；
　　(5) 添加族文件参数。

3.1 家具与陈设

家具族是 Revit 族的一个重要类别,多用于室内装饰设计阶段。家具族一般可分两类:二维家具族和三维家具族。在某些特定视图中不需要显示家具族的三维实体,则可以用二维图形代替。下面我们将按功能分类(坐卧类、凭倚类、储存类)分别介绍家具族的三维实体创建过程。

3.1.1 坐卧类

1. 单人沙发

(1) 选择公制家具族样板打开,在楼层平面:参照标高,绘制参照平面,标注并创建参数,如图 3.1.1-1 所示。

(2) 在"立面:前"视图中,创建参照平面,标注并创建参数,如图 3.1.1-2 所示。

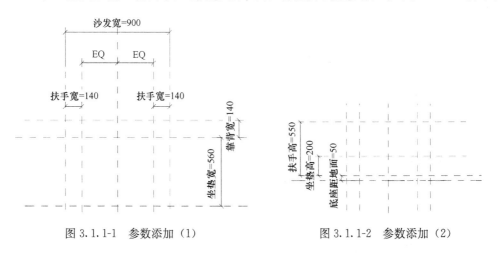

图 3.1.1-1 参数添加(1)　　　　图 3.1.1-2 参数添加(2)

(3) 在"参照标高"视图中,点击创建选项卡下形状面板中拉伸命令,绘制图形,圆角半径为 50,并将草图线锁定在参照平面上,如图 3.1.1-3 所示,完成后点击"√"结束命令。转到"立面:前"视图中将拉伸模型上下边缘对齐锁定在参照平面上,如图 3.1.1-4 所示。

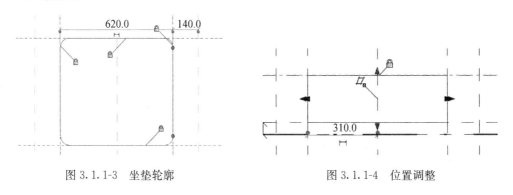

图 3.1.1-3 坐垫轮廓　　　　图 3.1.1-4 位置调整

(4) 在"立面：前"视图中，点击创建选项卡下形状面板中拉伸命令，绘制图形，圆角半径为50，并将草图线锁定在参照平面上，如图3.1.1-5所示，完成后点击"√"结束命令。转到"立面：右"视图中将拉伸模型左右边缘对齐锁定在参照平面上，如图3.1.1-6所示。

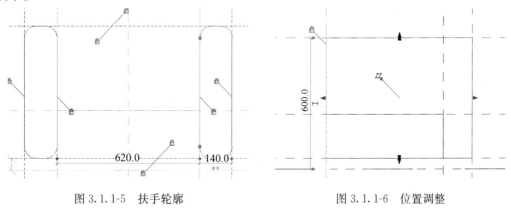

图3.1.1-5 扶手轮廓　　　　　　　　　图3.1.1-6 位置调整

(5) 在"立面：右"视图汇总，点击创建选项卡下形状面板中拉伸命令，绘制图形，圆角半径为50，并将草图线锁定在参照平面上，如图3.1.1-7所示，完成后点击"√"结束命令。转到"参照标高"视图中将拉伸模型左右边缘对齐锁定在参照平面上，如图3.1.1-8所示。

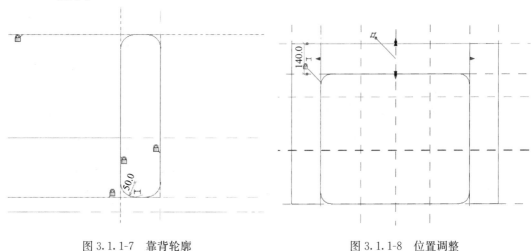

图3.1.1-7 靠背轮廓　　　　　　　　　图3.1.1-8 位置调整

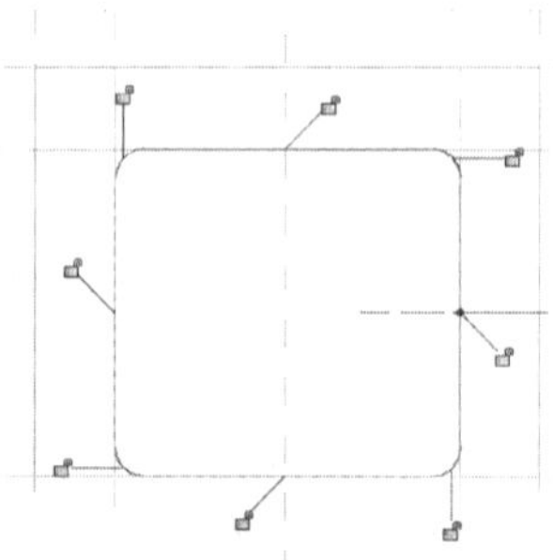

(6) 在"参照标高"视图中，点击创建选项卡下，形状面板中"空心放样"命令，点击"放样"面板中"绘制路径"命令，选择"绘制"面板内"拾取线"命令，拾取图形，如图3.1.1-9所示，完成后点击"√"完成命令。点击"放样"面板内"编辑轮廓"命令，在弹出的对话框中选择"立面：前"，如图3.1.1-10所示。

图3.1.1-9 放样路径

(7) 在"立面：前"视图中，绘制如图3.1.1-11

所示轮廓，并将上下两个轮廓横向直线对齐在参照平面上，点击两次"√"结束命令。点击"修改"选项卡中"几何图形"面板内选择"剪切"命令，点击空心放样，再次点击拉伸模型，以剪切模型。

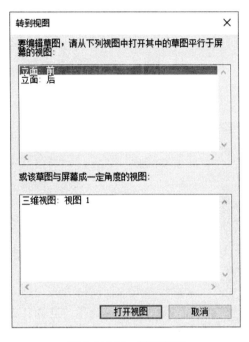

图 3.1.1-10 转到视图　　　　　　　图 3.1.1-11 放样轮廓

（8）在"立面：前"视图中，绘制参照平面，如图 3.1.1-12 所示，标注并锁定距离。点击"创建"选项卡下，"工作平面"面板中"设置"命令，在弹出的工作平面对话框中选择"拾取一个平面"选项并确定，如图 3.1.1-13 所示。

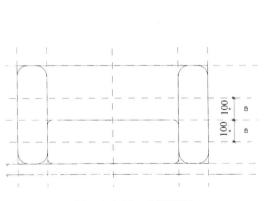 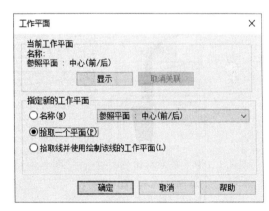

图 3.1.1-12 参照平面　　　　　　　图 3.1.1-13 工作平面

（9）鼠标点击刚绘制的上部参照平面，在弹出的"转到视图"对话框中选择"楼层平面：参照标高"视图，如图 3.1.1-14 所示。在"参照标高"视图中选择"放样"命令，选择"绘制路径"命令，点击"直线"命令，绘制图形，如图 3.1.1-15 所示，路径对齐并锁定于参照平面,四角圆角半径为5,绘制完成后点击"√"完成命令。

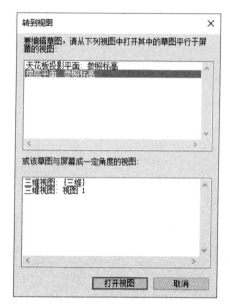

图 3.1.1-14 转到视图

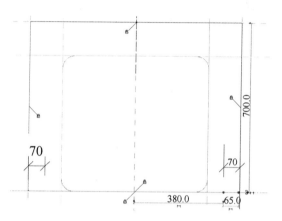

图 3.1.1-15 放样路径

(10)点击"编辑轮廓"命令,在弹出的"转到视图"对话框中,选择"立面:右"视图,绘制截面轮廓如图 3.1.1-16 所示,完成后点击"√"两次,结束命令。

(11)点击选择放样模型,选择"修改|放样"选项卡中,修改面板内"复制"命令,复制到下方距离 200 的参照平面上,如图 3.1.1-17 所示。回到"参照标高"视图,设置最右侧参照平面为工作平面,并选择"立面:右"视图,再次点击"创建"选项卡下,基准面板中"参照平面"命令,绘制参照平面,标注并均分,如图 3.1.1-18 所示。

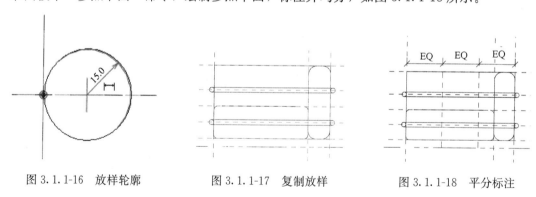

图 3.1.1-16 放样轮廓　　　图 3.1.1-17 复制放样　　　图 3.1.1-18 平分标注

(12)使用"放样"命令,点击"绘制路径"命令,在参照平面上绘制路径,并将路径对齐至参照平面上,如图 3.1.1-19 所示。点击"√"完成命令,点击"编辑轮廓"命令,在弹出的"转到视图"对话框中选择"楼层平面:参照标高"视图,绘制截面,如图 3.1.1-20 所示,完成后点击"√"两次,结束命令。重复上一步骤再次绘制另一边的放样模型。完成后点击"修改"选项卡下,"几何图形"面板内"连接"命令,点击横向放样模型与纵向放样模型,来连接模型,完成后模型如图 3.1.1-21 所示。

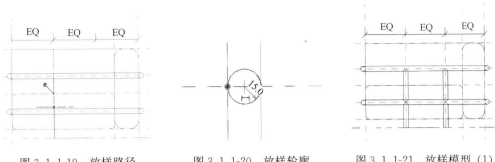

图 3.1.1-19 放样路径　　　图 3.1.1-20 放样轮廓　　　图 3.1.1-21 放样模型（1）

（13）重复上一步在沙发"立面：左"，"立面：后"绘制放样模型，完成后如图 3.1.1-22 所示。

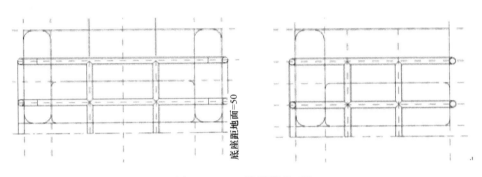

图 3.1.1-22 放样模型（2）

（14）到"参照标高"平面视图中，设置最下方参照平面为工作平面，到"立面：前"视图中选择"创建"选项卡下形状面板中"放样"命令，选择"绘制路径"命令，绘制路径，标注均分并锁定间距，如图 3.1.1-23 所示，拐弯处圆角半径为 15。点击"√"完成命令。

（15）点击"编辑轮廓"，在弹出的"转到视图"对话框中选择"立面：左"视图，如图 3.1.1-24 所示，在"立面：左"视图中绘制截面，如图 3.1.1-25 所示，完成后点击"√"两次结束命令。

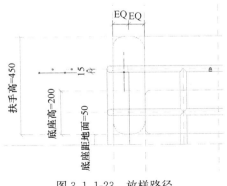

图 3.1.1-23 放样路径

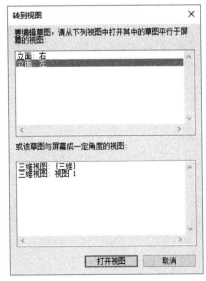

图 3.1.1-24 转到视图

第3章　定制参数化装饰构件

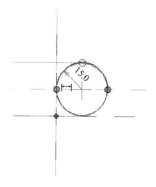

图3.1.1-25　放样轮廓（1）

图3.1.1-26　放样轮廓（2）

（16）重复上一步骤，在"立面：前"视图，沙发扶手右边绘制同样一条放样模型。双击立面中下方横向放样模型，再次双击放样模型路径，在弹出的"转到视图"对话框中选择"楼层平面：参照标高"视图，将下方两节短小路径端点拉伸拖拽至圆形放样轮廓中心，如图3.1.1-26所示，然后点击"√"两次结束命令。

（17）在"立面：前"视图，将所有未连接的放样模型，依次使用"连接"命令连接成为一体。点击"创建"选项卡下"空心放样"命令，选择"拾取路径"，拾取扶手边缘，完成后点击"√"确定，编辑轮廓选择在"三维视图：三维"视图，轮廓如图3.1.1-27所示。

（18）将轮廓镜像，对齐并锁定轮廓至扶手模型上边及后边，如图3.1.1-28所示。完成后点击"√"两次完成命令。

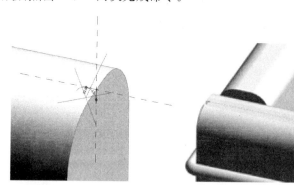

图3.1.1-27　放样轮廓（3）

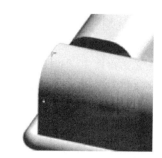

图3.1.1-28　镜像轮廓

（19）为下一个扶手，拾取路径并绘制、镜像、对齐轮廓边线。在"三维"视图中，点击"扶手"模型，点击属性栏内"材质"栏后方"关联族参数"按钮，在弹出的"关联族参数"对话框中点击"添加参数（D）"按钮，如图3.1.1-29所示。在"参数属性"对话框中，"名称"栏内输入"扶手材质"，如图3.1.1-30所示，点击两次确定。重复这一步，依次点击模型为坐垫、靠背、沙发钢圈关联材质。最终将所有模型材质参数添加完毕后，在族类型对话框中为模型添加材质，如图3.1.1-31所示。

（20）材质输入如图3.1.1-32所示。完成后模型，如图3.1.1-33所示。

3.1 家具与陈设

图 3.1.1-29 关联族参数按钮

图 3.1.1-30 关联族参数界面

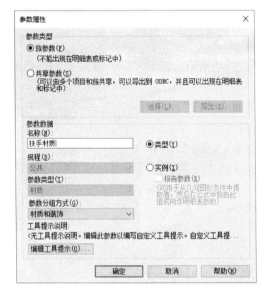

图 3.1.1-31 添加材质参数

图 3.1.1-32 添加材质值

图 3.1.1-33 沙发三维

145

2. 床

（1）选择样板文件：打开 Revit 软件，单击界面左侧"族"下面的"新建"命令，如图 3.1.1-34 所示。在"新族-选择样板文件"对话框中，选择"公制家具.rft"，单击"打开"，如图 3.1.1-35 所示。

图 3.1.1-34　新建　　　　　　　　　　图 3.1.1-35　选择样板

（2）绘制参照平面：在界面上方工具栏中单击"创建"选项卡中"参照平面"命令，绘制参照平面，标注并添加参数，如图 3.1.1-36 所示。

（3）在项目浏览器中打开"前"立面视图，如图 3.1.1-37 所示，绘制参照平面，标注并添加参数，如图 3.1.1-38 所示。

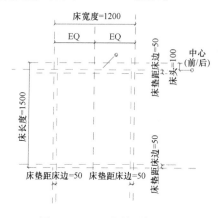
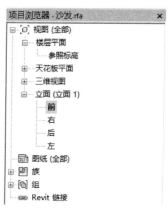

图 3.1.1-36　参数添加（1）　　　　　图 3.1.1-37　切换视图

图 3.1.1-38　参数添加（2）

(4) 创建床主体：单击"创建"选项卡中"拉伸"命令，单击"修改/创建拉伸"选项卡中选择绘制中的"矩形"按钮，绘制图形，并和参照平面锁定，编辑所绘制的矩形，单击"修改/创建拉伸"选项卡中选择绘制中的"圆角弧"选项，绘制半径为50，如图3.1.1-39所示，点击"√"完成绘制。

(5) 在项目浏览器中切换到"前"立面视图，选中刚拉伸绘制的形体，拉伸上部与参照平面对齐锁定，下部与参照标高对其锁定，如图3.1.1-40所示。

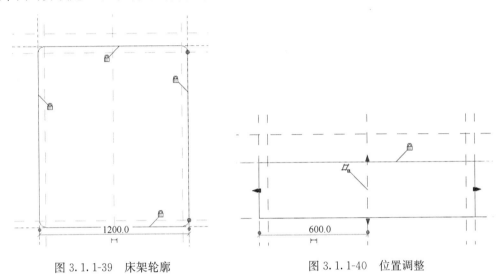

图3.1.1-39　床架轮廓　　　　　　　图3.1.1-40　位置调整

(6) 回到"参照标高"视图，单击"创建"选项卡中"放样"命令，单击"修改/放样"中"绘制路径"命令，使用绘制面板内"拾取线"选项，拾取模型边线绘制图形，如图3.1.1-41所示，单击"√"完成绘制。单击"编辑轮廓"命令，选择"立面：前"单击"打开"视图，绘制截面，如图3.1.1-42所示并对齐至两边参照平面，单击"√"两次完成绘制。

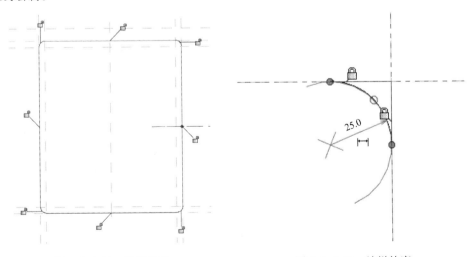

图3.1.1-41　放样路径　　　　　　　图3.1.1-42　放样轮廓

(7) 回到"参照标高"视图,单击"创建"选项卡中"拉伸"命令,单击"矩形"命令,沿内侧参照平面,绘制图形并锁定,使用"修改|编辑拉伸"选项卡下,绘制面板内"圆角弧"选项,修剪四个角半径为 50,如图 3.1.1-43 所示,完成后单击"✓"完成绘制。在项目浏览器中切换到"前"立面视图,选中刚拉伸绘制的形体,拉伸上部与参照平面对齐锁定,下部与参照平面对其锁定,如图 3.1.1-44 所示。

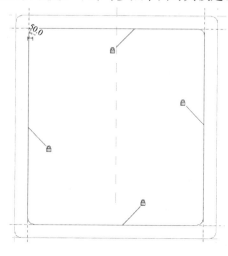

图 3.1.1-43 床垫轮廓

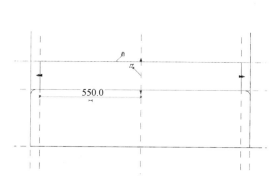

图 3.1.1-44 位置调整

(8) 回到"参照标高"视图,点击创建选项卡下,形状面板内放样命令,在"修改|放样"选项卡下,选择"绘制路径"命令,选择"修改|放样>绘制路径"选项卡下,绘制面板中"拾取线"命令,拾取模型边线,如图 3.1.1-45 所示。

(9) 点击"✓",点击"修改|放样"选项卡下放样面板中"编辑轮廓"命令,在"转到视图"对话框中,选择"立面:前",在前视图中绘制截面,并将其镜像到床垫下部,且两个轮廓均对齐至参照平面锁定,完成后点击"✓"两次结束命令,如图 3.1.1-46 所示。

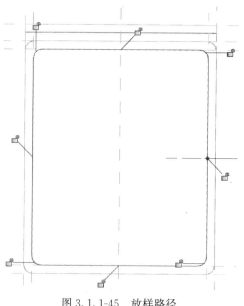

图 3.1.1-45 放样路径

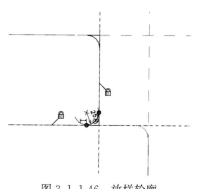

图 3.1.1-46 放样轮廓

(10) 在项目浏览器中进入"右"立面视图,单击"创建"选项卡中"拉伸"命令,单击"修改/放样"中"绘制路径"命令,单击"直线"和"起点-终点-半径弧"命令,绘制图形,如图 3.1.1-47 所示,点击半圆,在属性栏中图形列表内点击勾选"中心标记可见"选项,并将半圆中心标记对齐锁定在横向参照平面上,如图 3.1.1-48 所示,完成后单击"√"完成绘制。

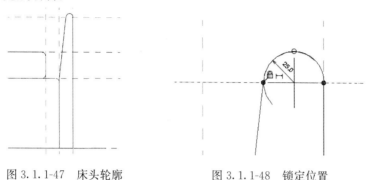

图 3.1.1-47 床头轮廓　　　　图 3.1.1-48 锁定位置

(11) 在右立面中,将床头下部对齐锁定在底部参照平面上,左右面分别对齐至参照平面上,如图 3.1.1-49 所示。在项目浏览器中切换到"前"立面视图,选中床头,将床头左右分别对齐至两边参照平面上,如图 3.1.1-50 所示。

图 3.1.1-49 对齐锁定　　　　图 3.1.1-50 调整位置

(12) 单击"拉伸"命令,单击"修改/修改拉伸"选项卡中"绘制"命令,单击"样条曲线"和"起点-终点-半径弧"命令,绘制图形,如图 3.1.1-51 所示,单击"修改"面板中的"镜像-拾取轴"命令,选择中间参照平面为镜像轴,完成镜像,单击"√"完成绘制,如图 3.1.1-52 所示。

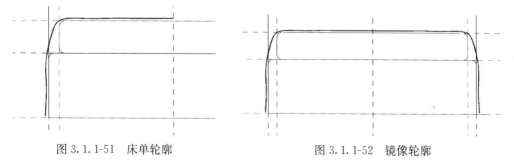

图 3.1.1-51 床单轮廓　　　　图 3.1.1-52 镜像轮廓

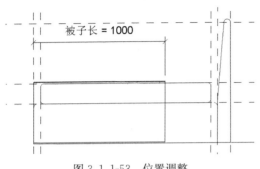

图 3.1.1-53 位置调整

(13) 在项目浏览器中切换到"右"立面视图,将刚拉伸绘制的模型一端,对齐并锁定在参照平面上,标注参照平面与模型另一端的长度,并创建参数,数值为1000mm,如图 3.1.1-53 所示。

(14) 单击"拉伸"命令,单击"修改/修改拉伸"选项卡中,绘制面板内"直线"和"起点-终点-半径弧"命令,绘制图形,如图 3.1.1-54 所示,并将线与参照平面对齐锁定,单击"√"完成绘制。在项目浏览器中切换到"前"立面视图,进行拉伸并镜像,如图 3.1.1-55 所示,标注且锁定。

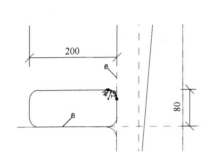

图 3.1.1-54 枕头轮廓

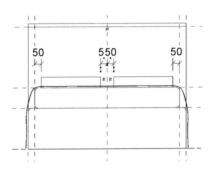

图 3.1.1-55 位置调整

(15) 选中两个枕头模型,再点击属性栏下"材质与装饰"列表内,材质栏后"关联族参数"按钮,在弹出的"关联族参数"对话框中,选择"添加参数"按钮,如图 3.1.1-56 所示。在弹出的"参数属性"对话框中输入名称为"枕头材质",如图 3.1.1-57 所示,完成后点击两次确定结束命令。

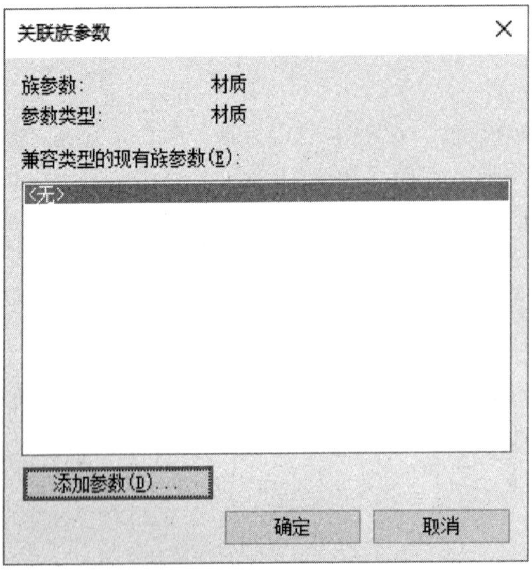

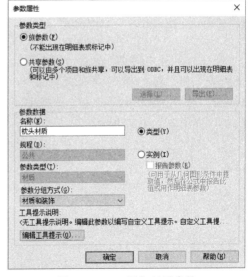

图 3.1.1-56 关联族参数

图 3.1.1-57 添加材质参数

(16) 重复上一步骤，为所有模型添加相应材质。添加完成后，点击属性面板中"族类型"命令，在"族类型"面板中给定材质，如图 3.1.1-58 所示。

图 3.1.1-58　添加材质值

(17) 查看模型：在项目浏览器中进入三维视图，完成床立体图，如图 3.1.1-59 所示。

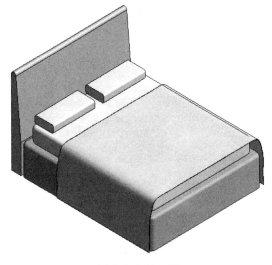

图 3.1.1-59　床

3.1.2　凭倚类

餐桌：

(1) 选择样板文件：打开 Revit 软件，单击界面左侧"族"下面的"新建"命令，如

图3.1.2-1所示。在"新族-选择样板文件"对话框中，选择"公制家具.rft"，单击"打开"，如图3.1.2-2所示。

图3.1.2-1　新建

图3.1.2-2　选择样板

（2）绘制参照平面：单击"创建"选项卡中"参照平面"命令，如图3.1.2-3所示，开始绘制参照平面，标注并创建参数。

（3）在项目浏览器中打开"前"立面视图，如图3.1.2-4所示，绘制参照平面，标注并添加参数，如图3.1.2-5所示。

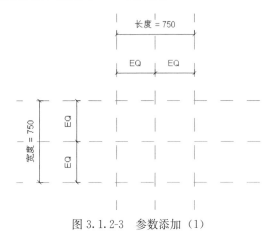

图3.1.2-3　参数添加（1）

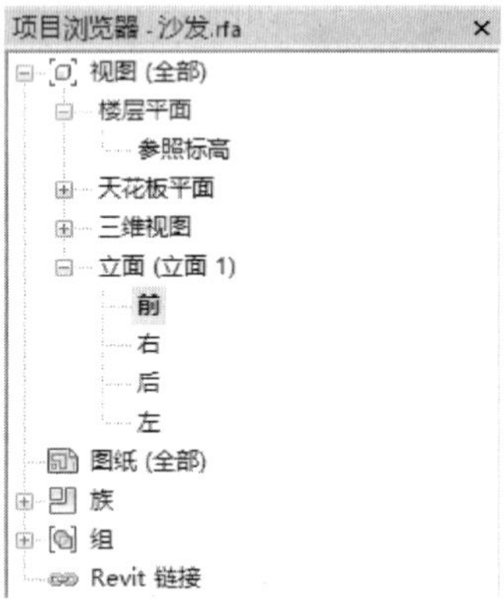

图3.1.2-4　切换视图

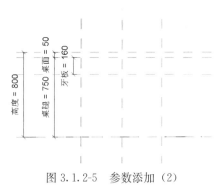

图3.1.2-5　参数添加（2）

（4）创建餐桌主体：单击"创建"选项卡中"形状"面板的"放样"命令，如图3.1.2-6所示，单击"修改/放样"中"绘制路径"命令，单击"矩形"命令，绘制图形并锁定，如图3.1.2-7所示，单击"√"完成绘制。点击属性栏中材质和装饰列表内材质栏后"关联族参数"按钮，在弹出的"关联族参数"对话框中，点击"添加参数"按钮，在名称栏中输入"桌面材质"并点击确定两次退出命令，如图3.1.2-8所示。

3.1 家具与陈设

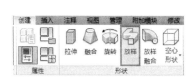

图 3.1.2-6　放样

图 3.1.2-7　放样路径

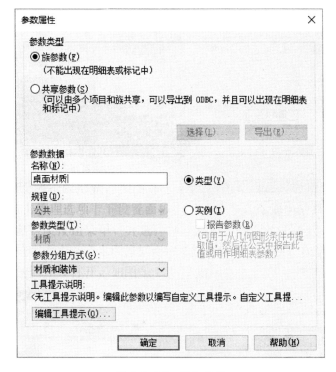

图 3.1.2-8　添加参数

（5）单击"修改/放样"选项卡中"编辑轮廓"命令，如图 3.1.2-9 所示，选择"立面：右"单击"打开"视图，如图 3.1.2-10 所示，在上方两条参照平面处绘制截面，如图 3.1.2-11 所示，单击"创建"选项卡中"放样"命令，单击"修改｜放样"上下文选项卡中选择绘制中的"直线"命令和"起点-终点-半径弧"命令，绘制图形，图形半径为两条参照平面间距，标注并给定参数为桌面，完成后单击"√"完成绘制，如图 3.1.2-12 所示。

（6）回到"参照标高"视图，单击"创建"选项卡中"拉伸"命令，单击"修改｜创建拉伸"中"绘制"面板命令，单击"矩形"命令，绘制图形并锁定，如图 3.1.2-13 所示，单击"√"完成绘制，

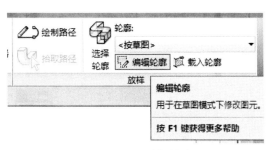

图 3.1.2-9　编辑轮廓

在项目浏览器中切换到"前"立面视图，选中刚拉伸绘制的形体，拉伸上部与参照平面对齐并锁定，下部与参照平面对齐并锁定，如图 3.1.2-14 所示。

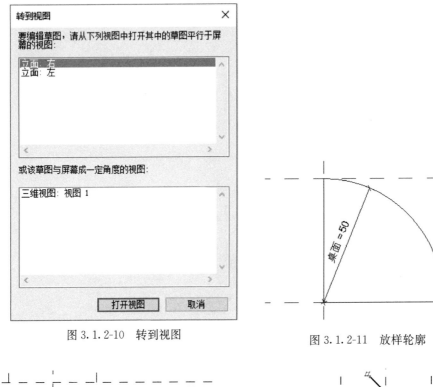

图 3.1.2-10　转到视图　　　　　　　　图 3.1.2-11　放样轮廓

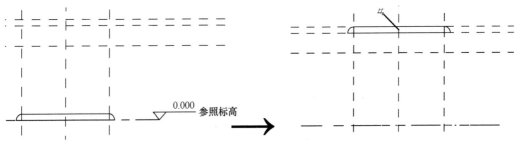

图 3.1.2-12　位置调整

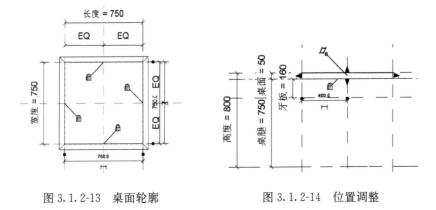

图 3.1.2-13　桌面轮廓　　　　　　　图 3.1.2-14　位置调整

3.1 家具与陈设

（7）点击属性栏中材质和装饰列表内材质栏后"关联族参数"按钮，在弹出的"关联族参数"对话框中，选择"桌面材质"并点击确定退出命令，如图 3.1.2-15 所示。

（8）回到"参照标高"视图，单击"创建"选项卡中"拉伸"命令，单击"修改｜创建拉伸"中"绘制"面板，单击"矩形"命令，绘制图形并锁定，如图 3.1.2-16 所示，单击"√"完成绘制。在项目浏览器中切换到"前"立面视图，选中刚拉伸绘制的形体，拉伸上部与参照平面对齐并锁定，下部与参照平面对齐并锁定，如图 3.1.2-17 所示。

图 3.1.2-15　关联族参数

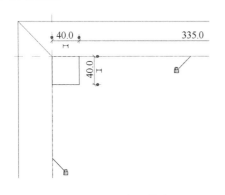

图 3.1.2-16　桌腿轮廓

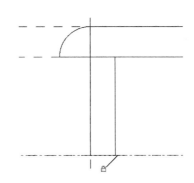

图 3.1.2-17　位置调整

（9）回到"参照标高"视图，单击"镜像-绘制轴"命令，镜像图形，如图 3.1.2-18 所示。

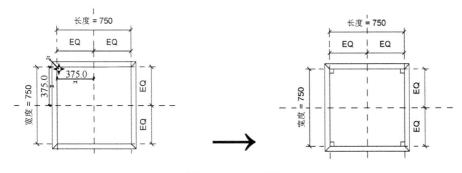

图 3.1.2-18　镜像

（10）选择所有刚创建的拉伸模型，点击属性栏中材质和装饰列表内材质栏后"关联族参数"按钮，在弹出的"关联族参数"对话框中，点击"添加参数"按钮，在名称栏中输入"桌腿材质"并点击确定两次退出命令，如图 3.1.2-19 所示。

（11）在项目浏览器中进入"前"立面视图，单击"创建"选项卡中"拉伸"命令，单击"修改｜创建拉伸"中"绘制"面板，单击"直线"和"起点-终点-半径弧"命令，

155

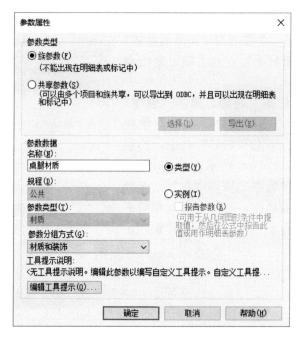

图 3.1.2-19　添加材质参数

图 3.1.2-20　牙板轮廓

绘制图形并锁定，下方半径及两边短直线为 30，如图 3.1.2-20 所示，单击"√"完成绘制。点击属性栏中材质和装饰列表内材质栏后"关联族参数"按钮，在弹出的"关联族参数"对话框中，点击"添加参数"按钮，在名称栏中输入"牙板材质"并点击确定两次退出命令，如图 3.1.2-21 所示。

（12）在项目浏览器中切换到"右"立面视图，选中刚拉伸绘制的形体，解除模型和参照平面的锁定，拉伸至如图 3.1.2-22 所示位置，标注并锁定间距。

（13）回到"参照标高"视图，单击"镜像-拾取轴"命令，拾取"中心/前后"参照平面，镜像图形，如图 3.1.2-23 所示。单击"旋转"命令，勾选选项栏中复制选项，旋转图形，如图 3.1.2-24 所示。

（14）进入右立面，使用标注命令，标注复制的图形与参照平面的间距，点击小锁锁定间距，一个立面锁定两个模型，右立面锁定完成后，进入前立面，重复标注锁定，完成后转换到其他立面双击模型进入编辑轮廓界面，如图 3.1.2-25 所示，锁定模型边线。

（15）在项目浏览器中进入"前"立面视

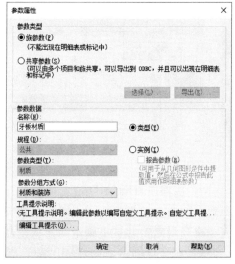

图 3.1.2-21　添加材质参数

3.1 家具与陈设

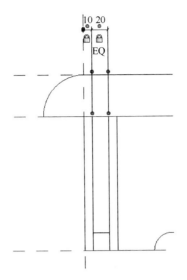

图 3.1.2-22 位置调整

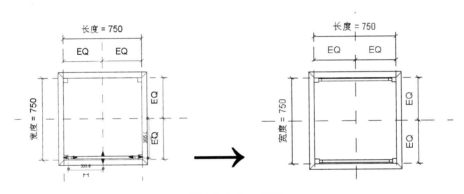

图 3.1.2-23 镜像

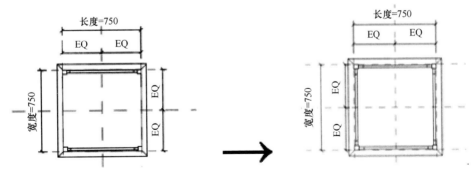

图 3.1.2-24 旋转

图,单击"创建"选项卡中"旋转"命令,如图 3.1.2-26 所示,选择绘制面板中"直线"和"起点-终点-半径弧"命令,绘制图形,如图 3.1.2-27 所示。绘制完成后点击"修改 | 编辑旋转"绘制面板中"轴线"命令,绘制轴线,单击"√"完成绘制。

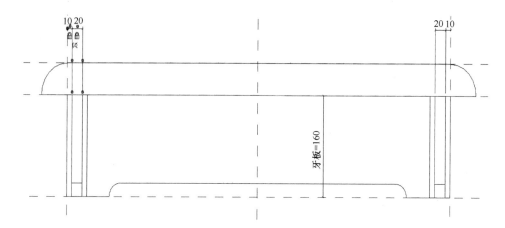

图 3.1.2-25 对齐锁定

图 3.1.2-26 旋转

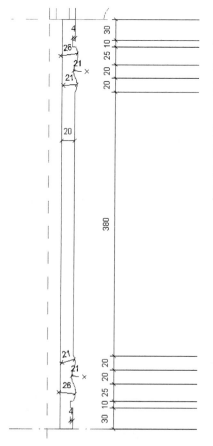

图 3.1.2-27 旋转轮廓

（16）点击属性栏中材质和装饰列表内材质栏后"关联族参数"按钮，在弹出的"关联族参数"对话框中，选择"桌腿材质"并点击确定退出命令，如图 3.1.2-28 所示。

（17）回到"参照标高"视图，单击旋转模型解锁模型与工作平面的锁定，选择创建选项卡下基准面板中"参照平面"命令，绘制两条参照平面并标注与其相近的参照平面距离且锁定，如图 3.1.2-29 所示。

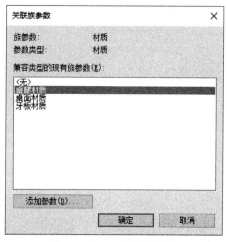

图 3.1.2-28 关联族参数

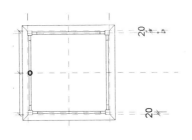

图 3.1.2-29 参照平面

（18）使用对齐命令，首先点击绘制的参照平面，再点击旋转模型中间"旋转：参照"点，如图 3.1.2-30 所示，将其对齐并锁定在参照平面上。再单击"镜像-拾取轴"命令，镜像旋转模型，并均对齐并锁定至参照平面，如图 3.1.2-31 所示。

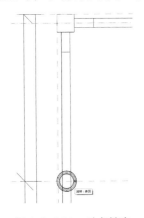

图 3.1.2-30 对齐锁定

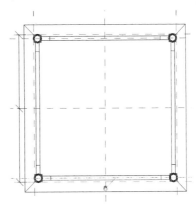

图 3.1.2-31 镜像

（19）点击"创建"选项卡下属性面板中"族参数"命令，在材质和装饰列表内添加材质，如图 3.1.2-32 所示。

（20）查看模型：在项目浏览器中进入三维视图，完成餐桌立体图，如图 3.1.2-33 所示。

图 3.1.2-32 添加材质值

图 3.1.2-33 餐桌

3.1.3 储存类

百叶门衣柜：

（1）选择样板文件：打开 Revit 软件，单击界面左侧"族"下面的"新建"命令，如图 3.1.3-1 所示。在"新族-选择样板文件"对话框中，选择"公制家具.rft"，单击"打开"，如图 3.1.3-2 所示。

图 3.1.3-1 新建

图 3.1.3-2 选择样板

（2）绘制参照平面：单击"创建"选项卡中"参照平面"命令，开始绘制参照平面，标注并添加参数，如图 3.1.3-3 所示。在项目浏览器中打开"前"立面视图，绘制参照平面，标注并添加参数，如图 3.1.3-4 所示。

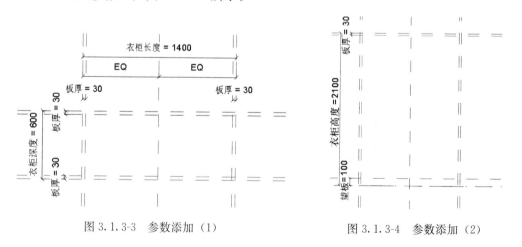

图 3.1.3-3 参数添加（1）　　　　　图 3.1.3-4 参数添加（2）

（3）创建衣柜主体：回到参照标高平面，单击"创建"选项卡中"拉伸"命令，单击"修改/创建拉伸"选项卡，选择绘制中的"矩形"选项绘制图形，并和参照平面锁定，如图 3.1.3-5 所示，完成后点击"√"完成命令。

（4）在项目浏览器中进入"前"立面视图，选中刚拉伸绘制的形体，拉伸上部与参照标高对齐锁定，下部与参照标高对其锁定，如图 3.1.3-6 所示。

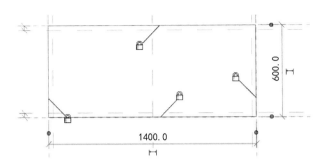

图 3.1.3-5　顶板轮廓

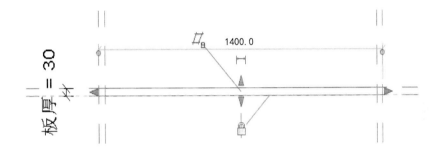

图 3.1.3-6　位置调整

（5）在项目浏览器中进入"右"立面视图，单击"创建"选项卡中"拉伸"命令，单击"修改｜创建拉伸"选项卡，选择绘制中的"矩形"按钮绘制图形，并和参照平面锁定，如图 3.1.3-7 所示，单击"√"完成绘制。在项目浏览器中切换到"前"立面视图，选中刚拉伸绘制的形体，拉伸左、右部与参照标高对齐并锁定，如图 3.1.3-8 所示。

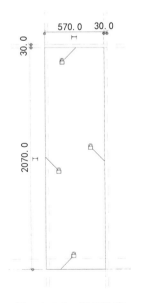
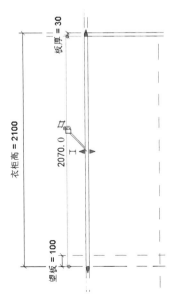

图 3.1.3-7　侧板轮廓　　　　图 3.1.3-8　位置调整

(6)选择衣柜侧板,单击"镜像-拾取轴"命令,选择"中心(左/右)"参照平面来镜像侧板,镜像成功后拖拽模型上下左右边缘,与参照平面对齐,如图3.1.3-9所示。保持选中状态,到立面视图"右"或"左"拖拽模型边缘,对齐至参照平面,如图3.1.3-10所示。

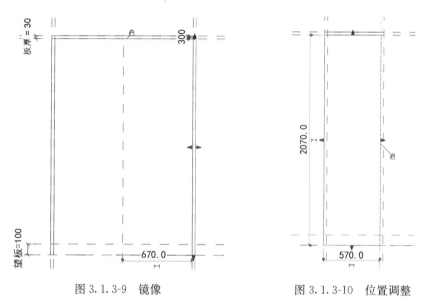

图3.1.3-9　镜像　　　　　　　　图3.1.3-10　位置调整

(7)在项目浏览器中进入"后"立面视图,单击"创建"选项卡中"拉伸"命令,单击"修改/创建拉伸"选项卡,选择绘制中的"矩形"按钮绘制图形,并和参照平面锁定,如图3.1.3-11所示,单击"√"完成绘制。在项目浏览器中切换到"右"立面视图,选中刚拉伸绘制的形体,拉伸左、右部与参照标高对齐锁定,如图3.1.3-12所示。

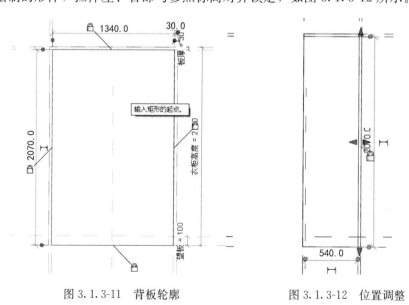

图3.1.3-11　背板轮廓　　　　　　图3.1.3-12　位置调整

(8)在项目浏览器中进入"前"立面视图,单击"创建"选项卡中"拉伸"命令,单

击"修改|创建拉伸"选项卡,选择绘制中的"矩形"按钮绘制图形,并和参照平面锁定,如图 3.1.3-13 所示,单击"√"完成绘制。在项目浏览器中切换到"右"立面视图,选中刚拉伸绘制的形体,拉伸左、右部与参照标高对其锁定,如图 3.1.3-14 所示。

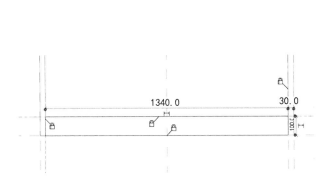

图 3.1.3-13 望板轮廓

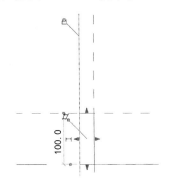

图 3.1.3-14 位置调整

(9) 回到"参照标高"视图,单击"创建"选项卡中"拉伸"命令,单击"修改|创建拉伸"中"矩形"命令,绘制图形,如图 3.1.3-15 所示。在项目浏览器中切换到"右"立面视图,选中刚拉伸绘制的图形,拉伸图形上、下部与参照标高对齐锁定,如图 3.1.3-16 所示。

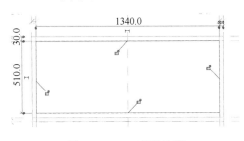

图 3.1.3-15 底板轮廓

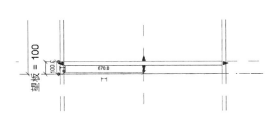

图 3.1.3-16 位置调整

(10) 回到"前"视图,单击"创建"选项卡中"放样"命令,单击"绘制路径"命令绘制图形,如图 3.1.3-17 所示,单击"√"完成绘制。

(11) 单击"修改/放样"选项卡中"编辑轮廓"命令,选择"立面:右",单击"打开"视图,在圆点处绘制高 50、宽 30、圆角半径为 10 的截面,如图 3.1.3-18 所示。在"右"立面视图将拉伸模型左部模型边线对齐锁定至最左边参照平面上,如图 3.1.3-19 所示。

(12) 新建族,选择公制常规模型族样板,在"右"立面视图,单击"创建"选项卡中"基准"面板,点击"参照线"命令,绘制参照线,并将参照线下端点对齐锁定在纵横参照平面上,如图 3.1.3-20 所

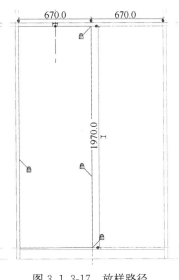

图 3.1.3-17 放样路径

示。单击"创建"选项卡中"形状"面板,点击"拉伸"命令,单击"修改|编辑拉伸"选项卡下绘制面板中"直线"命令,绘制图形,如图 3.1.3-21 所示。单击"√"完成绘制。

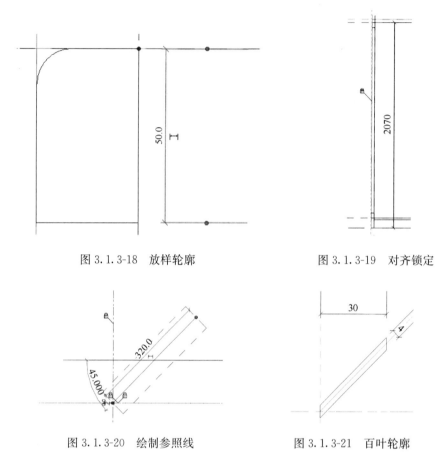

图 3.1.3-18　放样轮廓　　　　　　　图 3.1.3-19　对齐锁定

图 3.1.3-20　绘制参照线　　　　　　图 3.1.3-21　百叶轮廓

（13）在项目浏览器中进入"前"立面视图,绘制参照平面并创建参数,选中刚拉伸绘制的图形,拉伸图形左、右部与参照平面对齐锁定,如图 3.1.3-22 所示。

（14）点击"族编辑器"面板中"载入到项目"命令,载入衣柜族,然后在项目浏览器中进入"参照标高"视图,点击"创建"选项卡,在"模型"面板中选择"构件"命令,放置百叶,同时绘制参照平面,标注并创建参数,完成后将百叶左对齐至参照平面,百叶的上侧或下侧对齐至模型边缘线上,如图 3.1.3-23 所示。

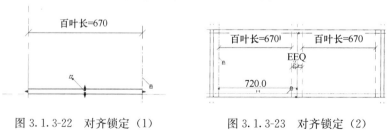

图 3.1.3-22　对齐锁定（1）　　　　　图 3.1.3-23　对齐锁定（2）

（15）进入"左"立面视图,使用对齐命令将百叶左边与参照平面对齐并锁定,百叶顶端与放样模型内部边缘对齐锁定，如图 3.1.3-24 所示。再单击"阵列"命令，在选项栏中选择"最后一个"选项，单击百叶最下端，再次点击放样窗框下部上边缘，如图 3.1.3-25 所示。

图 3.1.3-24 对齐锁定（3）

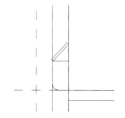
图 3.1.3-25 最下端百叶

（16）转到"前"立面视图中，将阵列的最后一个百叶两端对齐并锁定至左边参照平面中。点击因阵列出现的阵列数值，点击选项栏将其转变为参数，命名为百叶个数，如图 3.1.3-26 所示。点击创建选项卡下，属性面板中族类型命令在弹出的族类型对话框中，选择公式列表列"百叶个数"栏输入公式：（衣柜高-望板-板厚＊2)/40。

图 3.1.3-26 阵列

（17）进入"前"立面视图，双击阵列的最后一个百叶，将其一边对齐至参照平面上。在项目浏览器中进入"右"立面视图，单击"创建"选项卡中"基准"面板内"参照平面"命令，绘制如图 3.1.3-27 所示，标注并给定参数。点击"创建"选项卡下形状面板内"旋转"命令，绘制三个以参照平面为轴心、半径为 5 的把手，并对齐至参照平面，完成后点击"修改"选项卡下"图形"面板内"连接"命令将三个扶手连接，如图 3.1.3-28 所示。

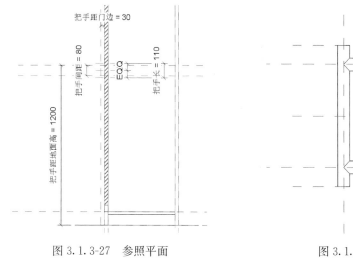
图 3.1.3-27 参照平面　　　　　　图 3.1.3-28 连接

（18）进入"前"立面视图，依次点击并解锁把手的工作平面锁定，将把手向左移动 25 至衣柜门框中心，单击"镜像-拾取轴"命令，镜像图形，如图 3.1.3-29 所示。

第 3 章　定制参数化装饰构件

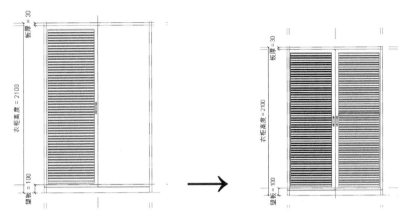

图 3.1.3-29　镜像

（19）双击镜像的百叶最下面一个，进入编辑组状态，将百叶左边对齐并锁定至参照平面上，完成后点击"√"，再次双击镜像百叶最上面一个，重复将百叶左边对齐并锁定参照平面上。完成后点击"√"结束命令，如图 3.1.3-30 所示，并为其添加百叶个数参数。

（20）查看模型：为百叶和板添加材质后，在项目浏览器中进入三维视图，完成衣柜立体图，如图 3.1.3-31 所示。

图 3.1.3-30　对齐锁定　　　　　　　　　　　图 3.1.3-31　衣柜

3.1.4　陈设类

装饰画：

（1）打开 Revit 软件，单击界面左侧"族"下面的"新建"命令，如图 3.1.4-1 所示。在"新族-选择样板文件"对话框中，选择"基于面的公制常规模型"族样板，单击"打开"，如图 3.1.4-2 所示。

图 3.1.4-1　新建

3.1 家具与陈设

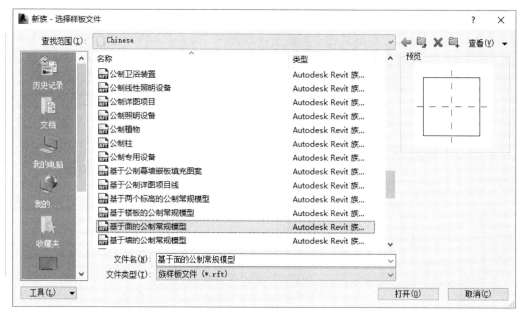

图 3.1.4-2　选择样板

（2）在项目浏览器中双击进入"参照标高"视图，如图 3.1.4-3 所示。在界面上方工具栏中单击"创建"选项卡中"参照平面"命令，如图 3.1.4-4 所示。绘制参照平面，如图 3.1.4-5 所示。

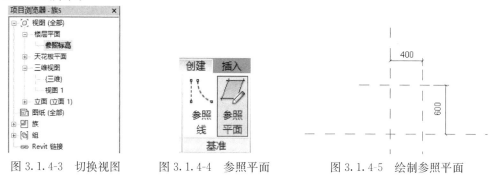

图 3.1.4-3　切换视图　　　图 3.1.4-4　参照平面　　　图 3.1.4-5　绘制参照平面

（3）点击尺寸标注，再点击选项栏中的标签下拉栏，点击其中"添加参数"选项，如图 3.1.4-6 所示，在弹出的参数属性对话框中将名称命名为"长度"后确定，下一个尺寸标注重复上一步，后名称命名为"宽度"，结果如图 3.1.4-7 所示。

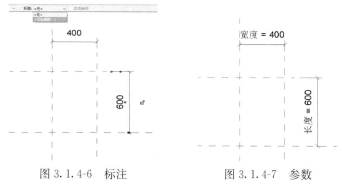

图 3.1.4-6　标注　　　　　图 3.1.4-7　参数

167

（4）双击样板中原有板，在绘制模式中将边线与参照平面对齐，且边线与参照平面锁定，如图 3.1.4-8 所示。将属性栏中限制条件列表内"拉伸终点"的值修改为 5.0，如图 3.1.4-9 所示。完成后点击对勾结束。

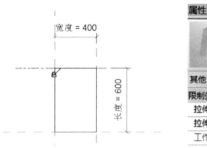

图 3.1.4-8　对齐锁定　　　　　　　图 3.1.4-9　拉伸终点

（5）在项目浏览器中双击进入"前"视图，在界面上方工具栏中单击"创建"选项卡中"参照平面"命令，绘制参照平面，如图 3.1.4-10 所示。点击创建选项卡下，工作平面面板中设置命令，在弹出的"工作平面"对话框中选择"拾取一个平面（P）"后确定，如图 3.1.4-11 所示。再点击绘制的参照平面，在弹出的"转到视图"对话框中双击"楼层平面：参照标高"选项进入视图，如图 3.1.4-12 所示。

图 3.1.4-10　绘制参照平面

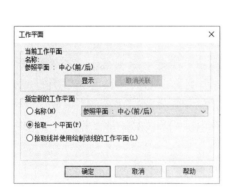
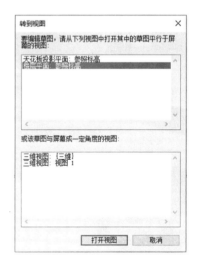

图 3.1.4-11　工作平面　　　　　　图 3.1.4-12　转到视图（1）

（6）点击创建选项卡下，形状面板放样命令，在"修改 | 放样"上下文选项卡中放样面板内，点击绘制路径命令，选择矩形绘制命令，绘制结果，如图 3.1.4-13 所示。完成后点击"√"，点击选择轮廓命令后再点击编辑轮廓命令，在弹出的转到视图对话框中，

双击"立面：右"进入视图，如图 3.1.4-14 所示。

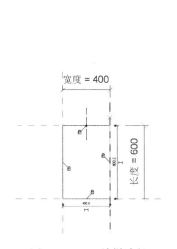
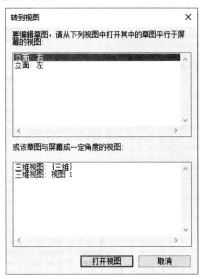

图 3.1.4-13　放样路径　　　　图 3.1.4-14　转到视图（2）

（7）在视图中绘制轮廓形状，如图 3.1.4-15 所示，或自设轮廓，完成后两次单击"√"结束命令。点击管理选项卡下设置面板中材质命令，在弹出的材质浏览器中，点击左下角处创建并复制材质按钮菜单，并选择新建材质，如图 3.1.4-16 所示。在新建材质的外观选项卡下常规列表内，点击图像栏中"未选定图像"选项，在弹出的选择文件对话框中，选择准备好的图片并打开，如图 3.1.4-17 所示。

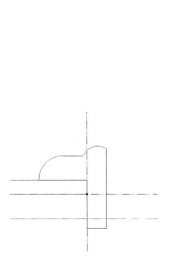

图 3.1.4-15　放样轮廓　　　　图 3.1.4-16　新建材质

第3章　定制参数化装饰构件

图 3.1.4-17　选择图片

（8）单击载入进来的图像，在弹出来的纹理编辑器对话框内，比例列表下样例尺寸宽度与高度的值分别修改为 400*600（注意：先点击锁链样式的按钮，将锁定解除），并点击完成退出对话框，如图 3.1.4-18 所示，再次点击材质浏览器的确定完成对材质的操作。

（9）在项目浏览器中双击进入"三维视图"，在三维视图中点击 400*600 的模型板，再次点击上下文选项卡"修改 | 拉伸"下几何图形面板内"填色"命令，在弹出的材质浏览器对话框中单击选择新建完成的材质，如图 3.1.4-19 所示。对板再次单击，然后点击材质浏览器对话框完成按钮，结束命令。

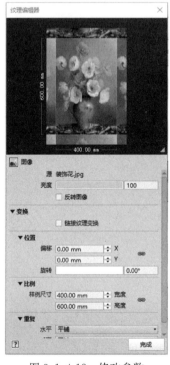
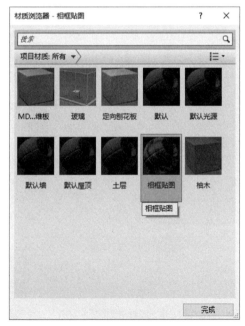

图 3.1.4-18　修改参数　　　　图 3.1.4-19　选择材质

3.1 家具与陈设

（10）在项目浏览器中双击进入"楼层平面：参照标高"，点击创建选项卡下形状面板中拉伸命令，同样选择矩形绘制图形，并对齐于参照平面，如图 3.1.4-20 所示。修改属性栏中限制条件列表内拉伸终点与拉伸起点的值分别为 0 和 3，如图 3.1.4-21 所示。

图 3.1.4-20 对齐锁定

图 3.1.4-21 拉伸终点

（11）点击材质和装饰列表内材质栏中材质按钮，在弹出来的材质浏览器对话框中单击玻璃，并单击确定，如图 3.1.4-22 所示。确定后点击"修改｜创建拉伸"上下文选项卡下模式面板中"√"，结束命令。

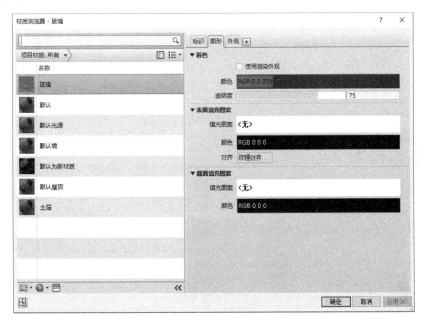

图 3.1.4-22 添加材质（1）

（12）在项目浏览器中双击进入"三维视图：视图 1"，再点击放样模型，点击属性栏中，材质和装饰列表内材质栏中材质按钮，在弹出来的材质浏览器对话框中搜索栏内输入"木材"，在搜索结果中选择任意一个木材质将其添加到文档中，如图 3.1.4-23 所示，并单击确定。

（13）翻转模型单击样板原有板，选中后，点击属性栏，材质和装饰列表内材质栏中材质按钮，在弹出来的材质浏览器对话框中搜索栏内输入"纸"，在搜索结果中选择"定向刨花板"或者"MDF 中等密度纤维板"材质并将其添加到文档，如图 3.1.4-24 所示。

171

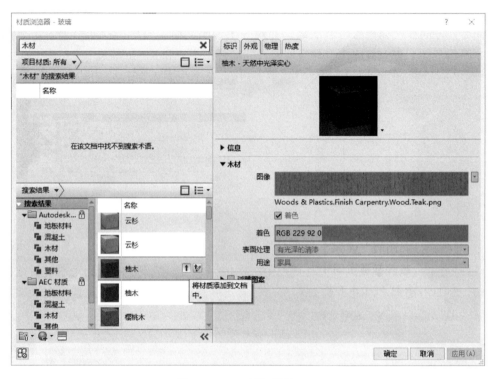

图 3.1.4-23 添加材质（2）

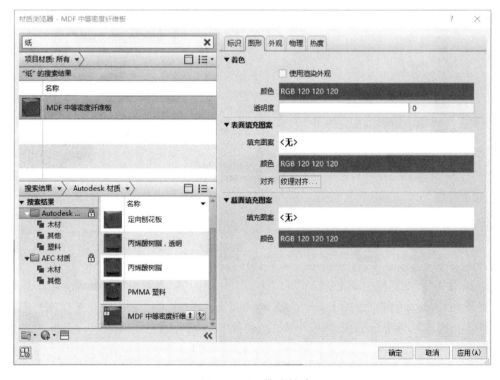

图 3.1.4-24 修改材质

（14）将显示模式修改为"真实"，若想看的更清晰可将精细程度更改为精细，如图 3.1.4-25 所示。修改完成后模型最终如图 3.1.4-26 所示。

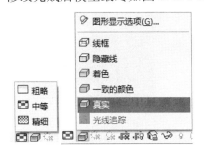

图 3.1.4-25　视图显示　　　　　图 3.1.4-26　装饰画

（15）依据上面操作，完成本项目家具与陈设类模型。

3.2　照 明 设 备

灯具是 Revit 族中比较特殊的族文件，它能够制作带光源的族文件，普通的族样板要添加光源，可将组类别修改为照明设备，此时勾选光源后，视图中将出现光源。灯具族中可以挂接厂家的 IES 配光曲线，方便进入到 3DMAX 中进行真实的可视化模拟。下面介绍三维照明设备族文件的具体创建过程。

（1）选择样板文件：打开 Revit 软件，单击界面左侧"族"下面的"新建"命令，如图 3.2-1 所示。在"新族-选择样板文件"对话框中，选择"公制照明设备.rft"，单击"打开"，如图 3.2-2 所示。

图 3.2-1　新建　　　　　　　　图 3.2-2　选择样板

（2）定义光源：进入参照平面视图，选定光源，单击属性面板中的"编辑"命令，如图 3.2-3 所示，进入"光源定义"对话框，如图 3.2-4 所示，此时可根据需要对光源进行形状和光线分布的定义。

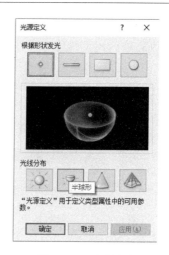

图 3.2-3　编辑光源定义　　　　图 3.2-4　光源定义

（3）创建灯具主体：在项目浏览器中双击进入"前"立面视图，在现有的两条参照平面之间添加尺寸标注并定义参数，如图 3.2-5 所示。

（4）单击创建选项卡下，属性面板中"族类型"命令，在族类型面板中定义光源尺寸为 150。单击"创建"选项卡中"旋转"命令，单击"直线"命令，绘制图形，单击"复制"命令，向上复制图形，绘制直线封闭图形边界，如图 3.2-6 所示，选择"中心：左右"参照平面为旋转中心，单击"√"完成绘制。

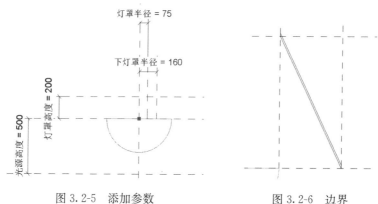

图 3.2-5　添加参数　　　　　　图 3.2-6　边界

（5）对齐灯罩模型边于上下参照平面上，如图 3.2-7 所示。选中灯罩模型，在属性栏"材质和装饰"右侧，点击"关联族参数"按钮，在弹出的"关联族参数"对话框中，点击"添加参数（D）"按钮，在弹出的参数属性对话框中名称栏中，输入"灯罩材质"，如图 3.2-8 所示，完成后点击确定两次完成命令。

（6）再次单击"创建"选项卡下"旋转"命令，绘制图形，如图 3.2-9 所示，完成后拾取"光源轴"为旋转中心，单击"√"完成绘制。

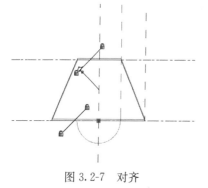

图 3.2-7　对齐

3.3 装饰构件

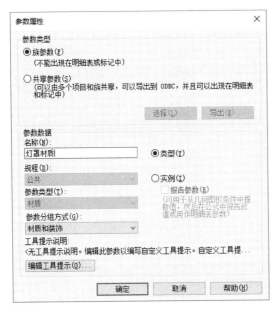

图 3.2-8 添加参数

图 3.2-9 旋转轮廓

（7）分别点击第一个旋转模型和第二个旋转模型为其添加"关联族参数"为：灯杆材质、灯泡材质。转到参照平面，创建拉伸模型，在"修改｜编辑拉伸"选项卡中选择拾取线命令，拾取灯罩上部边缘并锁定，如图 3.2-10 所示，完成后点击"√"完成命令。最后单击拉伸模型并为其关联族参数为"灯盖材质"。

（8）查看模型：材质设置完成后，在项目浏览器中进入三维视图，完成台灯立体图，如图 3.2-11 所示。

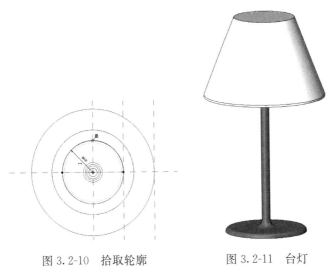

图 3.2-10 拾取轮廓　　　　图 3.2-11 台灯

3.3 装饰构件

装饰各分部分项工程由若干的构件组成。下面介绍装饰构件的具体创建过程。

3.3.1 踢脚线

（1）选择样板文件：打开 Revit 软件，单击界面左侧"族"下面的"新建"命令，如图 3.3.1-1 所示。在"新族-选择样板文件"对话框中，选择"公制轮廓.rft"，单击"打开"，如图 3.3.1-2 所示。

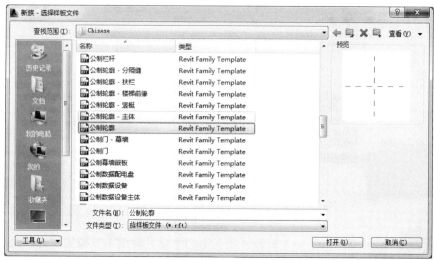

图 3.3.1-1　新建　　　　　　图 3.3.1-2　选择样板

（2）绘制踢脚线截面：点击"创建"选项卡下详图面板中直线命令，在默认视图中绘制轮廓，如图 3.3.1-3 所示，保存该族，并将其命名为踢脚线。

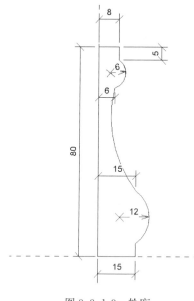

图 3.3.1-3　轮廓

（3）创建踢脚线：打开以建筑样板创建的项目文件，切换到刚才绘制的"踢脚线截面"族中，如图 3.3.1-4 所示，单击"插入"选项卡中"载入到项目中"命令，如图 3.3.1-5 所示。

（4）在项目文件中点击建筑选项卡，构件面板中墙命令，创建一段墙体。在项目浏览器中进入三维视图，如图 3.3.1-6 所示，选择需要添加踢脚线的墙体，如图 3.3.1-7 所示，单击"建筑"选项卡中"墙"面板中"墙-饰条"命令，如图 3.3.1-8 所示。

（5）单击"属性"面板中"编辑类型"命令，如图 3.3.1-9 所示，编辑墙饰条，单击"类型属性"对话框中"复制"命令，在"名称"对话框中输入"踢脚线"，单击"确定"命令，如图 3.3.1-10 所示，在"类型属性"对话框中，下拉"轮廓"命令后，选择器选择载入到项目中的"踢脚线截面"族，更改材质，单击"确定"命令，如图 3.3.1-11 所示。

3.3 装 饰 构 件

图 3.3.1-4 切换视图

图 3.3.1-5 载入到项目

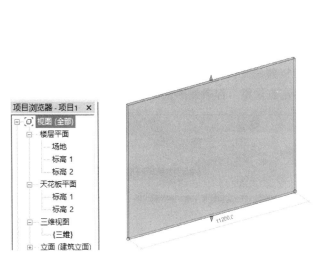

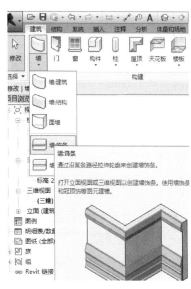

图 3.3.1-6 切换视图　　　　图 3.3.1-7 选择墙体　　　　图 3.3.1-8 墙饰条命令

图 3.3.1-9 编辑类型　　　　　　　图 3.3.1-10 新建类型

第3章 定制参数化装饰构件

（6）在三维视图中，单击墙体下方端点为插入点，插入墙饰，如图 3.3.1-12 所示，完成踢脚线制作。

图 3.3.1-11 更改轮廓、材质　　　　　　　　图 3.3.1-12 踢脚线

3.3.2 轻钢龙骨族

（1）选择族样板为公制常规模型或公制轮廓打开，如图 3.3.2-1、图 3.3.2-2 所示。

图 3.3.2-1 公制常规模型样板

3.3 装饰构件

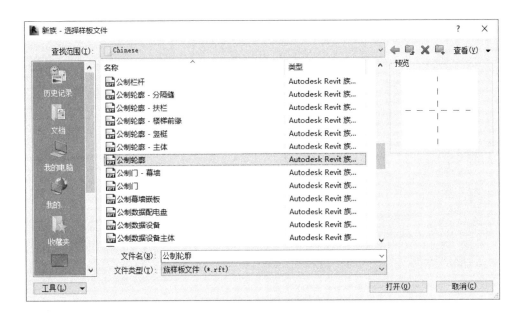

图 3.3.2-2 公制轮廓样板

（2）在公制轮廓族样板"楼层平面：参照标高"中点击创建选项卡下详图面板中直线命令，绘制图形，如图 3.3.2-3 所示。再点击族编辑器面板中载入到项目并关闭命令，在弹出的载入到项目中对话框内选择之前打开的公制常规模型族样板，保存时命名为龙骨截面，如图 3.3.2-4 所示。

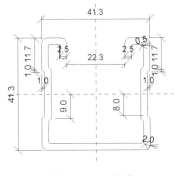

图 3.3.2-3 轮廓

（3）在公制场规模型族样板，在"楼层平面：参照标高"视图，点击创建选项卡下基准面板中参照平面命令，在纵向参照平面两边各绘制一条参照平面，间距为 1000，并对其做尺寸标注，标注长度，完成后如图 3.3.2-5 所示。点击创建选项卡下形状面板中放样命令，在横向参照平面上绘制路径，且两端均对齐锁定于参照平面上，如图 3.3.2-6 所示。

（4）对齐完成后，点击"√"结束路径绘制。点击"修改|放样"上下文选项卡下放样面板，选择轮廓命令，再点击轮廓下拉菜单中选择载入的龙骨截面族，如图 3.3.2-7 所示，完成后点击"√"结束放样命令。

（5）单击做好的尺寸标注，点击选项栏中标签下拉框，选择"添加参数"选项，在弹出的参数属性对话框中，在参数类型选项选择共享参数，参数数据选择实例，如图 3.3.2-8 所示。

（6）最后单击"选择（L）"按钮，在弹出的共享参数对话框中选择单击"编辑（E）"按钮。

（7）在弹出的编辑共享参数对话框中点击"创建（C）"按钮。在弹出的创建共享参数文件对话框中选择文件创建位置，并输入文件名，再点击保存，如图 3.3.2-9 所示。

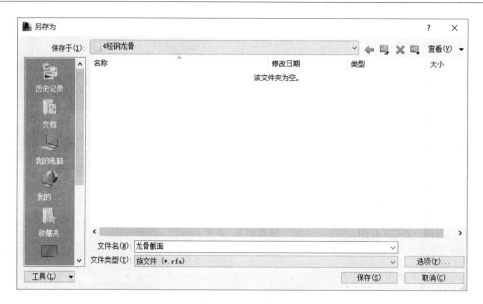

图 3.3.2-4 保存

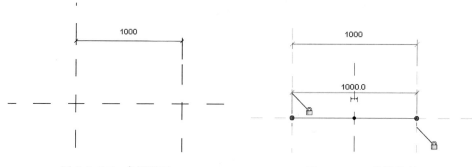

图 3.3.2-5 参照平面　　　　　　　　图 3.3.2-6 放样路径

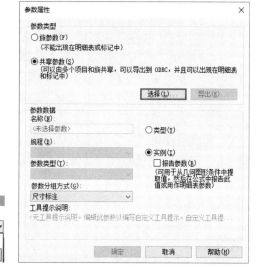

图 3.3.2-7 修改轮廓　　　　　　　　图 3.3.2-8 参数添加

3.3 装饰构件

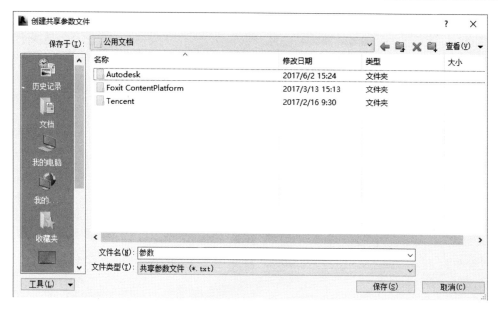

图 3.3.2-9 创建共享参数

（8）在编辑共享参数对话框中点击组列表下"新建（E）"按钮，并在弹出的新建参数组对话框中输入组名称"龙骨"。

（9）点击参数列表中"新建（N）"，在弹出的参数属性对话框中输入参数名称"龙骨长"后点击确定。

（10）重复点击确定，直到所有对话框消失。

（11）点击菜单栏中新建选项，新建一个空白项目，再回到龙骨族中点击族编辑器面板中"载入到项目并关闭"命令，在弹出的另存为对话框中为龙骨族选择文件保存位置，并将文件名命名为"龙骨"后点击确定，如图 3.3.2-10 所示。

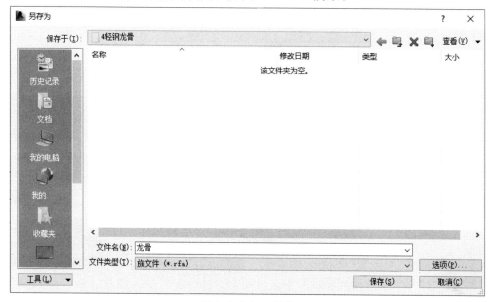

图 3.3.2-10 保存

181

（12）在新建项目中放置载入的龙骨族，可以通过点击龙骨族后在属性栏中尺寸标注列表内修改，如图3.3.2-11所示。可在可以看到龙骨族的平面中直接点击造型操纵柄来控制长度，如图3.3.2-12所示。

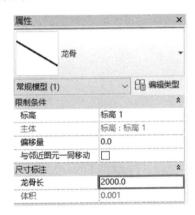
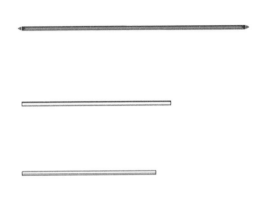

图3.3.2-11　龙骨长参数　　　　　　图3.3.2-12　长度修改

（13）在视图选项卡下创建面板中点击明细表下三角，选择明细表/数量命令，如图3.3.2-13所示。在弹出的新建明细表中，类别列表内选择常规模型再修改名称为"龙骨明细表"后点击确定，来创建明细表，如图3.3.2-14所示。

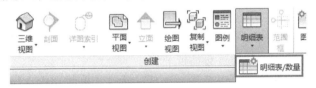

图3.3.2-13　创建明细表

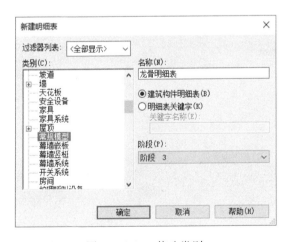

图3.3.2-14　修改类别

（14）在弹出的明细表属性列表中，在字段选项卡下，可用字段列表中选择族、标高、龙骨长、合计四个字段添加到右边明细表字段中，如图3.3.2-15所示。在排序/成组选项卡下勾选"总计（G）"，如图3.3.2-16所示。在格式选项卡下点击字段列表中"龙骨长"

3.3 装饰构件

图 3.3.2-15 添加字段

图 3.3.2-16 排列方式

字段，选择勾选"计算总数（C）"如图 3.3.2-17 所示，同样，将"合计"字段的计算总数勾选，完成后确定。最终结果，如图 3.3.2-18 所示。

图 3.3.2-17　计算总数

（15）龙骨族完成样例，如图 3.3.2-19 所示。

图 3.3.2-18　龙骨明细表　　　　　　　图 3.3.2-19　龙骨

（16）依据上面操作，完成本项目所需的装饰构件模型。

3.4　注释族

主要用于图面说明，包含立面符号、图框、封面、材质标记等有关图面说明参数化定制。

3.4.1　立面符号族

（1）点击新建族，在弹出的"新族-选择样板文件"对话框中选择"注释"文件夹，

3.4 注 释 族

如图 3.4.1-1 所示。再选择"公制立面标记主体"族样板，双击打开或者单击选择后点击确定，如图 3.4.1-2 所示。

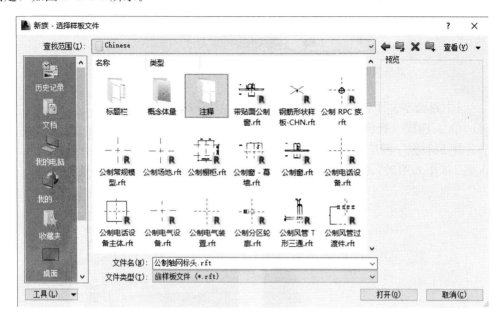

图 3.4.1-1 选择文件夹

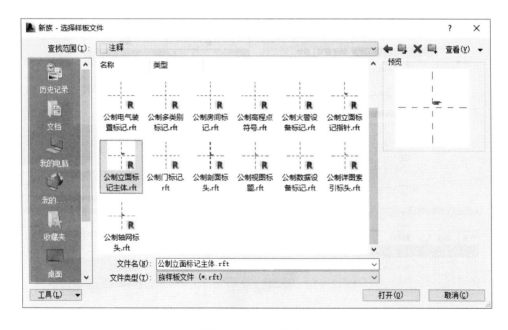

图 3.4.1-2 选择样板

（2）在该族样板中，单击创建选项卡下详图面板中直线命令，在出现的"修改｜放置线"上下文选项卡下绘制面板中，选择"圆形"绘制选项，如图 3.4.1-3 所示。在纵横交叉的参照平面，以它的交点处为圆心，绘制一个半径为 5 的圆，如图 3.4.1-4 所示。

图 3.4.1-3 绘制　　　　　　图 3.4.1-4 轮廓

(3) 点击创建选项卡下文字面板中标签命令,将鼠标放置在圆心处左键单击一次,在弹出的"编辑标签"对话框中选择"图纸编号"字段,并添加到右面的标签参数列表内,点击确定,如图 3.4.1-5 所示。完毕后将显示的"A101"字样尽量拖拽置中,并点击属性栏中"编辑类型"按钮,在弹出的"类型属性"对话框中,将下"背景"列表内,"背景"选项更改为"透明"后点击确定,如图 3.4.1-6 所示。

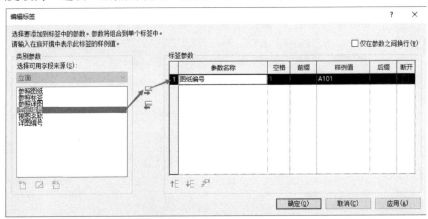

图 3.4.1-5 添加字段

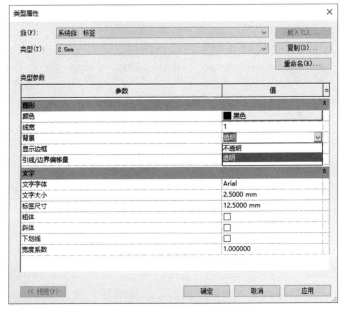

图 3.4.1-6 更改参数

(4) 再次新建族,选择"注释"文件中"公制立面标记指针"族样板,如图 3.4.1-7 所示。同样,在纵横参照平面交叉处创建一个半径为 5 的圆,然后点击创建选项卡下基准面板中参照线命令,绘制两条以纵横参照平面交叉点为起点,圆边线为终点,角度为 45°的参照线,如图 3.4.1-8 所示。

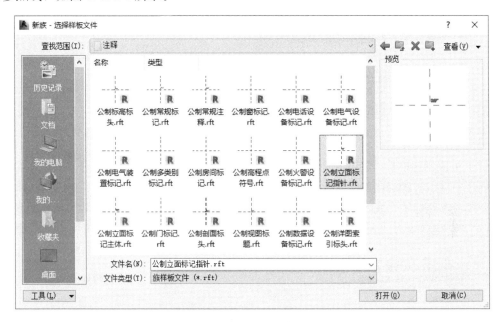

图 3.4.1-7 选择样板

(5) 删除圆形。再次绘制,选择"直线"选项,绘制起点为参照线端点,终点为纵向参照平面线,角度为 45°的两条直线,形状如一个立起来的正方形,如图 3.4.1-9 所示。选择绘制选项为"起点-终点-半径弧",选择起点与终点为直线与参照线的交点,绘制半径为 5,如图 3.4.1-10 所示。

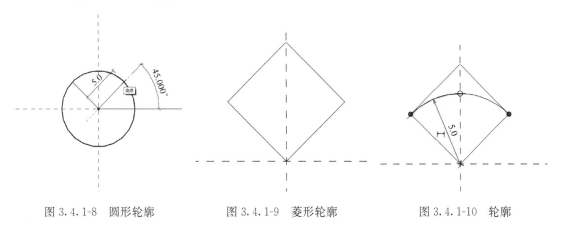

图 3.4.1-8 圆形轮廓　　图 3.4.1-9 菱形轮廓　　图 3.4.1-10 轮廓

(6) 选择创建选项卡下详图面板中"填充区域"命令,在出现的"修改 | 创建填充区域边界"选项卡下绘制面板中,选择拾取线命令,如图 3.4.1-11 所示。选择"拾取线"命令后,点击创建的直线与弧线进行拾取,并在拾取时锁定在线上,如图 3.4.1-12 所示。

第3章 定制参数化装饰构件

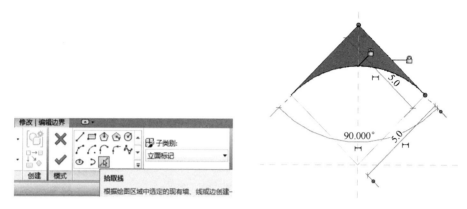

图 3.4.1-11　拾取线　　　　　　　　图 3.4.1-12　填充区域

（7）再次创建标签，选择在箭头上方创建标签，选择字段为"详图编号"，添加至标签参数列表中后点击确定，如图 3.4.1-13 所示，且将属性栏中固定旋转勾选。再次添加标签，添加字段为参照标签、视图名称，并将"断开"勾选，如图 3.4.1-14 所示，且将属性栏中"垂直对齐"选项改为"底"，水平对齐改为"左"。同样将所有标签编辑类型，更改为透明。

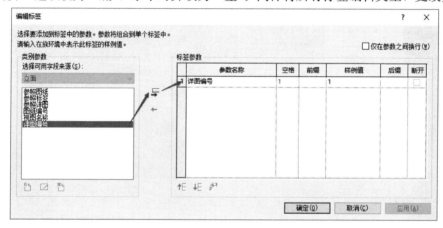

图 3.4.1-13　添加字段

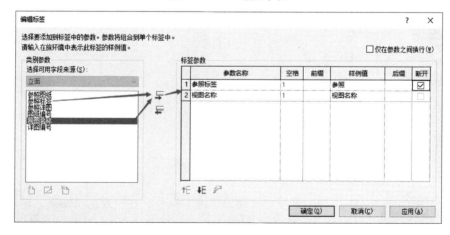

图 3.4.1-14　修改参数

(8) 点击红字注释，并删除。点击"族编辑器"面板中，载入到项目，载入到"公制立面标记主体"族中，使用对齐命令将指针族对齐于纵横参照平面上。

①放置指针族在圆形附近，使用对齐命令。

②首先点击纵向/横向参照平面，再点击指针族三角形填充下方纵向/横向参照平面（看不到，但将鼠标置于附近时会显示）。

③点击小锁，锁定。

(9) 点击旋转命令，勾选选项栏中复制选项，如图 3.4.1-15 所示。选择纵横参照面交点，为旋转中心，复制左、右、下各一个指针族，如图 3.4.1-16 所示。

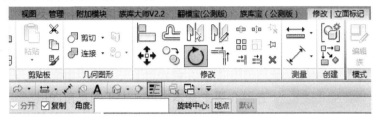

图 3.4.1-15　复制命令

(10) 新建一个项目，载入族查看效果。

①点击平面视图中立面标记，点击属性栏中"编辑类型"按钮。

②在弹出的"类型属性"对话框中点击图形列表中立面标记选项。

③在弹出的"类型属性"对话框中改变类型标记为载入的族。

④在项目浏览器中，图纸分类上右键，选择"新建图纸（N）..."选项，创建任意图幅图纸。

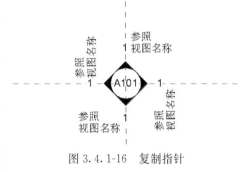

图 3.4.1-16　复制指针

⑤直接拖拽项目浏览器中"立面（建筑立面）"任意一个立面视图到图纸中。

⑥返回平面视图查看。

3.4.2　图纸封面族

(1) 选择 A2 公制族样板文件，点击插入选项卡下导入面板中"导入 CAD"，选中处理好的 A2CAD 图纸，设置如图 3.4.2-1 所示。

(2) 点击导入的图纸，点击"修改｜在族中导入"上下文选项卡下导入实例面板中分解下三角选择完全分解选项，如图 3.4.2-2 所示。

(3) 为了适用性，在不同的图纸上仍需要修改的如：设计资质证书号、项目设计编号、设计阶段、法定代表人、××负责人等，将这些文字冒号后面的文字删除，删除前如图 3.4.2-3 所示，删除后如图 3.4.2-4 所示。

(4) 点击创建选项卡下文字面板标签命令，在需要输入的文字后方进行单击，在弹出的"编辑标签"对话框中左侧列表内寻找相应字段，若没有，点击对话框中左下角添加参数按钮，添加一个参数，位置如图 3.4.2-5 所示。

第3章 定制参数化装饰构件

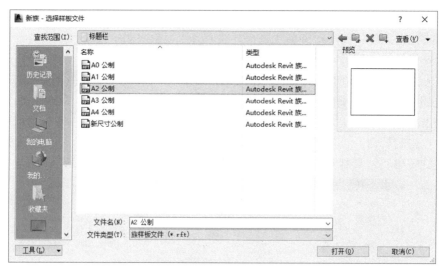

图 3.4.2-1　导入 CAD

图 3.2.2-2　分解 CAD

图 3.4.2-3　删除前图纸

图 3.4.2-4　删除后图纸

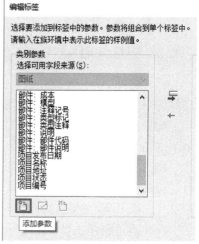

图 3.4.2-5　添加参数

3.4 注 释 族

按步骤进行以下操作：
①在弹出的参数属性对话框中点击"选择"按钮，如图 3.4.2-6 所示。
②在弹出的共享参数对话框中点击编辑按钮，如图 3.4.2-7 所示。

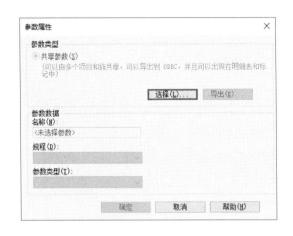

图 3.4.2-6　选择共享参数　　　　　　　图 3.4.2-7　编辑共享参数

③在弹出的编辑共享参数对话框中点击创建，在弹出的对话框中选择创建的文件位置如图 3.4.2-8、图 3.4.2-9 所示。

图 3.4.2-8　创建文件

④创建完成后点击组列表中"新建（E）"按钮，在弹出的"新参数组"对话框中名称栏中输入参数组名称为"图纸封面"后确定，如图 3.4.2-10 所示。
⑤在"编辑共享参数"对话框中，点击参数列表中"新建（N）"按钮，在弹出的"参数属性"对话框中名称输入为"设计资质证书号"，参数类型设置为文字后确定，如图 3.4.2-11 所示。

图 3.4.2-9 命名

图 3.4.2-10 新建组

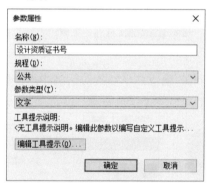

图 3.4.2-11 新建参数

⑥重复点击确定直至回到"编辑标签"对话框将编辑好的字段添加至"标签参数"列表内后确定,如图 3.4.2-12 所示。

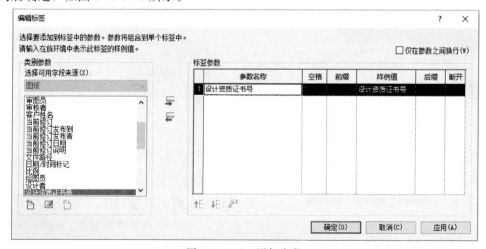

图 3.4.2-12 添加字段

3.4 注 释 族

（5）重复上一步骤到第三步时，改变为点击选择参数组为"图纸封面"，再点击参数列表内"新建"按钮，依次给所有需要添加标签的例如：××负责人、项目设计编号等添加文字标签，如图 3.4.2-13 所示。

注：创建的标签可以在载入项目后，进行更改属性实例参数，从而更改标签显示。

（6）创建完毕标签后，依次给所有创建完毕标签的文字后方放置标签。

①重复步骤（4）到第二步。
②选择参数组为图纸封面，选择相应参数。
③点击确定直至回到"编辑标签"对话框。
④添加新创建的标签至标签参数列表，再点击确定。

图 3.4.2-13　参数添加

（7）载入项目中后，新建图纸，选择创建的封面图图纸。点击管理选项卡下设置面板中项目参数命令。在弹出的项目参数对话框中，点击"添加（A）"按钮，在弹出的参数属性对话框中，参数类型选择"共享参数"选项，类别列表选择"图纸"选项，如图 3.4.2-14 所示。点击"选择（L）"按钮，在弹出的共享参数对话框中选择参数为"设计资质证书号"后确定，如图 3.4.2-15 所示。完成操作后，重复点击确定直至所有对话框消失。

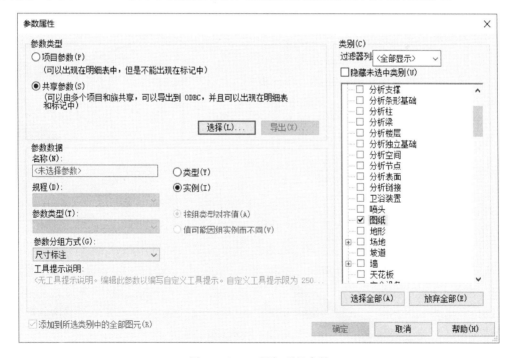

图 3.4.2-14　添加项目参数

（8）重复上一步操作将所有需要添加的参数添加。所有添加的参数都可以在属性栏中看到，如图 3.4.2-16 所示。完成后如图 3.4.2-17 所示。

图 3.4.2-15 选择参数

图 3.4.2-16 属性栏

图 3.4.2-17 封面图纸

3.4.3 图框族

（1）选择 A2 公制族样板文件，如图 3.4.3-1 所示。点击插入选项卡下导入面板中"导入 CAD"，选中处理好的 A2CAD 图纸，设置如图 3.4.3-2 所示。

（2）点击导入的图纸，点击"修改 | 在族中导入"上下文选项卡下导入实例面板中分解下三角，选择完全分解选项，如图 3.4.3-3 所示。

（3）分解完成后，点击选择图纸右下角建设单位栏下方空白栏处，点击输入"工程名称"按回车键，再输入"PROKECT"完成后单击输入的文字，在属性栏中类型选择器内选择类型"图框-宋体-1"，如图 3.4.3-4 所示。完成操作后，移动文字至合适位置，如图 3.4.3-5 所示。

3.4 注 释 族

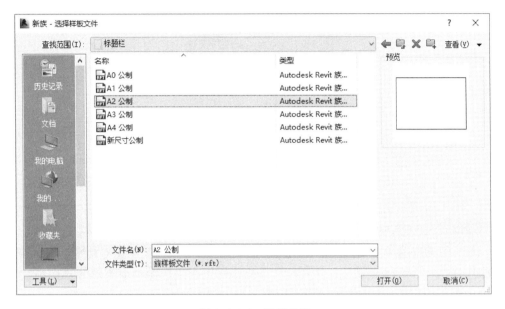

图 3.4.3-1 选择样板

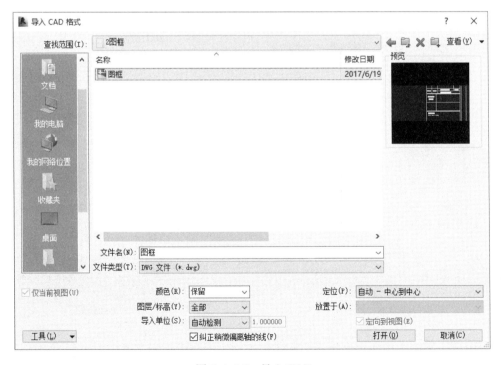

图 3.4.3-2 导入 CAD

图 3.4.3-3 分解 CAD

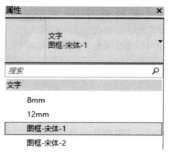

图 3.4.3-4 选择类型

图 3.4.3-5 调整位置

注：创建的文字载入项目后无法对其直接进行更改，需要回到图纸族中才能更改文字。

（4）点击创建选项卡下文字面板标签命令，建设单位后一栏单击，在弹出的编辑标签中左侧列表内寻找相应字段，若没有，点击对话框中左下角添加参数按钮，添加一个参数，位置如图 3.4.3-6 所示。

按步骤进行以下操作：

①在弹出的参数属性对话框中点击"选择"按钮，如图 3.4.3-7 所示。

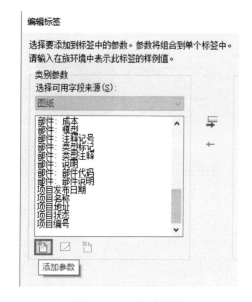

图 3.4.3-6 新建参数

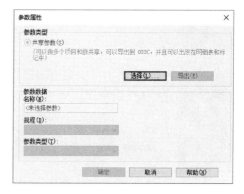

图 3.4.3-7 选择按钮

②在弹出的共享参数对话框中点击编辑按钮，如图 3.4.3-8 所示。

③在弹出的编辑共享参数对话框中点击创建，在弹出的对话框中选择创建的文件位置如图 3.4.3-9、图 3.4.3-10 所示。

④创建完成后点击组列表中"新建（E）"按钮，在弹出的"新参数组"对话框中名称

3.4 注 释 族

图 3.4.3-8　编辑共享参数

图 3.4.3-9　创建共享参数

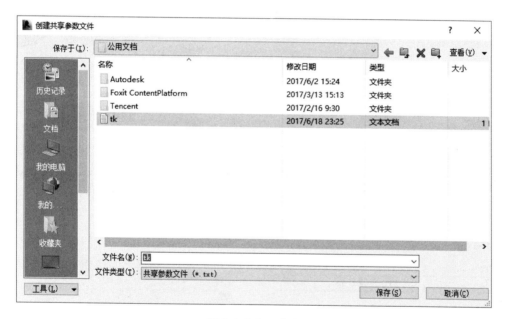

图 3.4.3-10　命名

栏中输入参数组名称为"图纸"后确定，如图 3.4.3-11 所示。

⑤在"编辑共享参数"对话框中，点击参数列表中"新建（N）"按钮，在弹出的"参数属性"对话框中名称输入为建设单位，参数类型设置为文字后确定，如图 3.4.3-12 所示。

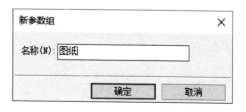

图 3.4.3-11　新建组

⑥继续点击确定直到回到"编辑标签"对话框中，将建设单位字段添加到"标签参数"列表中如图 3.4.3-13 所示。完成后点击属

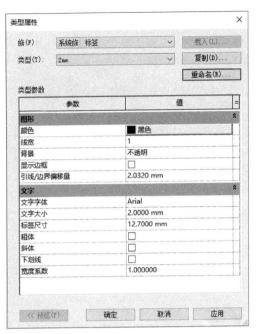

图 3.4.3-12 参数属性　　　　图 3.4.3-13 添加字段

性栏中"编辑类型"按钮,点击复制并修改名称为 3mm,再修改文字列表中文字大小修改为 3.0000mm 后点击确定。最后移动标签至合适位置,如图 3.4.3-14 所示。

(5) 重复上一步骤,依次给所有需要添加标签的例如:工程名称、图纸名称等添加标签,如果原有字段列表中含有需要的标签字段,则不需要新建,如若缺少则新建,添加完成后移动到合适位置,标签文字大小则根据需要来调整,添加完毕后如图 3.4.3-15 所示。

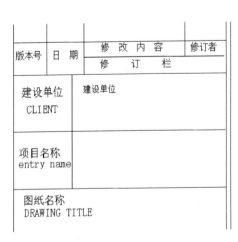

图 3.4.3-14 调整位置

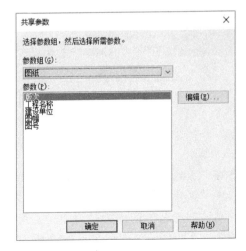

图 3.4.3-15 参数添加

注:创建的标签可以在载入项目后,进行更改属性实例参数,从而更改标签显示。

3.4 注 释 族

（6）创建完毕标签后，依次给所有创建完毕标签的文字后方方格内，放置标签。

①重复步骤（4）到第二步。

②选择参数组为图纸封面，选择相应参数。

③点击确定直至回到"编辑标签"对话框。

④添加新创建的标签至标签参数列表，再点击确定，添加完毕后如图 3.4.3-16 所示。

（7）载入项目后，新建图纸，选择创建的图纸。点击管理选项卡下设置面板中项目参数命令。在弹出的项目参数对话框中，点击"添加（A）"按钮，在弹出的参数属性对话框中，参数类型选择"共享参数"选项，类别列表选择"图纸"选项，如图 3.4.3-17 所示。点击"选择（L）"按钮在弹出的共享参数对话框中选择参数为"建设单位"后确定，如图 3.4.3-18 所示。完成操作后，重复点击确定直至所有对话框消失。

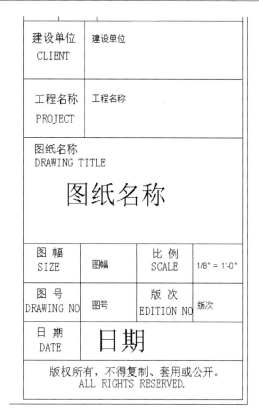

图 3.4.3-16　会签栏

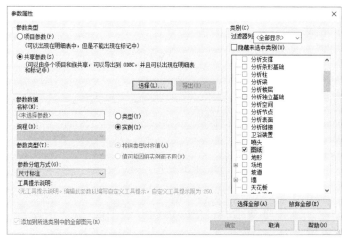

图 3.4.3-17　选择参数（1）

图 3.4.3-18　选择参数（2）

（8）重复上一步操作将所有需要添加的参数添加。所有添加的参数都可以在属性栏中看到，如图 3.4.3-19 所示。

（9）图框完成后，如图 3.4.3-20 所示。

第 3 章　定制参数化装饰构件

图 3.4.3-19　属性栏

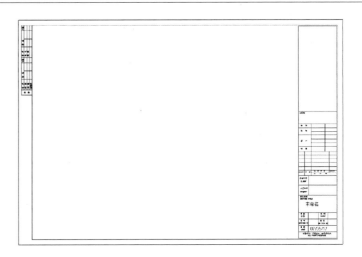

图 3.4.3-20　图框

3.4.4　材质标记族

（1）打开 Revit 软件，单击界面左侧"族"下面的"新建"命令，如图 3.4.4-1 所示。在"新族-选择样板文件"对话框中，选择"公制常规标记"族样板，单击"打开"，如图 3.4.4-2 所示。

图 3.4.4-1　新建

图 3.4.4-2　选择样板

注：图中尺寸标注仅为示意线距。

（2）选择创建选项卡下直线命令，选择直线绘制，在距纵向参照平面 12.5 的距离。两边各绘制一条直线，在距离横向参照平面下距离为 3、上距离为 6 的位置各绘制一条直线，继续在纵向参照平面中绘制一条端点距离上下横线为 1 的直线，绘制完成后结果如图 3.4.4-3 所示。

（3）点击创建选项卡下属性面板中"族类别和族参数命令"，如图 3.4.4-4 所示。在弹出的族类别和族参数对话框中族类别过滤器列表中选择建筑，建筑分类中选择材质标记，族参数列表中将"随构件旋转"勾选，完成后点击确定结束，选择如图 3.4.4-5 所示。

3.4 注 释 族

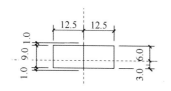

图 3.4.4-3　直线绘制　　　　图 3.4.4-4　族类别和族参数

（4）删除族样板中"注意：……"等文字，点击创建选项卡下文字面板中标签命令，在"修改｜放置标签"上下文选项卡下点击格式面板内选择左对齐，如图 3.4.4-6 所示。在点击绘制好的左侧方格内，在弹出的"编辑标签"对话框中左侧"选择可用字段来源（S）"列表内选择"注释"字段添加到右侧"标签参数"列表内，如图 3.4.4-7 所示，完成后点击确定结束命令。

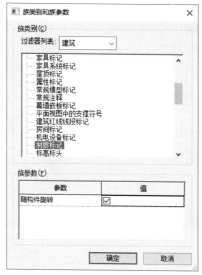

图 3.4.4-5　参数修改　　　　图 3.4.4-6　左对齐

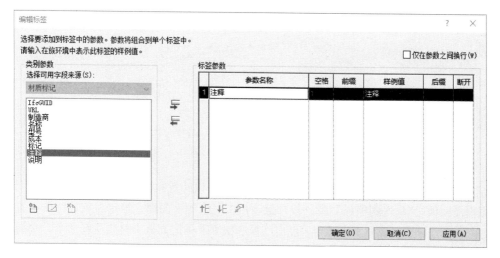

图 3.4.4-7　添加字段

（5）点击格式面板中"居中对齐"命令，鼠标继续点击在绘制出的方格下，纵向参照平面上，在弹出的编辑标签对话框中，左侧列表中选择"说明"及"名称"添加到右侧列表内，样例值修改，同时勾选断开，如图3.4.4-8所示。操作完成后点击确定结束命令。操作完成后结果如图3.4.4-9所示。

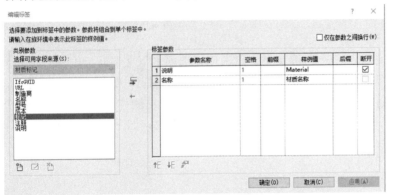
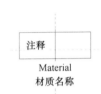

图3.4.4-8　编辑标签　　　　　　　　图3.4.4-9　材质标签

（6）单击标签，点击属性栏中编辑类型按钮，背景与文字大小修改设置如图3.4.4-10所示，设置完成后点击确定，结束命令。

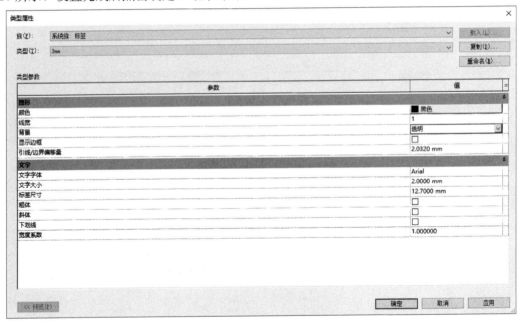

图3.4.4-10　编辑类型

（7）点击菜单栏中新建列表中项目分类，新建一个以建筑样板打开的空白项目，返回族点击族编辑器面板，"载入到项目"命令载入至项目中。绘制一面墙，给定材质，材质设置如图3.4.4-11所示，设置完成后点击确定。点击注释选项卡下标记面板中材质注释命令，在属性栏中"类型筛选器"中选择载入的材质标记族，点击绘制好的放置标记，如图3.4.4-12所示。

注：注释"WC"文字在方格放置位置中，数字"3"后方空格为7个。

3.4 注 释 族

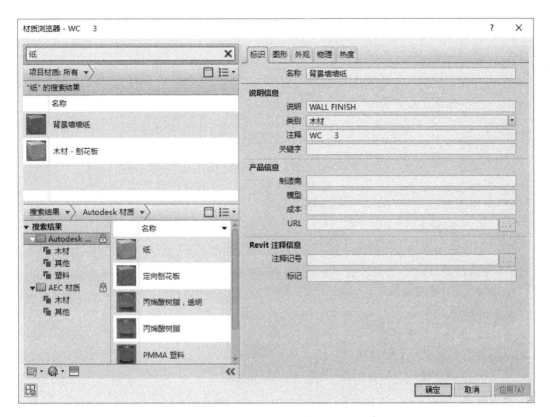

图 3.4.4-11 材质设置

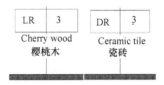

图 3.4.4-12 放置标记

课 后 习 题

一、单项选择题

1. 在制作图框时，需要制作一个载入到项目中之后，还可以直接在项目中再次修改的参数，应当选择什么工具？（　　）

   A. 标签　　　　　　　　　　B. 文字

   C. 模型文字

2. 设置特定可变参数时，参数列表内没有该参数，新建的参数是什么？（　　）

   A. 共享参数　　　　　　　　B. 类型参数

   C. 实例参数

二、多项选择题

当一个标签设置两个参数时，如何让参数换行显示？（　　）

   A. 勾选断开　　　　　　　　B. 缩小范围框

   C. 属性栏中编辑标签

三、判断题

1. 为了能在项目中参数控制，创建家具族时，在参照标高平面，使用"拉伸"命令绘制出轮廓后要与参照平面锁定。（　　）

2. 创建族时选择的样板文件是 Revit 软件自带的。（　　）

参考答案

一、单项选择题

1. A　　2. A

二、多项选择题

A、B

三、判断题

1. √　　2. √

第 4 章 定制装饰材料

本章导读

当前项目的材料规划和统计是室内设计的一项重要工作,涉及材料归类和编码体系。在设计阶段需要明确所指定材料的技术参数和成本单价。各参与方可以在模型上进行工程材料的建立、校验、审批与修改。本章将介绍怎样利用材料信息与三维模型构件直接关联,为项目管理人员提供便捷、直观在模型上添加和使用的信息的工作方式。本章主要介绍在 Revit 平台上,材料应用的途径,材料参数、创建材料的方法。

本章学习目标

通过本章定制装饰材料的学习,需掌握以下技能:
(1) 材质库及材质信息的添加使用;
(2) 材质面板调整参数信息的方法;
(3) 材质资源的添加、复制、替换及删除;
(4) 材质编码的制定规则及标准;
(5) 项目材料库的生成;
(6) 项目参数及自定义参数的功能使用。

第4章 定制装饰材料

4.1 概述 Revit 材料应用

在 Revit 平台中将材质应用于模型图元,共有 4 种添加途径:

1. 按类别或按子类别

(1) 单击"管理"-"对象样式",在模型对象或导入对象上,单击类别或子类别对应的"材质"列(图 4.1-1、图 4.1-2)。

图 4.1-1 模型对象

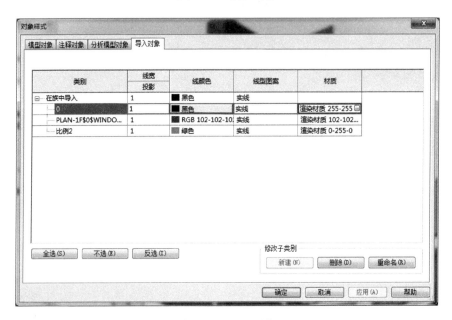

图 4.1-2 导入对象

(2) 在材质浏览器中，选择一种材质，然后单击"应用"。退出对话框，单击"确定"。

2. 按族

在族编辑器中打开要修改的族。在绘图区域中，选择要对其应用材质的几何图形。可以为构件的各部分指定不同的材质。选择"族类型"-"参数"-"添加"-"设置参数属性-应用"（图 4.1-3）。

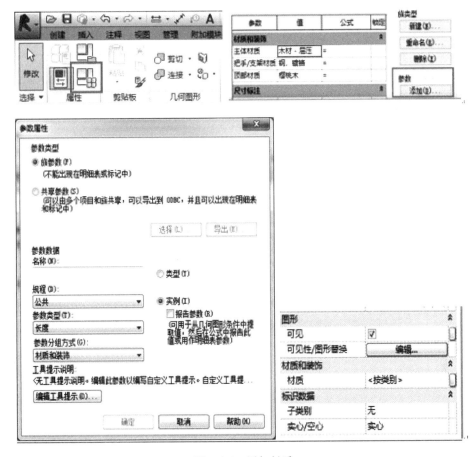

图 4.1-3 添加材质

3. 按图元参数

在视图中选择一个模型图元，然后使用图元属性应用材质。在"属性"选项板中，按下述方法找到材质参数：

（1）实例参数：在"材质和装饰"下，找到要修改的材质参数。在该参数对应的"值"列中单击（图 4.1-4）。

（2）类型参数：单击"编辑类型"。在"类型属性"对话框的"材质和装饰"下，找到要修改的材质参数。在该参数对应的"值"列中单击（图 4.1-5）。

（3）物理参数：（例如，如果图元是墙）单击"编辑类型"。在"类型属性"对话框中，单击与"结构"对应的"编辑"。在"编辑部件"对话框中，单击要修改其材质的层对应的"材质"列。在材质浏览器中，选择一种材质，然后单击"应用"（图 4.1-6）。

最后，添加材质后，单击"确定"。

第4章 定制装饰材料

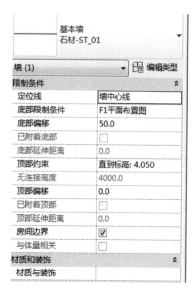

图 4.1-4 实例参数

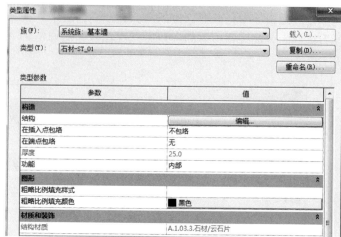

图 4.1-5 类型参数

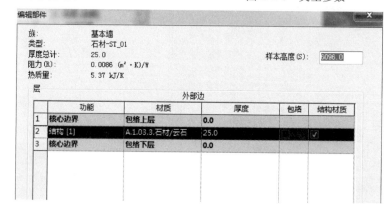

图 4.1-6 物理参数

4. 按图元几何图形的面

在属性面板找到修改栏，选择"填色工具"，在弹出的材质库窗口选择相应材质，赋予模型材质（图 4.1-7、图 4.1-8）。

图 4.1-7 填色工具

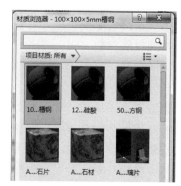

图 4.1-8 材质面板

4.1 概述 Revit 材料应用

4.1.1 材料属性

（1）标识：主要用于信息分析。

（2）图形：主要控制材质在未渲染视图中的外观。

（3）外观：主要控制材质在渲染视图、真实视图或光线追踪视图中的显示方式。

（4）物理：主要用于结构分析（装饰材质暂不涉及）。

（5）热度：主要用于能量分析（装饰材质暂不涉及）（图 4.1.1-1）。

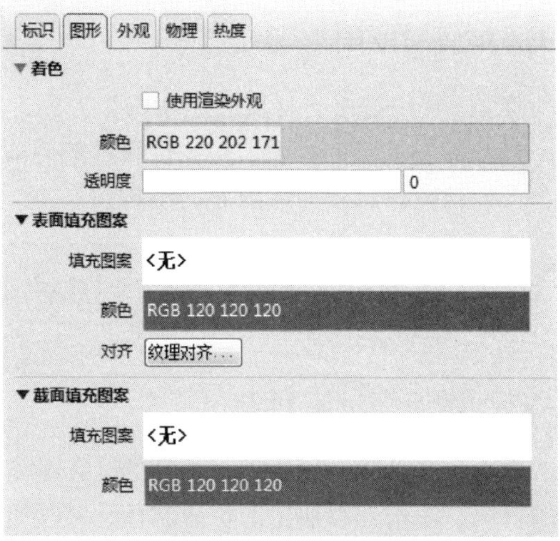

图 4.1.1-1　材质属性面板

4.1.2 应用对象

材料通常应用在系统族和可载入族。系统族包含用于创建基本建筑图元（例如，建筑模型中的墙、楼板、天花板和楼梯）的族类型。系统族还可以作为其他种类族的主体，这些族通常是可载入的族。例如，墙的系统族可以作为标准构件门/窗部件的主体。可载入族具有高度可自定义的特征，因此可载入的族是 Revit 中最经常创建和修改的族。

可载入族是用于创建下列构件的族：

（1）安装在建筑内和建筑周围的建筑构件，例如窗、门、橱柜、装置、家具和植物；

（2）安装在建筑内和建筑周围的系统构件，例如锅炉、热水器和卫浴装置。

1. 系统族（墙柱面、吊顶、地面）

系统族是已在 Revit 中预定义且保存在样板和项目中，可以直接复制和修改系统族中的类型，以便创建自定义系统族类型参数（图 4.1.2-1）。

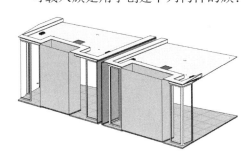

图 4.1.2-1　系统族

2. 载入族（家具、造型、门、卫浴装置……）

载入族是在族编辑器中进行参数设置。族中的每一个图元都有一个材料参数。该图元被创建的时候，材料参数设置为"按类别"。添加方式通常有以下两种：

（1）直接赋予材质

当在族编辑器里面直接赋予材质，在项目中将不能被修改材质。

（2）添加材质共享参数

添加一个实例或类型参数的材质共享参数，在项目中可以修改 3D 图元的材质（图 4.1.2-2）。

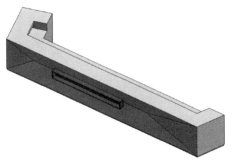

图 4.1.2-2　可载入族（水吧台）

4.1.3 应用范围

在 Revit 中，可将材质应用在两个方面：面层、功能材料。
（1）面层：装饰表面，是装饰材料的外观，即我们看到的墙体外侧。
（2）功能材料：面层附着的结构层。

4.2 创建 Revit 材质

4.2.1 添加到材质列表

本节内容是添加材质中，涉及的几项基本命令。了解在 Revit 中，如何快速创建一个新的材质、编辑、添加新的资源属性、替换以及删除。使用"材质浏览器"对话框的"材质编辑器"面板查看或编辑材质的资源和属性，仅可编辑当前项目中的材质。

（1）在库材质列表中，单击某个材质，然后单击"添加－编辑"按钮。此按钮将材质从库添加到项目材质列表（图 4.2.1-1）。

图 4.2.1-1　项目材质列表

（2）在编辑模式下，"材质编辑器"面板显示所选材质的资源。单击其中一个资源选项卡（例如，"标识"或"图形"），查看其属性（图 4.2.1-2）。

图 4.2.1-2　资源选项卡

（3）编辑资源的属性，可通过单击"应用"保存变更且材质在"材质编辑器"面板中处于打开状态，如图 4.2.1-3 所示（对资源属性所作的更改，仅应用到位于当前项目中的

4.2 创建 Revit 材质

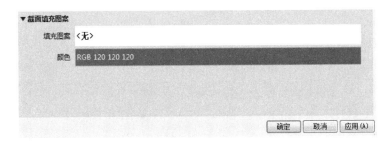

图 4.2.1-3 保存并应用

材质。如果对来自库的材质进行编辑，库中的原始材质保持不变）。

(4) 要重命名材质，请在项目材质列表中的材质上单击鼠标右键，然后单击"重命名"。要复制材质，请通过单击相应选项卡在"材质编辑器"面板中显示资源，然后单击"复制资源"，如图 4.2.1-4 所示（复制资源时，所选资源的副本存储在当前项目的资源库中。复制资源会创建所选资源的可编辑版本，而不会更改原始资源）。

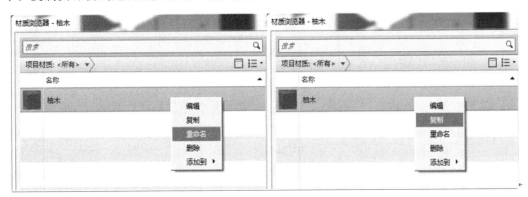

图 4.2.1-4 重命名及复制资源

(5) 修改或创建渲染外观的最佳做法

要创建渲染外观，首先找到一种与新材质和渲染外观尽可能接近的现有材质和渲染外观。例如，现有渲染外观应该与新外观具有相同材质类。它与新渲染外观也应该具有很多相同或相似的属性。该方法能够减少定义新渲染外观必须执行的工作量，还可提高新渲染外观正常执行的概率。

4.2.2 添加材质资源

如果材质尚未有相同类型的资源，则可以将资源添加到材质。

(1) 在"材质浏览器"对话框中选择材质。

(2) 在"材质编辑器"面板中，单击 ￼（添加资源）以显示"添加资源"下拉菜单，然后选择要添加的资源类型。无法添加已经存在于材质中的资源，因此无法在"添加资源"下拉菜单中选择这些资源，如图 4.2.2-1 所示。

(3) 在"资源浏览器"中，展开左侧窗格中的 ￼ 库面板，然

图 4.2.2-1 添加资源类型

后在右侧窗格中，选择要添加到材质的资源。

（4）单击资源右侧的 按钮。此时，选定的资源即添加到材质，并显示在"材质浏览器"对话框中的"材质编辑器"面板中，如图 4.2.2-2 所示。

图 4.2.2-2　将资源添加到材质库

4.2.3　替换材质资源

可以从"资源浏览器"中选择并替换现有的资源。材料将采用具有新资源的属性。

注：如果编辑在某个项目中使用的资源，则对该资源的更改会应用到同样使用该资源的项目中的任何其他材质。必须替换或复制该资源才能使其不同于在原始材质中选定的资源。

（1）在"材质浏览器"对话框中选择材质。

（2）在"材质浏览器"对话框的"材质编辑器"面板上，选择要替换的资源对应的选项卡（例如"外观"），然后单击"替换资源"按钮（图 4.2.3-1）。

图 4.2.3-1　替换资源（1）

（3）在"资源浏览器"中，选择要添加到材质的资源。

若要在"资源浏览器"中能更方便地查找某个资源，请单击列标题，按名称、长宽比、类型或类别对资源进行排序。也可以使用资源列表上方的搜索栏（图 4.2.3-2）。

图 4.2.3-2　替换资源（2）

（4）单击选定资源右侧的"替换"按钮
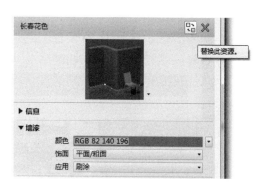
。选定的资源替换材质中的原始资源，并显示在"材质编辑器"面板中。重复此步骤以替换其他资源。资源更改仅应用于当前项目中的材质。

（5）关闭"资源浏览器"，然后单击"材质浏览器"对话框上的"应用"或"确定"（图4.2.3-3）。

图4.2.3-3 替换资源（3）

4.2.4 删除资源

使用"材质编辑器"面板可在项目中删除材质的"物理"或"热资源"。不能移除"外观资源"。项目中的材质资源的处理方式不同于库中的资源。项目中的资源如果不再与该项目中的材质相关联，该资源将被删除。但是，库中的资源仍将保留，即使它与材质无关联也会保留。系统无法识别资源和材质之间的任何关联。应谨慎管理库资源，以消除不必要的资源，同时要避免删除正在使用的资源。

（1）在"材质浏览器"对话框中选择材质。

（2）在"材质编辑器"面板中，单击要删除的物理或热资源对应的选项卡，如图4.2.4-1所示。

（3）单击右上角的"移除资源"按钮，将显示"是否确实要从材质中移除此资源"，如图4.2.4-2所示。

图4.2.4-1 移除资源

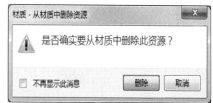

图4.2.4-2 删除资源

（4）单击"移除"。此时，选定的资源即从材质中移除，资源选项卡将从"材质浏览器"对话框的"材质编辑器"面板中移除。

4.3 详解材质面板参数

在材质控制面板上，调节以下5种材料信息。

（1）标识：有关材质的标识信息，如说明、制造商、成本和注释记号。

（2）图形：控制材质在未渲染图像中的外观的图形特性，如：

①在着色项目视图中显示的颜色；

②图元表面显示的颜色和填充样式；

③剪切图元时显示的颜色和填充样式。

（3）外观：在渲染视图、真实视图或光线追踪视图中显示的外观。

（4）物理：用于结构分析的物理属性（装饰材质暂不涉及）。

（5）热度：用于能量分析的热属性（装饰材质暂不涉及）。

4.3.1 标识

在"材质浏览器"的"材质编辑器"面板中修改"标识"选项卡修改项目于材质管理的常规信息。此选项卡提供有关材质的标识信息，如说明、制造商、成本和注释记号，如图4.3.1-1所示。

（1）单击"管理"-"材质"。

（2）在材质浏览器中，从项目材质列表中选择要更改的材质。

（3）在"材质编辑器"面板中单击"标识"选项卡。

（4）根据需要编辑参数值，如图4.3.1-2所示。

注：在输入搜索文字以查找材质时，Revit将搜索所有材质的所有标识参数值。此外，还可以在材质提取中包含这些参数的绝大部分。

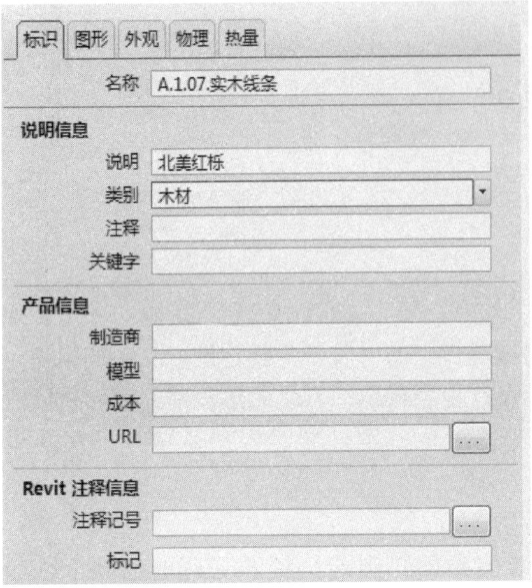

图4.3.1-1 标识属性面板

参数	说明
说明信息	
说明	材质的说明。此值显示在图元的材质标记中。
类	材质的类型。
注释	与材质有关的用户定义的注释或其他信息。如果值为"渲染外观不会升级"，请将新的渲染外观指定给材质。
产品信息	
制造商	材质制造商的名称。
模型	制造商指定给材质的模型编号或代码。
成本	材质成本。
URL	制造商或供应商网站的URL。
Revit注释信息	
注释记号	材质的注释记号。输入文字，或单击按钮来选择标准注释记号。
标记	材质的用户定义标识号。

图4.3.1-2 编辑参数值

（5）要保存对材质所作的更改，请单击"应用"。

（6）要退出材质浏览器，请单击"确定"。

4.3.2 图形

在"材质编辑器"面板中的"图形"选项卡上修改相关选项来改变项目视图中材质显

示的属性。可以修改定义材质在着色视图中显示的方式以及材质外表面和截面在其他视图中显示的方式的设置。

注：要修改材质在渲染图像中的外观，请修改其渲染外观。为了获得有真实感的渲染外观，请选择"真实"视觉样式。

（1）单击"管理"-"材质"。

（2）在"材质浏览器"中，从项目材质列表中选择要更改的材质。

（3）在"材质编辑器"面板中单击"图形"选项卡（图4.3.2-1）。

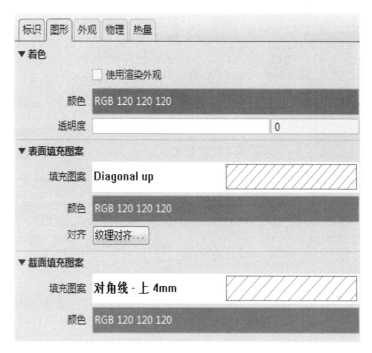

图4.3.2-1 图形属性面板

（4）要修改材质在着色视图（例如三维视图或立面视图）中的外观，在"着色"下执行下列操作：单击颜色样例，直接"使用渲染外观"，或在"颜色"对话框中，选择一种颜色。单击"确定"，如图4.3.2-2、图4.3.2-3所示。

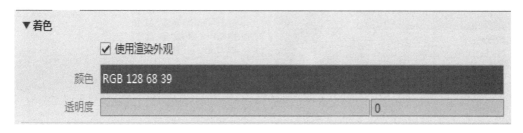

图4.3.2-2 使用渲染外观

（5）对于"透明度"，请输入介于0%（完全不透明）和100%（完全透明）之间的值，或将滑块移到所需的设置，如图4.3.2-4所示。

（6）表面填充图案：修改材质外表面在视图（例如平面视图或剖面视图）中的显示。

第 4 章 定制装饰材料

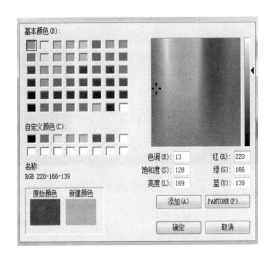

图 4.3.2-3　修改 RGB 颜色

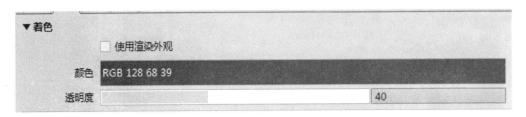

图 4.3.2-4　调整透明度

①更改表面填充图案，单击"填充图案"，然后在对话框的列表中选择一种填充图案；或在右侧属性栏，新建和编辑加载其他图案，如图 4.3.2-5 所示。

②修改用于绘制表面填充图案的颜色，单击颜色样例。在对话框中选择一种色块；或通过调节 RGB 数值选择颜色，单击"确定"，如图 4.3.2-6 所示。

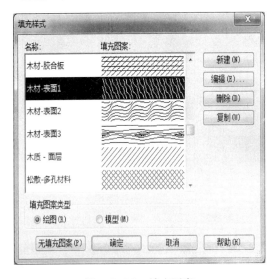

图 4.3.2-5　填充图案

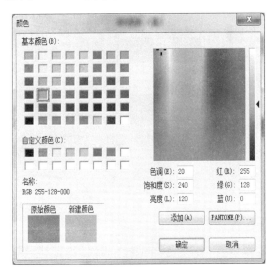

图 4.3.2-6　填充颜色

（7）若要将外观纹理与材质的表面填充图案对齐，在"表面填充图案"下，单击"纹理对齐"（图4.3.2-7）。

图4.3.2-7 纹理对齐

在二维或三维视图中，可将表面填充图案与模型图元对齐（图4.3.2-8）。

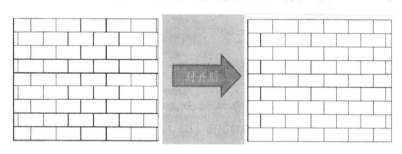

图4.3.2-8 填充图案对齐

将天花板瓷砖与房间的墙角对齐，将所需壁纸与内墙对齐，将砖石与外墙边缘对齐，将所需地毯与楼板对齐。

（8）截面填充图案：修改视图中材质截面的外观。

（9）更改截面填充图案，单击"填充图案"，然后在对话框的列表中，选择一种填充图案（图4.3.2-9）。

（10）修改用于绘制截面填充图案的颜色，单击颜色样例，在对话框中选择一种颜色，单击"确定"（图4.3.2-10）。

图4.3.2-9 填充图案

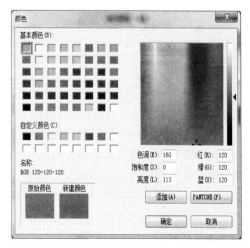

图4.3.2-10 填充颜色

(11) 保存对材质所作的更改，在"材质浏览器"对话框上单击"应用"；退出材质浏览器，单击"确定"。

(12) 填充样式：控制在投影中剪切或显示的表面的外观。

①绘图填充图案：以符号形式表示材质，如沙子用点填充图案表示。绘图填充图案的密度与相关图纸的关系是固定的。

②模型填充图案：代表建筑物的实际图元外观（例如墙上的砖层或瓷砖），且相对于模型而言它们是固定的。这意味着它们将随模型一同缩放比例，因此只要视图比例改变，模型填充图案的比例就会相应改变。

模型填充图案中的线代表建筑对象的实际线，例如砖块瓦片、以及镶木地板线，这些线在模型中采用可测量单位。与 Revit 中的其他图元一样，可编辑模型填充图案线，可以通过拖曳或使用"移动"工具来移动填充图案线。创建参照填充图案线的尺寸标注；调整尺寸标注的大小以移动填充图案线。

③旋转填充图案：可以将填充图案线与其他图元（如参照平面、线和窗）对齐。可以对族应用模型填充图案，但只能在族编辑器中对其进行修改。在项目视图中放置了族的实例之后，就不能再修改该填充图案。

模型填充图案与绘图填充图案的区别：

图 4.3.2-11 显示了当视图比例更改时，模型填充图案与绘图填充图案之间的区别。模型填充图案相对于模型保持固定尺寸，而绘图填充图案相对于图纸保持固定尺寸。

注：如果缩放视图，则绘图填充图案和模型填充图案都会相应放大或缩小。当缩小视图时，填充图案将变得越来越密。在某一点处，填充图案显示为实体填充。这称为填充图案超过规定比例。

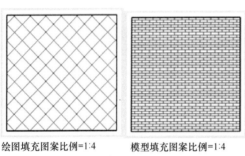
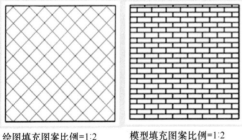

图 4.3.2-11 模型填充图案与绘图填充图案

可以将模型填充图案和绘图填充图案放置在平面和圆柱表面以及族上。也可以将绘图填充图案放置在平面或剖面视图的截面构件表面上。

Revit 中包含多种填充样式，并将这些填充样式储存在默认项目样板文件中。此外，为了满足需要也可以创建自己的填充样式或编辑现有的填充样式。填充样式存储在创建它时所用的项目文件中。要将填充图案保存到项目样板中，打开样板文件并在其中创建填充图案。

使用"传递项目标准"工具可在项目间传递填充样式。

4.3.3 外观

在"材质浏览器"中，选择要在项目材质列表中更改的材质；在"材质编辑器"面板

中,选择"外观"选项卡,然后执行以下操作:

在"材质浏览器"的"材质编辑器"面板中修改"外观"选项卡上的选项。此信息用于控制材质在渲染中的显示方式。

(1)更改外观属性,根据需要更改此选项卡上显示的属性值。可用属性取决于材质类型(图4.3.3-1)。

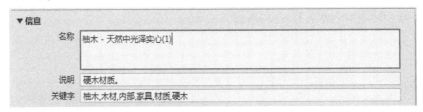

图4.3.3-1 信息

(2)变换场景,根据不同几何体的体现方式,更直观看到材料在项目中的体现(图4.3.3-2)。

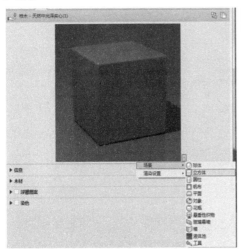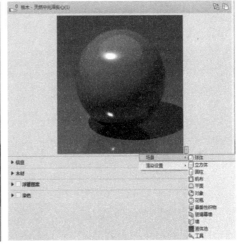

图4.3.3-2 外观样例

(3)颜色:修改材质的渲染外观的颜色。该颜色会影响材质中光的漫反射以及透射度。

(4)图像:控制材质的基本漫射颜色贴图。漫射颜色是对象在由直接日光或人造灯光照射时反射出的颜色,如图4.3.3-3所示。

①程序贴图与位图图像不同,后者带有颜色的固定矩阵生成,而前者由数学算法生成。因此,用于程序贴图的控件类型,根据程序的功能而变化。

②程序贴图可以以二维或三维方式生成。也可以在其他程序贴图中,嵌套纹理贴图或程序贴图,以增加材质的深度和复杂性。

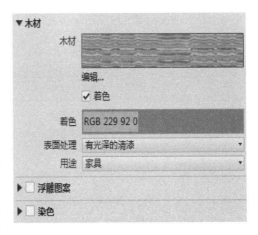

图4.3.3-3 程序贴图

第4章 定制装饰材料

(5) 位图图像：使用位图图像可调整贴图的颜色和纹理。

①噪波：根据两种颜色，纹理贴图或两者结合的交互创建曲面的随机扰动。

②平铺：应用砖块，颜色的堆叠平铺或材质贴图的堆叠平铺。

③棋盘格：将双色方格形图案应用到材质。

④渐变：使用颜色和混合创建渐变。

⑤大理石：应用石质和纹理颜色图案。

⑥斑点：生成带斑点的曲面图案。

⑦波浪：模拟水状或波状效果。

⑧木材：创建木材的颜色和颗粒图案。

(6) 点击图片，进入"纹理编辑器"。如图 4.3.3-4 所示，指定一个亮度值。"亮度"是一个乘数，值为 1.0 时亮度无变化，0.5 则图像亮度减半。

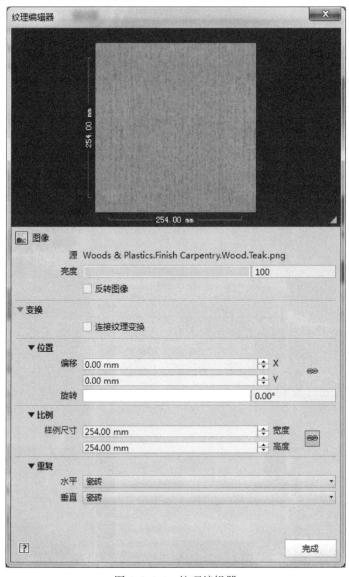

图 4.3.3-4　纹理编辑器

(7) 对于定义颜色的图像,选择"反转"可反转图像中的浅色和深色。对于定义纹理的图像,选择"反转"可反转纹理填充图案的高点和低点。

(8) 位置,为"旋转"指定沿顺时针方向旋转的角度。可输入介于 0~360 之间的值,或使用滑块。

(9) "样例尺寸"指定该图像表示的大小。

(10) 重复:水平/垂直方向,图片铺陈方式:无/平铺。

(11) 选择图像下方编码,为渲染外观使用独特的颜色、设计、填充图案、纹理或凹凸贴图,可指定一个图像文件(图 4.3.3-5、图 4.3.3-6)。

图 4.3.3-5　指定图像

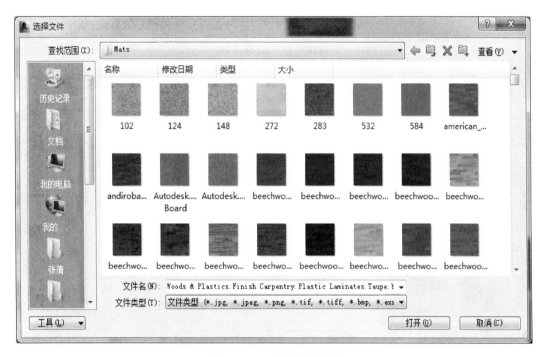

图 4.3.3-6　指定图像路径

(12) 表面处理:渲染外观表面光泽度(图 4.3.3-7)。

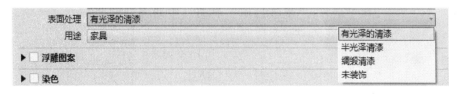

图 4.3.3-7　表面处理

(13) 用途：地板/家具（图 4.3.3-8）。

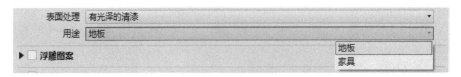

图 4.3.3-8　用途

(14) 反射率：直接和倾斜（图 4.3.3-9～图 4.3.3-11）。

图 4.3.3-9　反射率

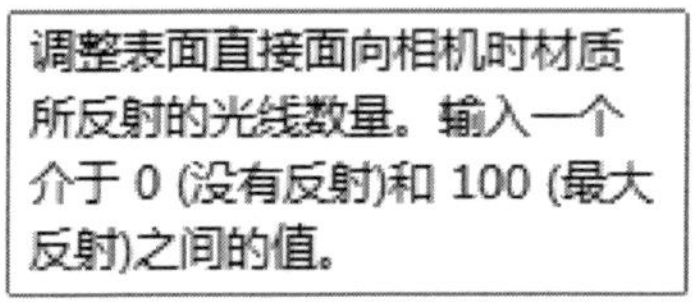

调整表面直接面向相机时材质所反射的光线数量。输入一个介于 0（没有反射）和 100（最大反射）之间的值。

调整表面与相机成某一角度时材质所反射的光线数量。输入一个介于 0（没有反射）和 100（最大反射）之间的值。

图 4.3.3-10　直接 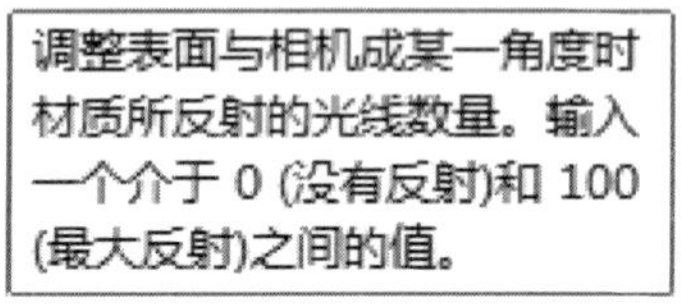　　　　图 4.3.3-11　倾斜

(15) 透明度

① 数量：衡量多少光穿过了材质。输入一个介于 0（完全不透明）～100（完全透明）之间的值。

② 半透明度：衡量材质分散了多少透明光，使得材质后的对象无法看清楚。输入介于 0（非半透明）～100（完全半透明，例如磨砂玻璃）之间的值。

③ 折射：衡量当一束光穿过材质时，有多少光发生了弯曲。选择预定义的指数，或者选择"自定义"指定介于 0（无折射）～5（最大折射）之间的指数值（图 4.3.3-12）。

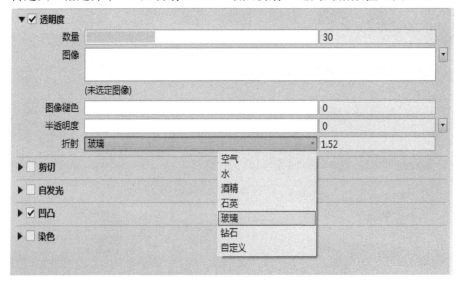

图 4.3.3-12　透明度

（16）剪切：选择一个形状，或者选择"自定义"使用黑白图像定义剪切，使黑色区域作为洞口（图 4.3.3-13、图 4.3.3-14）。

图 4.3.3-13　剪切

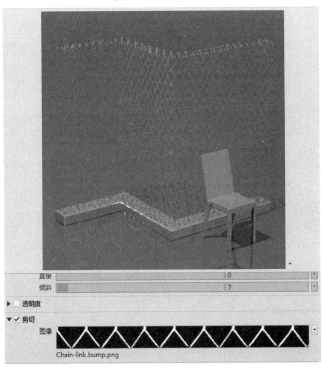

图 4.3.3-14　剪切过的材质状态

（17）自发光：调整通过透明或半透明材质（例如玻璃）传播的光线的颜色（图 4.3.3-15、图 4.3.3-16）。

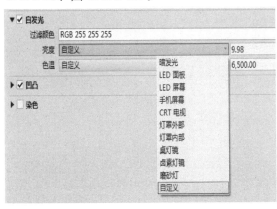

图 4.3.3-15　自发光亮度

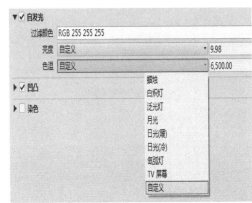

图 4.3.3-16　自发光色温

（18）凹凸：凹凸填充图案和凹凸量（图 4.3.3-17、图 4.3.3-18）。

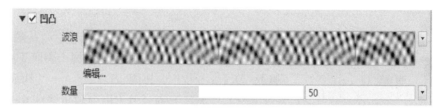

图 4.3.3-17　凹凸

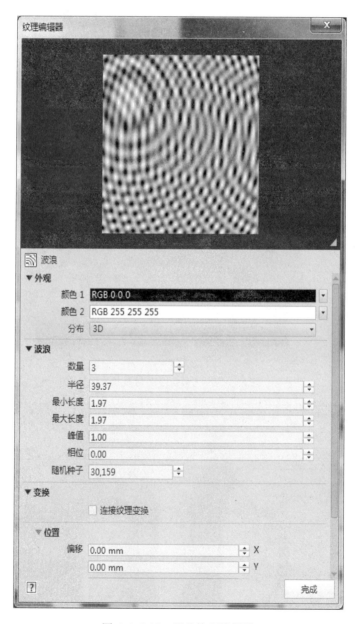

图 4.3.3-18　凹凸纹理编辑器

（19）染色：选择颜色来为材质的外观染色（图 4.3.3-19）。

图 4.3.3-19 染色属性面板

4.3.4 材料库

创建库以包含一组便于访问的材质，例如一组最常使用的材质，或一组用于特定项目类型的材质，如商业或住宅。还可以在库中创建类别以组织材质。

创建材质库的步骤：

（1）打开"材质浏览器"：单击"管理"-"设置面板"-"材质"。

（2）在浏览器的左下角的"材料浏览器"工具栏上，单击"菜单"-"创建新库"。如图 4.3.4-1 所示，提示您指定文件名和位置。

（3）在窗口中，导航到要存储库的某个位置，输入库名称，然后单击"保存"。

图 4.3.4-1 创建材料库

（4）在"材质浏览器"中，通过从其他库或从项目材质列表中单击并拖动，将材质添加到新库。

4.4 Revit 材料应用对象一：面层

4.4.1 通用术语（例：石材-ST）

本节内容将适用于所有的项目文件。接下来我们将介绍一些相关的材料技术要点，在图纸中使用的材料编码。使用的编码可能会略有不同，从公司到公司，有几个不同的标准存在。下面是一个例子，某集团公司的编码列表，见表 4.4.1-1。

材料标注编码代号说明　　　　　　　　　　表 4.4.1-1

编码代号	英文全称（参照）	主要内容
CA	CARPET	地毯
CT	CERAMIC TILE	瓷砖、压铸石类
CU	CURTAIN	窗帘、窗纱
FA	FABRIC	布饰面、皮革
GL	GLASS	玻璃
LP	LAMINATED PLASTIC	防火板
MC	METAL COMPOSITE	金属复合板
MO	MOSAIC TILE	马赛克
MR	MIRROR	镜子

第4章 定制装饰材料

续表

编码代号	英文全称（参照）	主要内容
MT	METAL	金属（铝材、不锈钢等）
PB	PLASTER BOARD	石膏板（水泥、石膏类制品等）
PL	PLASTIC	塑料（塑料板、亚克力、灯片、装饰片等）
PT	PAINT	油漆（油漆、涂料、防水涂料、氟碳喷涂、环氧树脂、金箔、银箔等）
WC	WALL COVERING	墙纸
WD	WOOD	实木、木饰面、木地板
WR	WATERPROOF ROLL	防水卷材（PVC、EVA、PE、ECB等）
ST	STONE	石材（花岗石、大理石、玉石等）、人造石

注：其他专业可能也有其专用的编码列表，这是项目中很重要的一点。各专业间编码，应尽量避免碰撞，例如，石材使用 ST 作编码，那么机电就不能使用同代码。应依据企业标准或者行业标准来编制材料代码，这就是通用术语。

4.4.2 壁纸材质

我们以深圳某售楼处项目为例，通过对两种材质的材料创建、属性添加及修改、自定义参数等操作，进行详细系统的讲解，使学员更好地熟悉流程。

1. 创建材质

（1）在场景模型中选择需要编辑的分部分项工程模型（图 4.4.2-1）。

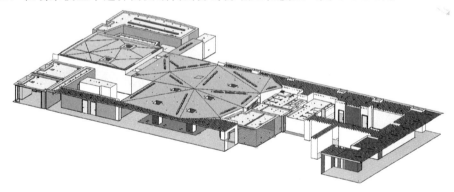

图 4.4.2-1　选择材质

（2）在属性栏点击"编辑类型"（图 4.4.2-2）。

（3）弹出的窗口中，"重命名"或者"复制类型名称"，设置一个材料通用术语编码（图 4.4.2-3）。

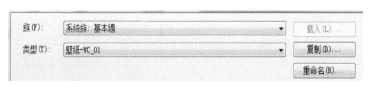

图 4.4.2-2　编辑类型　　　　　　　　图 4.4.2-3　复制重命名

4.4 Revit 材料应用对象一：面层

（4）"类型参数"列表中选择"结构"-"编辑"（图 4.4.2-4）。

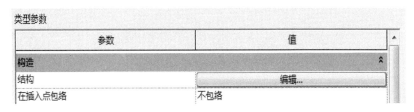

图 4.4.2-4　编辑

（5）"编辑部件"中，在结构层的"材质"栏，选择右方编辑材料符号，进入材质浏览器中（图 4.4.2-5）。

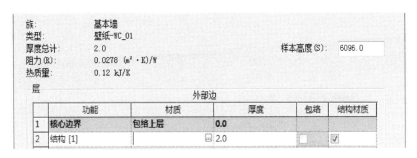

图 4.4.2-5　编辑材质

（6）在左下角材质库中选择合适材质，添加到"材质编辑器"（图 4.4.2-6）。

图 4.4.2-6　选择材质

2. 标识

在"材质编辑器"面板中单击"标识"选项卡，参照表格，设置项目中与材质关联的常规信息（标识信息，如说明、制造商、成本和注释记号），如图 4.4.2-7、图 4.4.2-8 所示。

第 4 章 定制装饰材料

参数	说明
说明信息	
说明	材质的说明。此值显示在图元的材质标记中。
类	材质的类型。
注释	与材质有关的用户定义的注释或其他信息。如果值为"渲染外观不会升级",请将新的渲染外观指定给材质。
产品信息	
制造商	材质制造商的名称。
模型	制造商指定给材质的模型编号或代码。
成本	材质成本。
URL	制造商或供应商网站的 URL。
Revit 注释信息	
注释记号	材质的注释记号。输入文字,或单击按钮来选择标准注释记号。
标记	材质的用户定义标识号。

图 4.4.2-7 常规信息

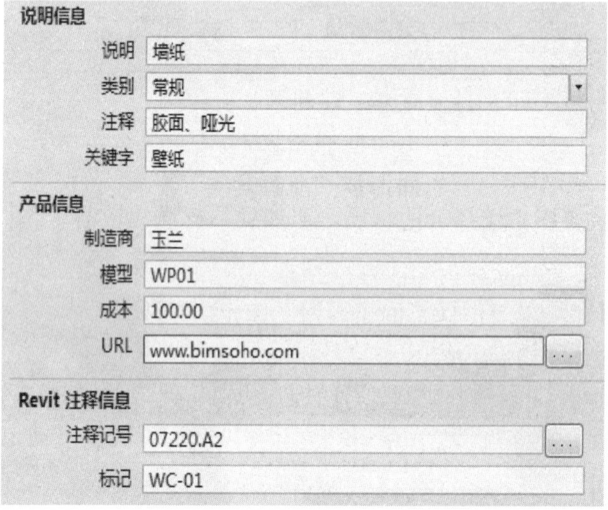

图 4.4.2-8 材质信息

注:在输入搜索文字以查找材质时,Revit 将搜索所有材质的所有标识参数值。此外,还可以在材质提取中包含这些参数的绝大部分。

保存对标识所作的更改,在"材质浏览器"对话框上单击"应用"。

3. 图形

修改定义材质在着色视图中显示的方式以及材质外表面和截面在其他视图中显示的方式的设置。执行下列操作:

(1)单击"颜色"样例。直接使用"渲染外观",或在"颜色"对话框中,选择一种颜色。数字栏设置 20% 的"透明度",单击"确定"(图 4.4.2-9~图 4.4.2-11)。

(2)更改表面填充图案,单击"填充图案",然后在"填充图案"对话框的列表中填

4.4 Revit 材料应用对象一：面层

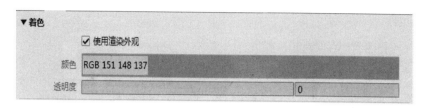

图 4.4.2-9 使用渲染外观

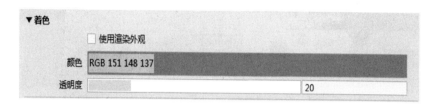

图 4.4.2-10 透明度

充图案（图 4.4.2-12）。

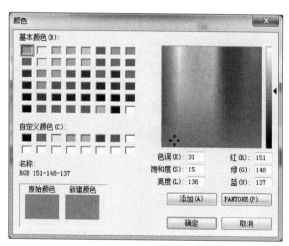

图 4.4.2-11 颜色面板

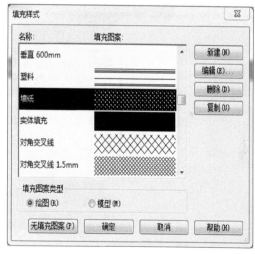

图 4.4.2-12 表面填充图案

（3）修改表面填充图案的颜色，单击"颜色"样例。在"颜色"对话框中，选择一种相似实物的颜色，单击"确定"（图 4.4.2-13）。

（4）在"表面填充图案"下，单击"纹理对齐"，将外观纹理与材质的表面填充图案对齐。

（5）修改视图中材质截面的外观，单击"填充图案"，然后在"填充图案"对话框的列表中选择墙纸填充图案，如图 4.4.2-14 所示。

（6）修改截面填充图案的颜色，单击"颜色"样例。在"颜色"对话框中，根据表面填充颜色设置 RGB，单击"确定"，如图 4.4.2-15 所示。

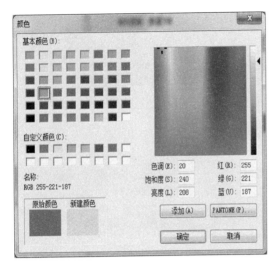

图 4.4.2-13　表面填充颜色　　　　图 4.4.2-14　截面填充图案

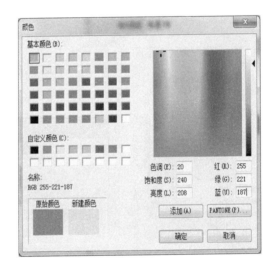

图 4.4.2-15　截面填充颜色

(7) 保存对图形所作的更改，在"材质浏览器"对话框上单击"应用"。

4. 外观

(1) 首先，可以把预览场景，调节成类似于模型实物的状态，可以更直观地渲染效果。在贴图右侧三角-点击"场景"-"墙"（移动鼠标在图纸边缘，点击左键拖动，可以放大图片），如图 4.4.2-16、图 4.4.2-17 所示。

(2) 根据项目需要添加需要信息，如图 4.4.2-18 所示。

(3) 修改材质的渲染外观的颜色。

①图像褪色：控制基本颜色与漫射图像之间的复合，只有在使用图像时，图像褪色属性才是可编辑的。

4.4 Revit 材料应用对象一：面层

图 4.4.2-16 外观属性面板

图 4.4.2-17 场景

图 4.4.2-18 信息属性面板

②光泽度：影响反射率和透明度，降低光泽度以创建粗糙表面。
③金属：金属/非金属（图 4.4.2-19）。

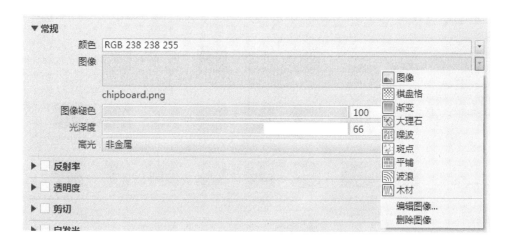

图 4.4.2-19 编辑图像

（4）在"位图"图像中选择图像。点击图像，进入"纹理编辑器"，根据项目要求设定图像属性（图 4.4.2-20）。
（5）选择图像下方编码，为渲染外观指定一个图像文件（图 4.4.2-21）。

231

第 4 章　定制装饰材料

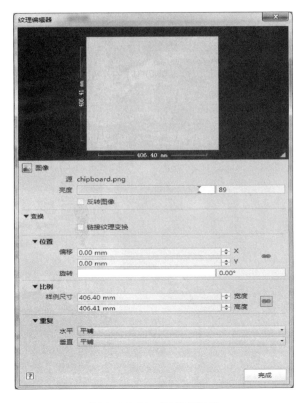

图 4.4.2-20　纹理编辑器

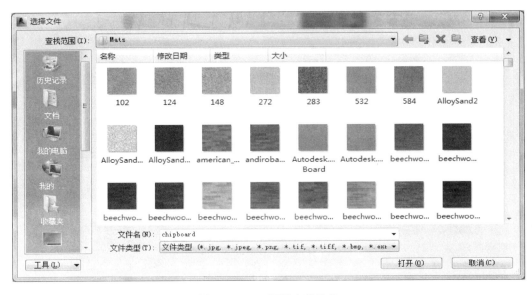

图 4.4.2-21　图像文件路径

4.4.3　面层材料库

按照上述操作，依次完成项目中其他的材质制作，我们会得到以下内容：本项目中所有面层材料库，如图 4.4.3-1 所示。

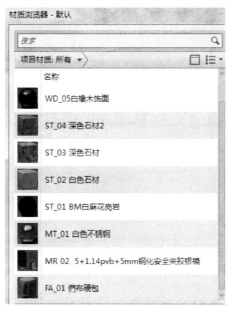

图 4.4.3-1　面层材料库

4.5　Revit 材料应用对象二：功能材料

以深圳某售楼处项目为例，这次我们选择一种功能材料进行演示。

4.5.1　水泥砂浆

（1）"创建图元"—"复制类型"—"命名"—"结构"—"编辑"—"厚度"—"材质"，如图 4.5.1-1、图 4.5.1-2 所示。

图 4.5.1-1　复制类型

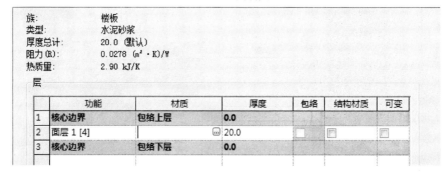

图 4.5.1-2　编辑材质

（2）在左下角材质目录选择合适材质，添加到"编辑器"中，如图 4.5.1-3 所示。

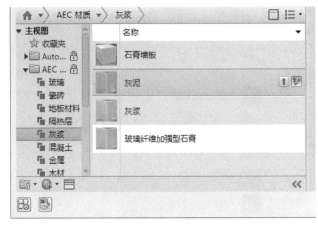

图 4.5.1-3　选择材质

1. 标识

在"材质编辑器"面板中单击"标识"选项卡，参照表格，设置项目中与材质关联的常规信息（标识信息，如说明、制造商、成本和注释记号），如图 4.5.1-4、图 4.5.1-5 所示。

参数	说明
说明信息	
说明	材质的说明。此值显示在图元的材质标记中。
类	材质的类型。
注释	与材质有关的用户定义的注释或其他信息。如果值为"渲染外观不会升级"，请将新的渲染外观指定给材质。
产品信息	
制造商	材质制造商的名称。
模型	制造商指定给材质的模型编号或代码。
成本	材质成本。
URL	制造商或供应商网站的 URL。
Revit 注释信息	
注释记号	材质的注释记号。输入文字，或单击按钮来选择标准注释记号。
标记	材质的用户定义标识号。

图 4.5.1-4　常规信息

说明信息	
说明	灰泥
类别	常规
注释	使用于楼板
关键字	水泥，楼板
产品信息	
制造商	中国
模型	M25
成本	100.00
URL	www.bimsoho.com
Revit 注释信息	
注释记号	07055.3
标记	水泥砂浆

图 4.5.1-5　材质信息

4.5 Revit 材料应用对象二：功能材料

注：在输入搜索文字以查找材质时，Revit 将搜索所有材质的所有标识参数值。此外，还可以在材质提取中包含这些参数的绝大部分。

2. 图形

修改定义材质在着色视图中显示的方式以及材质外表面和截面的填充图案和填充颜色，透明度根据项目需求调节。两种修改方式：使用渲染外观、手动调节颜色（同一种填充颜色要保持一致），如图 4.5.1-6～图 4.5.1-8 所示。

图 4.5.1-6　使用渲染外观

图 4.5.1-7　图形属性面板

图 4.5.1-8　透明度

3. 外观

不做抹面压光处理的水泥砂浆，表面不光滑有颗粒感，调节凹凸属性，如图 4.5.1-9 所示。

第 4 章 定制装饰材料

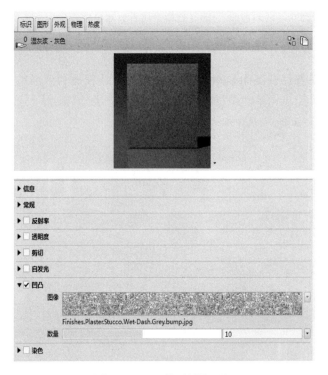

图 4.5.1-9 外观属性面板

4.5.2 功能材料库

依据上面的操作，依次生成本项目需要的其他功能材料，最后得到整个项目的功能材料库（图 4.5.2-1）。

图 4.5.2-1 材质浏览器

4.6 Revit 材料和自定义参数

4.6.1 项目参数

项目参数是定义后添加到项目多类别图元中的信息容器。当现有的参数不满足我们需求的时候，需要在材质参数上增加字段。项目参数特定于项目，不能与其他项目共享。随后可在多类别明细表或单一类别明细表中使用这些项目参数。项目参数用于在项目中创建明细表、排序和过滤。

（1）单击"管理"选项卡"设置"面板（项目参数），如图4.6.1-1所示。

图 4.6.1-1　设置面板

（2）在"项目参数"对话框中，单击"添加"，如图4.6.1-2所示。

图 4.6.1-2　项目参数

（3）在"参数属性"对话框中，选择"项目参数"，输入项目参数的名称，如图4.6.1-3所示。

（4）选择"规程"，选择"参数类型"。

（5）如果创建的实例参数是以下类型之一，就会有可用的选项：文字、面积、体积、货币、质量密度、URL、材质。

（6）单击"确定"。

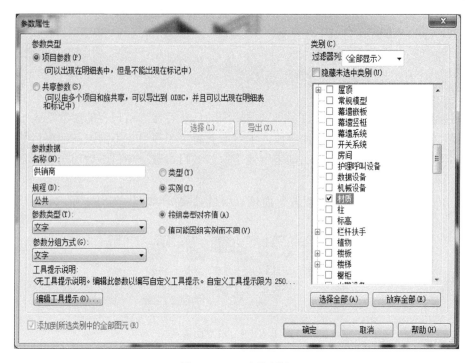

图 4.6.1-3　参数属性

4.6.2　自定义参数

指定材质的自定义参数，使用"材质参数"对话框可以为创建的自定义参数指定值。使用"项目参数"命令创建自定义参数。例如，可以创建自定义参数以指示材质是否为再生材质，并在编辑材质时启用该参数。

(1) 在"材质浏览器"对话框内打开"材质编辑器"面板中的材质。

(2) 在"材质浏览器"对话框的左下角，单击"自定义参数"，如图 4.6.2-1 所示。

图 4.6.2-1　自定义参数

注："自定义参数"按钮仅在自定义参数已添加到当前项目后才会显示。

(3) 在"材质参数"对话框中，为使用"项目参数"命令创建的自定义参数指定值，如图 4.6.2-2 所示。

(4)单击"确定"。

图 4.6.2-2 添加材质参数

第4章 定制装饰材料

课 后 习 题

选择题

1. 在下列哪个属性面板中添加填充图案？（　　）
   A. 标识　　　　B. 图形　　　　C. 外观　　　　D. 物理

2. Revit 材料可以应用于什么族（多选)？（　　）
   A. 体量族　　　B. 系统族　　　C. 内建族　　　D. 可载入族

3. 材质属性面板包含几项？（　　）
   A. 5　　　　　B. 3　　　　　C. 4　　　　　D. 6

4. 图形中不包含以下什么内容？（　　）
   A. 着色　　　　B. 产品信息　　C. 表面填充图案　　D. 截面填充图案

5. 项目参数可以添加什么？（　　）
   A. 材质　　　　B. 明细表　　　C. 字段　　　　D. 单位

参考答案

1. B　　2. B、D　　3. A　　4. B　　5. C

第 5 章 可视化应用

本章导读

可视化（Visualization）是利用计算机图形学和图像处理技术，将数据转换成图形或图像在屏幕上显示出来，并进行交互处理的理论、方法和技术。它涉及计算机图形学、图像处理、计算机视觉、计算机辅助设计等多个领域，成为研究数据表示、数据处理、决策分析等一系列问题的综合技术。

建筑装饰专业的可视化，即把三维空间设计成果通过可视化手段表达，向客户表达设计的真实性、透明度、公开性、准确性。

建筑装饰专业常见的可视化应用形式，包括效果图、动画、VR 视频、VR 浏览场景、AR 浏览场景等。

室内效果图是一种常用的可视化手段，国内设计师采用 3ds Max 软件创建三维效果图。

室内漫游动画也是一种非常有效的设计可视化表达手段。通常用于大中型室内装饰项目，国内室内漫游动画多是用 3ds Max 软件进行动画创建。近几年，随着可视化软件的多样化，室内漫游动画的创建变得更简单、易操作。

本章通过在 Revit 中进行操作，通过实际案例的讲解过程，让读者了解如何渲染图及动画漫游的应用流程，掌握相关的知识及技术应用。

本章学习目标

通过本章可视化应用的学习，需掌握以下技能：
（1）制作 Revit 效果图流程；
（2）Cloud 渲染；
（3）制作漫游动画；
（4）Suite 工作流和 3ds Max Design 室内渲染。

第5章 可视化应用

5.1 Revit表现室内效果图

Revit软件内置了专业级渲染器，支持Autodesk标准材质库和IES光度学文件。在本节将会介绍渲染效果图的设置及参数应用。

5.1.1 流程

在装饰专业BIM模型创建完成后，制作效果图的流程如下：
(1) 设置地理环境：确定地理位置，设置项目正北方向；
(2) 设置日光；
(3) 创建相机，调整相机视图；
(4) 开启人造光源；
(5) 渲染测试设置；
(6) 调整灯光、材质；
(7) 再次渲染测试；
(8) 正式渲染；
(9) 渲染输出，保存到项目中。

5.1.2 Revit制作效果图

1. 设置地理环境

(1) 确保计算机联网，启动Revit软件（建议版本2017或2018）。
(2) 打开"深圳某售楼处项目"文件。
(3) 在"管理"选项卡中，点击"项目信息"，如图5.1.2-1所示。

图5.1.2-1 项目信息面板

(4) 在弹出的"项目信息"对话框中，点击"能量设置"栏中的"编辑"按钮，如图5.1.2-2、图5.1.2-3所示。
(5) 假设本项目位置在中国北京，点击"能量设置"对话框"位置"参数"值"的修改框，打开"位置、气候和场地"对话框，如图5.1.2-4、图5.1.2-5所示。
(6) 在"位置"选项卡中，将"定义位置依据"设定为"Internet映射服务"，"项目地址"栏中直接输入中文"北京"，点击"搜索"按钮，如图5.1.2-6所示。
(7) 如果我们知道项目真实位置的经纬度，可以直接在"项目地址"栏，"位置"选

5.1 Revit 表现室内效果图

图 5.1.2-2 选择能量设置

图 5.1.2-3 编辑

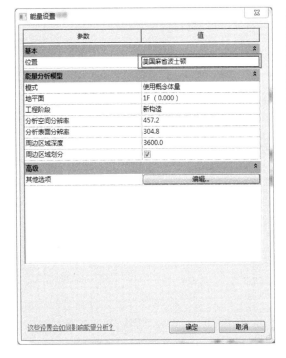

图 5.1.2-4 能量设置面板

图 5.1.2-5 位置、气候、场地

243

第 5 章 可视化应用

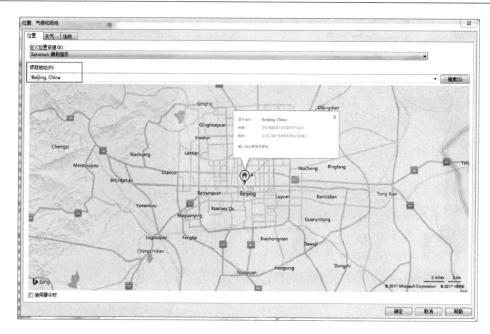

图 5.1.2-6 设置参数

项卡中的地图，拖动中间的 标记，可以被拖动，放置在真实的项目地址上。

（8）方法：先点击此标记，然后再按左键拖动。

（9）点击确定，退出"位置、气候和场地"对话框。

（10）点击确定，退出"能量设置"对话框。

（11）点击确定，退出"项目信息"对话框。

（12）选中"项目浏览器"工具栏中的"楼层平面"组织栏下的"1F（0.000）"，双击打开，如图 5.1.2-7 所示。

（13）鼠标在视口空白处点击，确保不选择任何图元，在楼层平面属性栏中找到"方向"，其后的参数栏中选择"正北"，如图 5.1.2-8 所示。

图 5.1.2-7 楼层平面

图 5.1.2-8 方向

（14）在"管理"选项卡中，点击"位置"工具的下拉箭头，点击"旋转正北"，如图 5.1.2-9 所示。

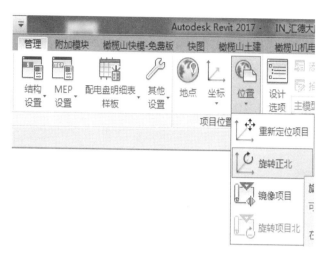

图 5.1.2-9　位置—旋转正北

（15）假设此项目真实的正北方向为"北偏东 15 度"，在"逆时针旋转角度"栏中输入"－15"，回车，如图 5.1.2-10 所示。

图 5.1.2-10　位置参数

（16）在楼层平面属性栏中找到"方向"，将"正北"修改为"项目北"，如图 5.1.2-11 所示。

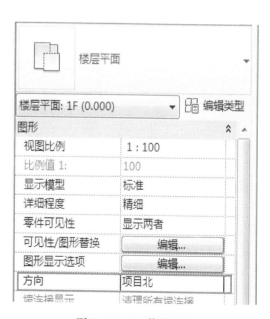

图 5.1.2-11　修改方向

2. 设置日光

(1) 选中"项目浏览器"工具栏中的"三维视图"组织栏下的"{三维}",双击打开,如图 5.1.2-12 所示。

(2) 点击视口下的按钮,点击"打开日光路径",如图 5.1.2-13 所示。

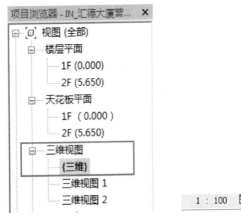

图 5.1.2-12　三维视图

图 5.1.2-13　打开日光路径

(3) 在弹出的"日光路径"对话框中,点击"改用指定的项目位置、日期和时间",则当前视口如图 5.1.2-14、图 5.1.2-15 所示。

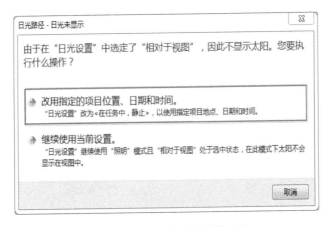

图 5.1.2-14　日光路径参数(1)

(4) 点击视口下的按钮,点击"日光设置",在弹出的"日光设置"对话框中进行设置,如图 5.1.2-16、图 5.1.2-17 所示。

3. 创建相机,调整相机视图

(1) 选中"项目浏览器"工具栏中的"楼层平面"组织栏下的"1F(0.000)",双击打开,如图 5.1.2-18 所示。

(2) 在"视图"选项卡点击"三维视图"的下拉箭头,点击"相机",如图 5.1.2-19 所示。

(3) 如图 5.1.2-20 所示,创建相机。

5.1 Revit 表现室内效果图

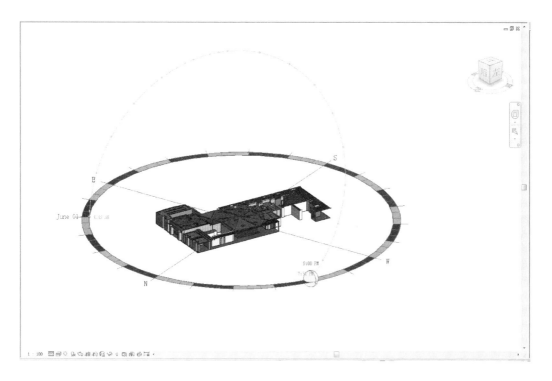

图 5.1.2-15 日光路径参数（2）

图 5.1.2-16 日光
设置面板

图 5.1.2-17 日光设置参数

247

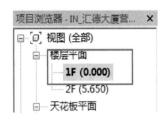

图 5.1.2-18 楼层平面

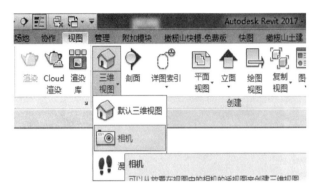

图 5.1.2-19 相机功能

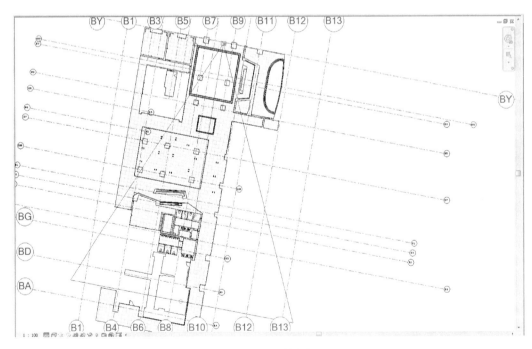

图 5.1.2-20 创建相机

（4）当相机创建完成后，Revit 软件会自动打开新创建的相机视图，并在"项目浏览器"工具栏的"三维视图"栏下创建"三维视图 1"，如图 5.1.2-21 所示。

（5）点击视口下方的"详细程度"按钮，选择"精细"程度。

（6）点击视口下方的"图形显示"按钮，选择"真实"模式，如图 5.1.2-22 所示。

5.1 Revit 表现室内效果图

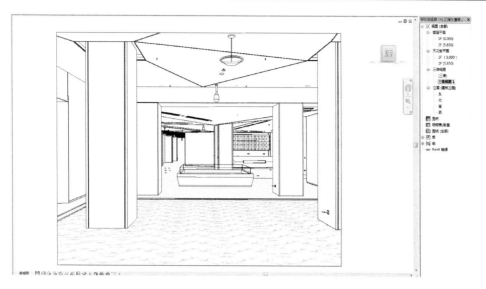

图 5.1.2-21　相机三维视图

图 5.1.2-22　显示模式

（7）在"三维视图"属性栏中，将"视点高度"和"目标高度"设置为"1700"，这两个值是控制相机视野的高度，如图 5.1.2-23 所示。

图 5.1.2-23　相机参数

249

(8)在视口中选择相机的视图的边界,当出现实心蓝色圆点(图 5.1.2-24 中箭头所指处)时,点击圆点,并按住进行拖拽,调整视图的大小,如图 5.1.2-24 和图 5.1.2-25 所示。

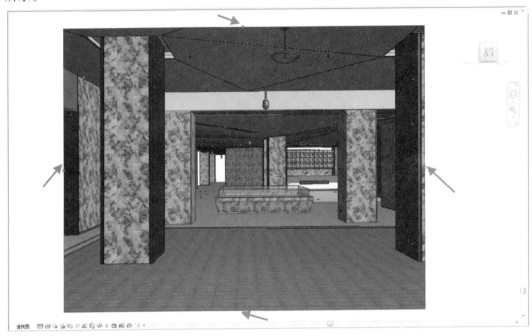

图 5.1.2-24　调整视图范围(1)

图 5.1.2-25　调整视图范围(2)

4. 显示光源设置

（1）在"三维视图"属性栏中，点击"可见性/图形替换"参数后的"编辑"按钮，如图 5.1.2-26 所示。

图 5.1.2-26　可见性/图形替换

（2）在弹出的"三维视图：三维视图 1 可见性/图形替换"对话框中，在"模型类别"选项卡中的"照明设备"下勾选"光源"，如图 5.1.2-27 和图 5.1.2-28 所示。

图 5.1.2-27　点选光源

5. 渲染测试

（1）点击视口下的 按钮，点击"打开日光路径"，如图 5.1.2-29 所示。

第 5 章 可视化应用

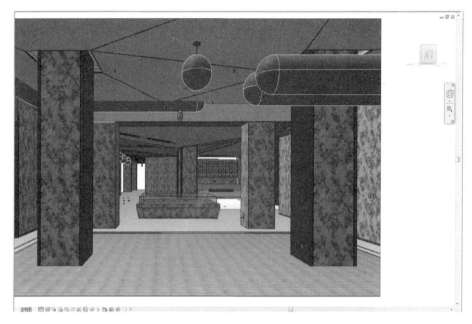

图 5.1.2-28 三维效果

图 5.1.2-29 打开日光路径

（2）点击视口下的 按钮，点击"打开阴影"按钮，如图 5.1.2-30 所示。

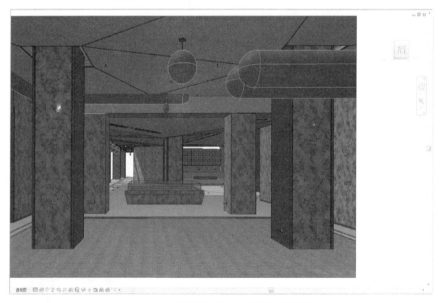

图 5.1.2-30 打开"阴影"

(3)点击视口下的 按钮,确定"质量设置"的下拉列表为"绘图",修改"照明方案"为"室内:日光和人造光"点击"渲染"对话框,如图 5.1.2-31 所示。

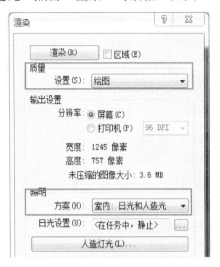

图 5.1.2-31　调整渲染参数

(4)点击"渲染"按钮,经过一段时间的等待,可得到渲染质量较差的效果图,如图 5.1.2-32 所示。

图 5.1.2-32　初级渲染图

(5)从图 5.1.2-32 可以看到,画面整体亮度过高,灯罩材质无自发光,吊灯光源不够亮,也未在吊顶上形成光晕效果。

(6)点击"渲染"对话框中的"调整曝光"按钮,在弹出的"曝光控制"对话框中,调整"曝光值",当确定一个值后,点击应用,可以发现画面出面变化,经过测试,确认值为 13 较合适,如图 5.1.2-33 所示。

第 5 章 可视化应用

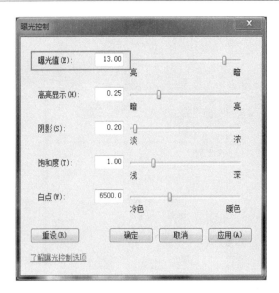

图 5.1.2-33 曝光控制

（7）关闭"渲染"对话框，选中吊灯，打开"编辑类型"对话框，点击"复制"按钮，重新命名新的名称，创建一个新的吊灯类型，如图 5.1.2-34 所示。

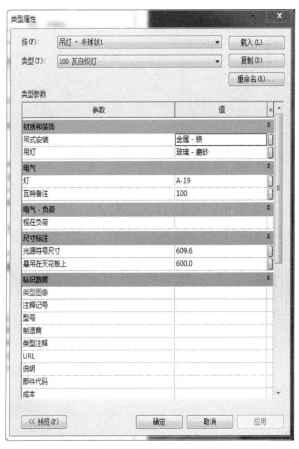

图 5.1.2-34 创建吊灯类型

(8)点击"类型属性"对话框中的"吊灯"后的"玻璃-磨砂"按钮,打开"材质浏览器"对话框,在材质库中的"AEC 材质"库下找到"玻璃",在右侧找到"玻璃,白色,高光",将其添加到"项目材质"库中,并勾选右侧的"图形"选项卡中"使用渲染外观",如图 5.1.2-35 所示。

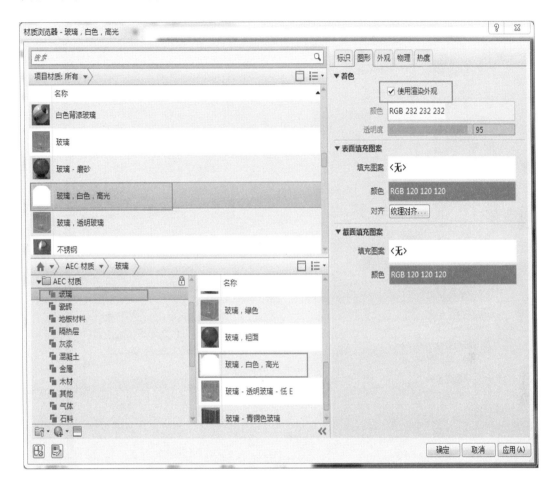

图 5.1.2-35　修改材质参数

(9)点击确定按钮,退出"材质编辑器"对话框。

(10)在"类型属性"对话框中,点击"光域"选项组中的"初始亮度"后的按钮,打开"初始亮度"对话框,将"效力"值设为"100",如图 5.1.2-36 和图 5.1.2-37 所示。

(11)点击确定关闭"初始亮度"对话框,再次点击确定关闭"类型属性"对话框。

(12)再次渲染场景,得到测试图像,从中可以看出,吊灯的灯罩已经发光,并在吊顶上形成光晕效果,如图 5.1.2-38 所示。

(13)同法,设置其他灯光,并将曝光值设为 12,将"质量"设置为"最佳",再次渲染,最终得到如图 5.1.2-39 所示的渲染图。

第5章 可视化应用

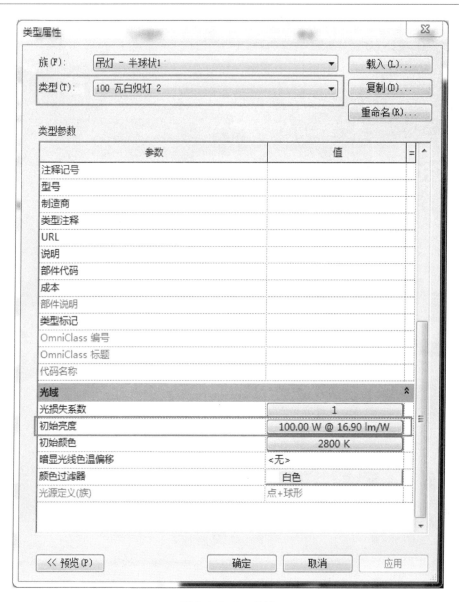

图 5.1.2-36　光域

图 5.1.2-37　初始亮度

5.1 Revit 表现室内效果图

图 5.1.2-38　二次渲染图

图 5.1.2-39　最终渲染图

6. 渲染对话框

(1)"渲染"对话框中的参数主要设置渲染质量、图像大小、照明方案、背景和曝光控制，如图 5.1.2-40 所示。

图 5.1.2-40　渲染参数面板

（2）渲染按钮：点击即可按照已设置的参数进行渲染。

区域：勾选后，可对画面进行局部渲染，点击图 5.1.2-41 中线框，呈现蓝色选中状态，拖拽夹点即可设定渲染区域，如图 5.1.2-41 和图 5.1.2-42 所示。

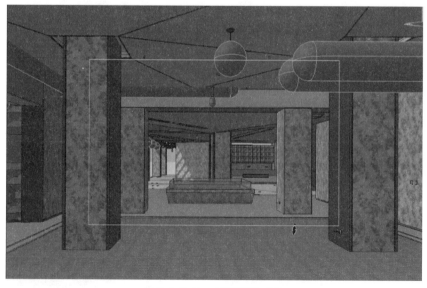

图 5.1.2-41　局部渲染（1）

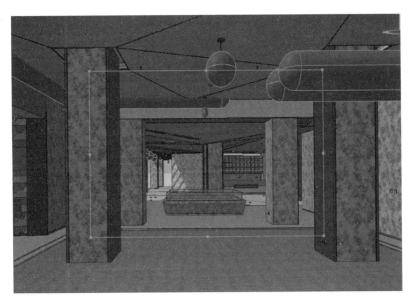

图 5.1.2-42 局部渲染（2）

（3）质量设置：下拉列表中包括绘图、中、高、最佳、自定义（视图专用）和编辑这 6 个质量级别。

① 其中绘图、中、高、最佳 4 个级别是预定义级别，直接选择即可，渲染质量依次提高，时间也相应增加，通过测试渲染采用绘图和中级别，最终渲染采用高和最佳级别。

② 自定义（视图专用）：可将自定义设置的参数保存为预设。

③ 编辑…：选择"编辑…"会打开"渲染质量设置"对话框，渲染测试选用"简化"和"按等级渲染"中的低级别，最终渲染选用"高级"和"直到满意"，如图 5.1.2-43 所示。

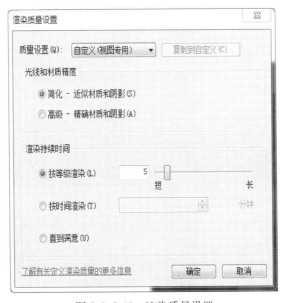

图 5.1.2-43 渲染质量设置

(4)输出设置：此参数组主要设置输出图像的大小，有两种方式：一是屏幕；二是打印机。通常测试时选择屏幕，最终渲染选择打印机，并设置较高的分辨率。

(5)照明方案：分为室外和室内两个大类的渲染方式，包括：

①"室外：仅日光"：适合无人造光的环境，如上午、中午和下午的日照环境。

②"室外：日光和人造光"：适合清晨和傍晚的日照环境。

③"室外：仅人造光"：适合夜间照明环境。

④"室内：仅日光"：适合无人造光的环境，如上午、中午和下午的日照环境。

⑤"室内：日光和人造光"：适合清晨和傍晚的日照环境。

⑥"室内：仅人造光"：适合夜间照明环境。

(6)日光设置：此参数组主要设置日光的参数，点击 按钮，打开"日光设置"对话框，如图 5.1.2-44 所示。

① 日光研究：有静止、一天、多天和照明这四种模式，其中效果图需选择静止模式。

② 地点：主要设置项目的具体位置，前文已经讲解，不再赘述。

③ 日期：通过日期来确定太阳在当天的高度和角度。

④ 时间：通过日期来确定太阳在当时的高度和角度。

图 5.1.2-44　日光设置

(7)人造灯光：点击此按钮，可对当前场景的光源进行开启或关闭，也可以多个灯光进行分组，如图 5.1.2-45 所示。

(8)背景：包括"天空：少云"、"天空：非常少的云"、"天空：多云"、"天空：非常多的云"、颜色、图像和透明度等几种样式。

(9)调整曝光：点击此按钮，可打开曝光控制对话框，如图 5.1.2-46 所示。

(10)保存到项目中：将渲染完成的图像保存到当前项目文件下，会在项目浏览器组织栏下新建一个渲染架构。

(11)导出：将渲染完成的图像导出指定的文件夹位置。

(12)显示模型/显示渲染：当渲染完成后，可以点击此按钮进行切换。

5.2 Autodesk 360 云渲染效果图

图 5.1.2-45　人造灯光

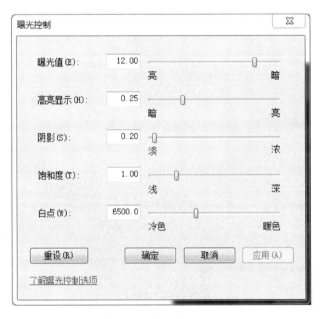

图 5.1.2-46　曝光控制

5.2　Autodesk 360 云渲染效果图

使用 Revit 内置的渲染器进行效果图渲染，场景越大、模型越精细、光源越多，则渲染时间越长，对电脑的硬件配置要求较高。同时，Revit 软件还提供了"Cloud 渲染"方法，正版用户或新注册的用户都有一定的积分，可用这些积分进行渲染。

第 5 章 可视化应用

（1）测试场景，确定当前场景的材质、灯光、相机达到满意。
（2）在"视图"选项卡中点击"Cloud 渲染"按钮，如图 5.2-1 所示。

图 5.2-1 Cloud 渲染功能

（3）在弹出的"在 Cloud 中渲染"对话框中，点击"继续"按钮，如图 5.2-2 所示。

图 5.2-2 在 Cloud 中渲染

图 5.2-3 开始渲染

（4）在弹出的"在 Cloud 中渲染"对话框中进行设置，然后点击"开始渲染"，如图 5.2-3 所示。

（5）Revit 软件将把当前场景上传到 Autodesk 云服务器中，直到全部完成，如图 5.2-4 所示。

（6）当云渲染完成后，服务器会向注册用户的邮箱发送邮件，用户也可以点击"视图"选项卡中的"渲染库"按钮，登录自己的空间，下载渲染完成的图像，如图 5.2-5 所示。

5.3 Revit 制作漫游动画

图 5.2-4　上传至云服务器

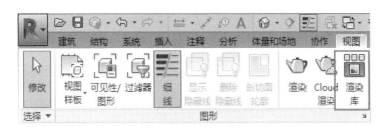

图 5.2-5　登录查看渲染库

5.3 Revit 制作漫游动画

漫游动画经常用来在三维空间内部浏览，用以评估设计方案，或向客户表达设计意图。Revit 软件可以制作简单的漫游动画，另外，它还可以进行日光研究，也就是在空间内模拟指定时间段内的日光的光照和阴影，为室内设计提供依据。此节，我们讲解日光研究与漫游动画功能整合。

5.3.1　创建漫游

1. 创建漫游路径

（1）选中"项目浏览器"工具栏中的"楼层平面"组织栏下的"1F（0.000）"，双击打开，如图 5.3.1-1 所示。

（2）在"视图"选项卡中，选择"三维视图"下拉列表中的"漫游"，在 1F 视图中创建漫游路径，路径最后一个点创建后，右键点击"取消"完成路径创建，如图 5.3.1-2 所示。

2. 编辑漫游

（1）选中"项目浏览器"工具栏中的"漫游"组织栏下的"漫游 1"，双击打开，如图 5.3.1-3 和图 5.3.1-4 所示。

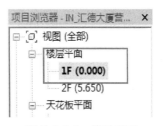

图 5.3.1-1　楼层平面

第5章 可视化应用

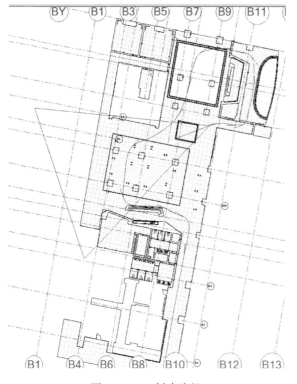

图 5.3.1-2 创建路径　　　　　　　　图 5.3.1-3 漫游 1

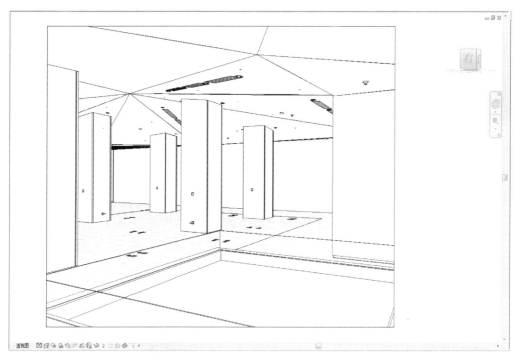

图 5.3.1-4 漫游视图

5.3 Revit 制作漫游动画

（2）在视口中选择画面的边界，在软件上部的工具栏中会出现"编辑漫游"工具，点击此工具，进入编辑漫游状态，如图 5.3.1-5 所示

图 5.3.1-5　编辑漫游

（3）拖拽画面边界的圆形夹点，调整画幅大小，长宽比近似 16∶9，完成后如图 5.3.1-6 所示。

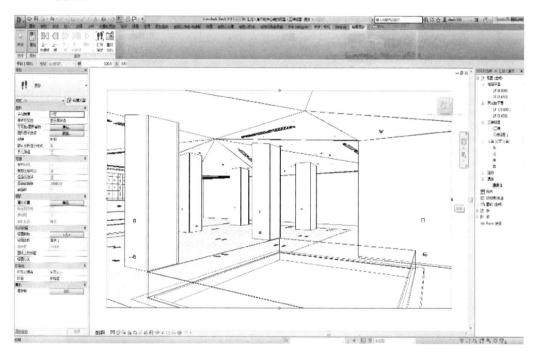

图 5.3.1-6　调整画面大小

（4）在相机控制工具栏中的"帧"后的参数栏中将 300 改为 1，相机回到第 1 帧，即初始位置如图 5.3.1-7 所示。

（5）在相机控制工具栏中的"300"按钮，打开"漫游帧"对话框，将"总帧数"设为"1200"，"帧/秒（F）"设为"20"，点击确定退出，如图 5.3.1-8 所示。

① 总帧数：设置漫游的总长度。

② 帧/秒（F）：表示每秒显示的帧数，值越大，画面的过渡越流畅，一般 15～30 之间。

③ 总时间：等于总帧数除以帧/秒，我们设定了一个时长 60 秒的漫游动画。

第 5 章　可视化应用

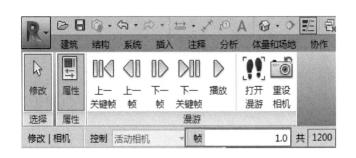

图 5.3.1-7　帧参数

（6）检查视图，发现画面最远处显示不完整，这是由于相机的远剪裁造成的，在"漫游"属性栏中修改。

（7）"远剪裁偏移"值为 100000，如图 5.3.1-9 所示。

图 5.3.1-8　设定漫游帧时间

图 5.3.1-9　远剪裁偏移值

5.3.2　美化视图

（1）在视口下部，点击 ▦ 按钮，将其改为"精细"。

（2）在视口下部，点击 ⬠ 按钮，将其改为"真实"。

（3）在视口下部，点击 ⬠ 按钮，点击"图形显示选项"，在弹出的对话框进行设置，如图 5.3.2-1 和图 5.3.2-2 所示。

（4）确定后，画面效果图如图 5.3.2-3 所示。

5.3 Revit 制作漫游动画

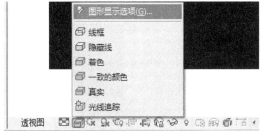

图 5.3.2-1 图形显示

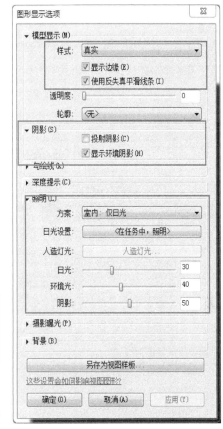

图 5.3.2-2 图形显示参数

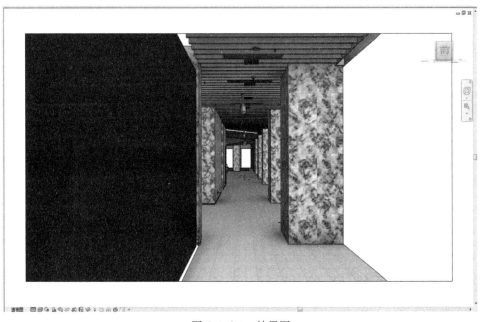

图 5.3.2-3 效果图

5.3.3 导出漫游

（1）确认当前视图为"漫游1"视图。

（2）在软件 R 按钮的下拉菜单中，根据如图5.3.3-1所示路径，点击"漫游"。

图5.3.3-1　导出漫游

（3）在弹出的"长度/格式"对话框，点击确定按钮，如图5.3.3-2所示。

（4）在"导出漫游"对话框，选择保存路径，设定保存文件名，如图5.3.3-3所示。

（5）在"视频压缩"对话框中设定"压缩程序"为"Microsoft Video 1"，点击确定，开始导出漫游，如图5.3.3-4所示。

5.3 Revit 制作漫游动画

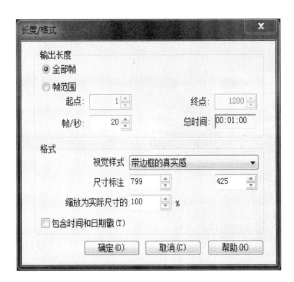

图 5.3.3-2 设置保存参数值

图 5.3.3-3 文件名称

图 5.3.3-4 设定压缩程序

5.3.4 日光研究

（1）在"项目浏览器"中，双击打开"三维视图1"。

（2）在视口下部，点击 按钮，点击"打开日光路径"，在弹出的对话框中，选择改用指定的项目位置、日期和时间，如图 5.3.4-1 所示。

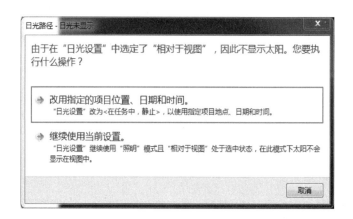

图 5.3.4-1 日光路径设置

（3）在视口下部，点击 按钮，点击"日光设置"，在弹出的对话框中进行设置，如图 5.3.4-2 所示。

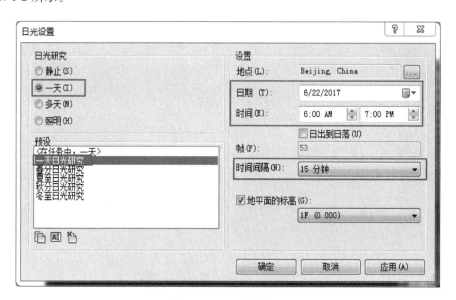

图 5.3.4-2 日光设置

（4）在视口下部，点击 按钮，打开阴影。

（5）按图 5.3.5-1 中所示位置，点击"日光研究预览"按钮，在主工具栏中出现预览工具条，点击 按钮观看预览。

5.3.5 导出日光研究

（1）确认当前视图为"三维视图1"视图。

（2）在软件 按钮的下拉菜单中，根据图5.3.5-1所示路径，点击"日光研究"。

图5.3.5-1 日光研究

（3）在弹出的"长度/格式"对话框，点击确定按钮，如图5.3.5-2所示。

（4）在"导出日光研究"对话框，选择保存路径，设定保存文件名，如图5.3.5-3所示。

（5）在"视频压缩"对话框中设定"压缩程序"为"Microsoft Video 1"，点击确定，开始导出漫游，如图5.3.5-4所示。

第5章 可视化应用

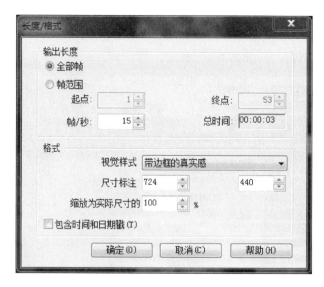

图 5.3.5-2　长度/格式

图 5.3.5-3　保存路径

图 5.3.5-4　设定压缩程序

5.4 3ds Max Design 室内渲染

"Suite 工作流"菜单下的"3ds Max Design 室内渲染"可快速将当前 Revit 项目模型输出到 3ds Max Design 软件，并且不损失已经设置好的材质、光源和相机。

5.4.1 在 3ds Max Design 软件中新建项目文件

Revit 项目文件导出后其系统单位为英尺，如果直接启动 3ds Max Design 室内渲染工作流工具，将导致材质的贴图坐标的混乱，所以需要新建 3ds Max Design 项目文件，并设置好系统单位。本节以 3ds Max 2018 版软件演示。

（1）打开 3ds Max 软件，点击"自定义"菜单下的"单位设置"，如图 5.4.1-1 所示。

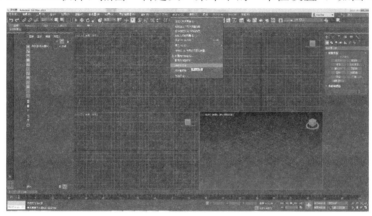

图 5.4.1-1　单位设置

（2）在弹出的"单位设置"对话框中，将"显示单位比例"设定为"公制毫米"，然后点击"系统单位设置"，如图 5.4.1-2 所示。

（3）在"系统单位设置"对话框中设置"系统单位比例"为"英尺"，两次确定，完成项目文件的系统单位设置，保存文件名为"深圳某售楼处项目"，不要关闭当前项目文件，如图 5.4.1-3 所示。

图 5.4.1-2　设置公制单位

图 5.4.1-3　设置公制比例

5.4.2 导出 Revit 项目文件

(1) 在 Revit 软件中打开"深圳某售楼处项目"项目文件，在"项目浏览器"下，双击打开"三维视图 1"，如图 5.4.2-1 所示。

图 5.4.2-1　三维视图 1

(2) 在 菜单栏下，选择"Suite 工作流"菜单下的"3ds Max Design 室内渲染"，如图 5.4.2-2 所示。

图 5.4.2-2　导出工作流

(3) 在弹出的"3ds Max Design 室内渲染"对话框中，点击"设置"按钮，如图 5.4.2-3 所示。

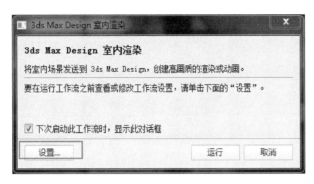

图 5.4.2-3　设置

(4) 在弹出的"工作流设置编辑器"对话框中，在"合并实体"列表中选择"不要合并"，然后点击"运行"按钮，如图 5.4.2-4 所示。

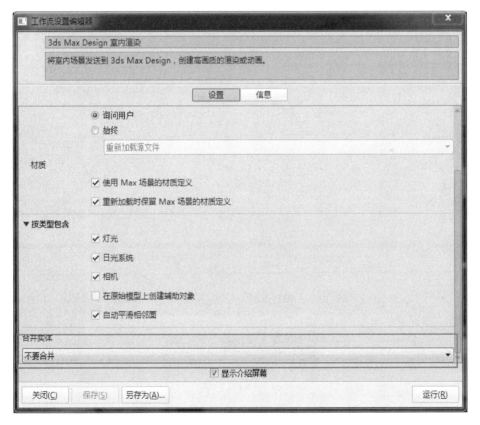

图 5.4.2-4　工作流设置编辑器

(5) 在弹出的"3ds Max Design 室内渲染"对话框中，在"选择一个目标以链接您的设计"列表中选择"现有 3ds Max 场景"，然后点击 按钮，如图 5.4.2-5 所示。

(6) 在弹出的"选择目标 3ds Max 场景"对话框中，选择"深圳某售楼处项目.max"

图 5.4.2-5　现有 3ds Max 场景

文件，然后点击"打开"按钮，如图 5.4.2-6 所示。

图 5.4.2-6　选择目标场景

（7）回到"3ds Max Design 室内渲染"对话框，点击"继续"按钮，如图 5.4.2-7 所示。

图 5.4.2-7　点击继续

（8）等待中，在 3ds Max Design 软件中完成"深圳某售楼处项目.max"文件的导入，接下来我们就可以在 3ds Max Design 软件中进行效果图渲染的各项设置，如图 5.4.2-8 所示。

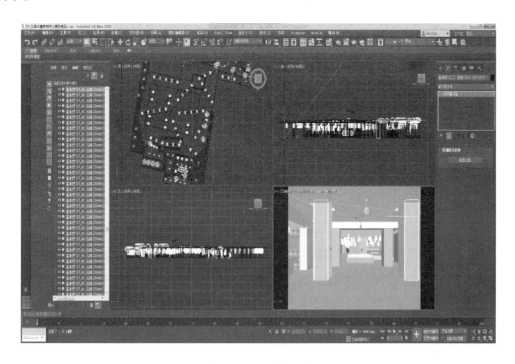

图 5.4.2-8　进行渲染

第5章 可视化应用

课 后 习 题

一、单项选择题

在设置室内漫游场景时,视图远处内容表达不完整,应怎样调整参数?(　　)

A. 属性→远剪裁偏移 B. 属性→漫游帧

C. 属性→视点高度   D. 属性→目标高度

二、多项选择题

设置项目的位置、气候和场地可以使用哪几个命令?(　　)

A. 管理→项目信息   B. 管理→坐标

C. 管理→位置   D. 管理→地点

三、判断题

1. Revit 模型输出 3ds Max 时,应选择 Suite 工作流菜单下的"3ds Max Design 室内渲染"命令。(　　)

2. 正北,必须正确设置,才能获得准确的阳光。(　　)

3. 在渲染测试阶段,整体画面出现过亮情况,可以通过调整曝光值数值来控制。(　　)

参考答案

一、单项选择题

A

二、多项选择题

A、D

三、判断题

1. √　　2. √　　3. √

第 6 章 装饰施工图应用

本章导读

本章以深圳某售楼处装饰 BIM 模型为基础来详细介绍了 BIM 施工图应用的工作流程，其中包括视图创建与视图组织管理、出图视图设计（平立剖面等视图创建）、视图参数在出图中的应用、视图样板设置及管理、出图及图纸视图方向调整、明细表统计应用以及最后 Revit 图纸打印导出。通过本章学习，应掌握 BIM 施工图应用的基本知识。

本章学习目标

通过本章装饰施工图应用的学习，需掌握以下技能：
(1) Revit 施工图的创建流程；
(2) 创建视图及图纸；
(3) 材质标注、尺寸标注、文字标注表现方式；
(4) 装饰施工图系列包含的图纸种类；
(5) 图纸输出及打印。

第 6 章 装饰施工图应用

6.1 Revit 装饰施工图应用概述

Revit 中的模型图元与设计信息数据一体化，为施工图设计的高效工作提供了基础。建筑装饰设计工作本身是一个迭代的过程，从方案到最终作品建成会经历无数次的变动修改。快速的响应阶段性变化是每个项目不可少的。设计信息数据一体化不光使这些修改变得轻松。避免了以往在 CAD 绘图中，临出图发现某个地方出错而需要修改很多张平、立、剖面时，花费大量时间来修改而不能按时出图，在 Revit 中只需要修改某一张图中的错误即可，大大提高了效率。

通过 Revit 可以形成的施工图体系包含：封面、目录、装饰物料表以及平面图、立面图、剖面图系列。

主要介绍有关施工图输出的相关软件位置。

1. 图纸目录

图纸目录创建位置在 Revit 中的"视图"选项卡中的"明细表"下拉菜单中的"图纸列表"命令，生成后可以在"项目浏览器"下的"明细表/数量"中显示（图 6.1-1、图 6.1-2）。

图 6.1-1 提取图纸目录

2. 图纸

图纸创建位置在 Revit 中的"项目浏览器"下的"图纸（全部）"中显示（图 6.1-3）。

3. 图例

图纸目录创建位置在 Revit 中的"视图"选项卡中的"图例"下拉菜单中的"图例"命令（图 6.1-4）。

6.2 创建 Revit 施工图一般流程

图 6.1-2　图纸目录生成位置　　　　图 6.1-3　生成图纸位置

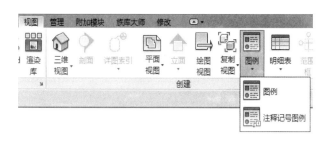

图 6.1-4　制作图例

6.2　创建 Revit 施工图一般流程

创建 Revit 施工图一般流程如图 6.2-1 所示，生成视图如图 6.2-2 所示。

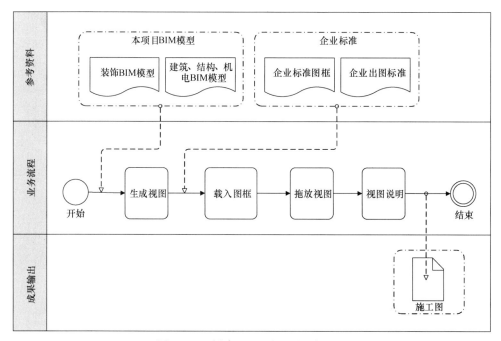

图 6.2-1　创建 Revit 施工图一般流程

第 6 章　装饰施工图应用

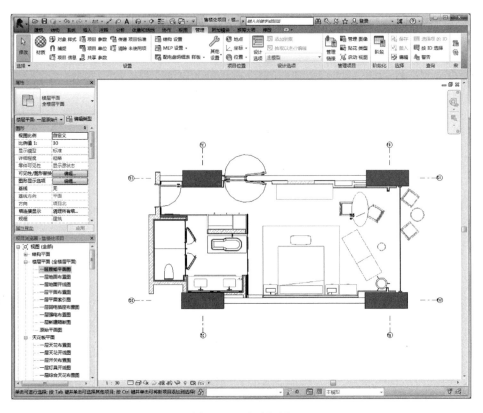

图 6.2-2　生成视图

接下来就是创建图纸,将调整好的视图拖入到图纸中(图 6.2-3、图 6.2-4)。

图 6.2-3　载入图框

6.2 创建 Revit 施工图一般流程

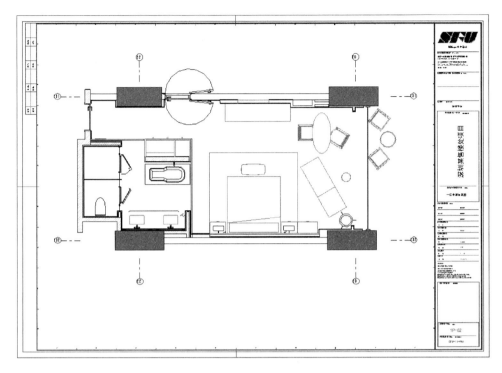

图 6.2-4 拖放视图

然后点击进视图调整比例,依次进行图面说明:文字说明和尺寸标注(图 6.2-5)。

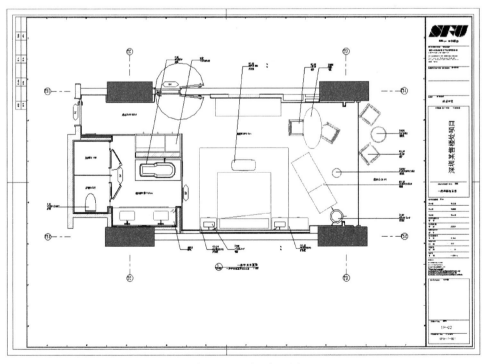

图 6.2-5 平面布置图

283

6.3 Revit装饰施工图应用内容详解

6.3.1 出图准备工作

BIM出图是在装饰BIM建模、BIM构件信息录入完成后展开的工作。提取制作的企业标题栏、注释族、标记族，系统自带的或构件资源库中已有且符合标准的，可直接用。根据《企业BIM出图标准》，调整好注释字体、文本字体、注释符号、标记符号、线宽/视图样板等基础参数。

1. 注释字体

《房屋建筑制图统一标准》（GB/T 50001—2017）等规范对文字有相应的规定。在Revit中，为实现与二维制图统一，方便后期出图等设计的需求，对文字字体、字高、宽度系数等参数进行相应设置。

（1）系统族文字设置

注释文字属于系统族，注释文字的修改和创建需要在项目中进行，通过新建、重命名等方式进行文字的自定义设置。

单击"注释"选项卡→"文字"，如图6.3.1-1所示。

图6.3.1-1 "文字"选项

单击文字属性对话框中的"编辑类型"，如图6.3.1-2所示。

通过复制现有类型，新建的文字类型命名为××项目_3.5_仿宋_0.7，如图6.3.1-3所示。

图6.3.1-2 "编辑类型"选项

图6.3.1-3 新建文字类型命名

新建文字类型属性参数设置，如图 6.3.1-4 所示。

依据企业出图标准，设置好的项目样板文字列表，如图 6.3.1-5 所示。

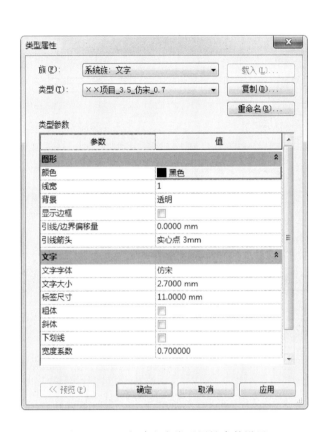

图 6.3.1-4　新建文字类型属性参数设置　　　　图 6.3.1-5　文字列表

（2）尺寸标注族文字设置

Revit 提供了对齐、线性、角度、半径、弧长等不同形式的尺寸标注，所有的尺寸标注族都属于系统族，以线性尺寸标注为例，编辑其文字需要在尺寸标注族类型属性中进行，单击"注释"选项卡→"对齐"，选择需要的尺寸标注样式，单击属性对话框中的"编辑类型"，打开类型属性对话框，对字体、字高、宽度系数等进行设置（图 6.3.1-6～图 6.3.1-8）。

图 6.3.1-6　"对齐"选项

图 6.3.1-7 "属性"对话框　　　　图 6.3.1-8 "类型属性"对话框

可根据项目实际需要，对尺寸标注文字字体、字高、宽度系数等进行设置；其他形式尺寸标注样式族文字设置方法与线性标注族文字设置方法类同。

（3）自定义族文字设置

Revit 中，经常涉及自定义族，且自定义族中常包含文字，为了满足项目的表现需要，可对自定义族文字进行设置。自定义族文字用于出图时，需要对族编辑环境中对自定义族文字的类型属性进行设定，以实心指北针符号为例，需要设置"N"的字体（图6.3.1-9）。

图 6.3.1-9　实心指北针（1）

选中指北针符号族，单击"修改"选项卡中的"编辑族"进入族环境（图 6.3.1-10）。

单击选择文字"N"，在"属性"对话框中单击"编辑类型"，进入"类型属性"对话框，根据项目规定文字，编辑该文字类型属性（图 6.3.1-11）。

注：其他自定义族文字设置方法与指北针符号族文字设置相同。

2. 线型

依据企业出图标准定制符合出图要求的线型，建议依据软件线型与企业标准进行匹配，减少定制（图 6.3.1-12）。

6.3 Revit装饰施工图应用内容详解

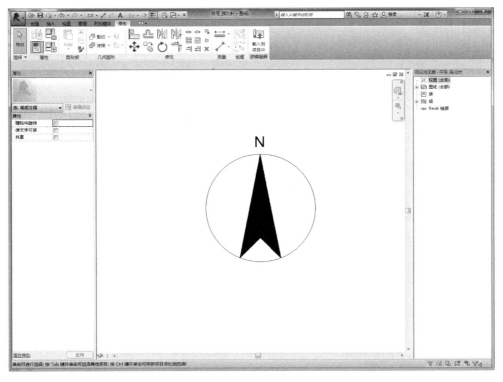

图 6.3.1-10 实心指北针（2）

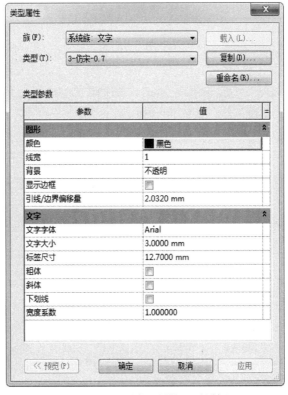

图 6.3.1-11 "类型属性"对话框

287

第6章 装饰施工图应用

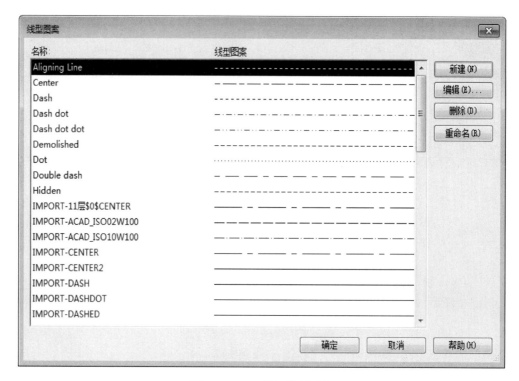

图 6.3.1-12　设置线型图案

3. 线宽

在"设置"菜单的"对象样式"里面，设置平面显示和剖面显示时对象的线宽、线型和颜色，结合《建筑制图标准》GB/T 50104—2010，制定符合企业CAD绘图标准的线宽组。图线的宽度 b 宜从 1.4mm、1mm、0.7mm、0.35mm、0.25mm、0.18mm、0.13mm 线宽系列中选取，图线宽度不应小于 0.1mm，每个图样应根据复杂程度与比例大小，先选定基本线宽 b，再选用表 6.3.1-1 中对应的线宽组（图 6.3.1-13）。

表 6.3.1-1

线宽比	线宽组			
	1.4	1.0	0.7	0.5
$0.7b$	1	0.7	0.5	0.35
$0.5b$	0.7	0.5	0.35	0.25
$0.25b$	0.35	0.25	0.18	0.13

4. 添加共享参数

软件本身无针对具体某专业需求的信息参数，通过共享参数可以添加任何企业需要的参数信息，并且能被明细表统计。在出图前要添加共享参数，选择管理下的项目信息命令，在项目属性中添加信息，具体操作详见第 4 章 4.6 节详细介绍（图 6.3.1-14、图 6.3.1-15）。

6.3 Revit 装饰施工图应用内容详解

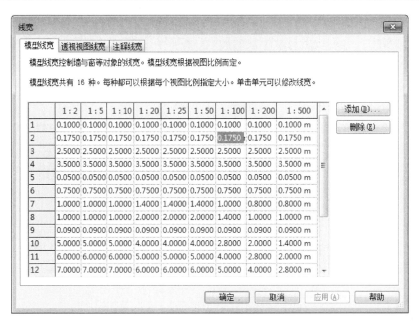

图 6.3.1-13 线宽设置

图 6.3.1-14 共享参数

图 6.3.1-15 项目属性修改

5. 尺寸标注类型定制

在项目样板中，合理设置尺寸标注的属性，便于在进行尺寸标注时方便快捷地选择统一的标注样式。

对于"对齐尺寸标注"和"线性尺寸标注"，只需要设置其中的一种，另一种在标注时即可选择设置好的标注样式。

单击"注释"选项卡→"对齐"，单击"属性"对话框中的"编辑类型"，打开"类型属性"对话框，通过设置类型属性中的参数，来设置对齐标注的外观样式（图6.3.1-16、图6.3.1-17）。

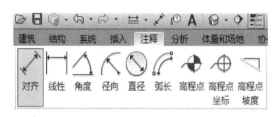

图6.3.1-16　"注释"选项卡

图6.3.1-17　"对齐尺寸标注样式"类型属性

在类型属性中，主要参数表示的意义如图6.3.1-18所示。

6.3 Revit装饰施工图应用内容详解

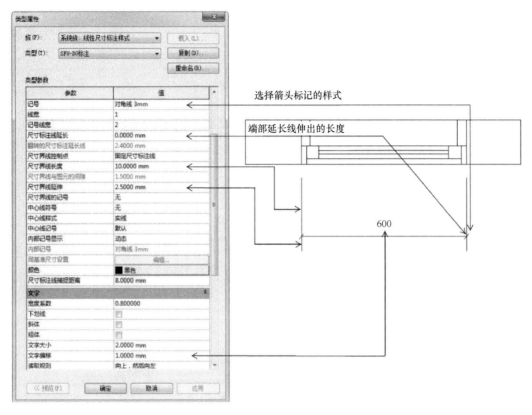

图 6.3.1-18 主要参数表示意义

(1)"尺寸界线控制点"的设置

"尺寸界线控制点"有两种方式:"图元间隙"和"固定尺寸标注",当选择"固定尺寸标注"时,可设置"尺寸界线长度";当选择"图元间隙"时,尺寸界线长度不可设置为固定值。选择"图元间隙"时,尺寸界线与标注图元关系紧密,通常在施工图中应用该样式;选择"固定尺寸标注线"时,尺寸界线长度统一,外观整齐,能减少尺寸界线对图元的干扰,通常用于方案设计中仅标注轴网及大构建的尺寸。

(2)标注的对象存在中心线时的设置

当标注的对象存在中心线(如系统族中的墙体),并且标注了中心线时,"中心线符号"参数可以选择项目文件中载入的注释符号族,在中心线处尺寸界线的外侧添加相应的注释符号;"中心线样式"参数可单独设置中心线处尺寸界线的线样式;"中心线符号"参数可单独设置中心线处箭头标记样式。

(3)"尺寸标注线捕捉距离"值的设置

当标注多行尺寸时,后标注的尺寸可以自动捕捉与先标注的尺寸之间的距离为设定值,用以控制各行尺寸间的间距相同。当后标注的尺寸拖动至距离先标注尺寸上或下为设定距离值,出现定位线。

(4)尺寸标注起止符号的设置

尺寸标注根据尺寸起止符号的长度,可设置为不同的类型。Revit软件中自带的项目样板,尺寸标注的记号类型,默认斜短线的类型只有"对角线 3mm",根据CAD中的尺寸标注样式，尺寸起止符号长度为1.414mm，尺寸标注记号类型中没有"对角线1.414mm"，需要在软件中添加，具体操作方法为：单击选项卡"管理"→"其他设置"→"箭头"（图6.3.1-19、图6.3.1-20）。

图6.3.1-19 "类型属性"对话框

在打开的箭头属性对话框中，选择类型为"对角线3mm"，通过"复制"命令，新建"对角线1.414mm"，修改"记号尺寸"为"1.414mm"。可用同样的方法，设置其他类型的箭头。设置完成记号"对角线1.414mm"后，即可在新建尺寸标注样式中，选择该记号（图6.3.1-21、图6.3.1-22）。

根据《房屋建筑制图统一标准》（GB/T 50001—2017）：图样上的尺寸，尺寸界线应用细实线绘制，尺寸起止符号一般用中粗斜短线绘制，其倾斜方向应与尺寸界线成顺时针45°角，长度宜为2～3mm；尺寸界线一端应离开图样轮廓不小于2mm，另一端宜超出尺寸线2～3mm；平行排列的尺寸线的间距，宜为7～10mm，并应保持一致。

在项目样板中，新建尺寸标注样式，"记号"设置为"对角线1.414mm"，"尺寸标注线延长"设置为"0mm"，"尺寸界线延伸展"设置为"2.5mm"，"尺寸标注线捕捉距离"即为平行排列的尺寸线的间距，设置为"8mm"。

角度尺寸、径向尺寸、直径尺寸、弧长尺寸标注设置参照对齐、线性尺寸标注设置。

6.3 Revit装饰施工图应用内容详解

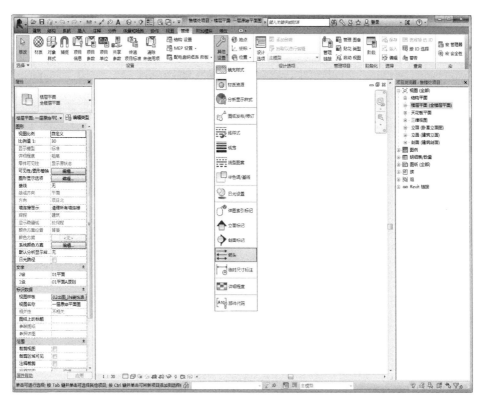

图 6.3.1-20 "其他设置"选项

图 6.3.1-21 "箭头"选项

293

第6章 装饰施工图应用

图 6.3.1-22　修改"记号尺寸"

6.3.2　图纸创建

图纸创建有两种方法：方法一是在"项目浏览器"中"右键"，选择"新建图纸"；方法二是"视图"—"图纸组合"—图纸（详见 6.4.1 节内容）。

方法一："项目浏览器"中"右键"，选择"新建图纸"，新建图纸中选择标题栏载入公司已有的图框。

点击确定后会出现空白图纸，在图纸右侧信息栏中输入基本信息，信息添加在属性中添加，图纸创建完成（图 6.3.2-1～图 6.3.2-3）。

图 6.3.2-1　新建图纸（1）

6.3 Revit装饰施工图应用内容详解

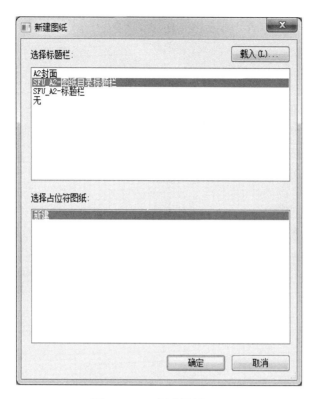

图 6.3.2-2 新建图纸（2）

图 6.3.2-3 载入图框族

第 6 章 装饰施工图应用

在新建图纸面板点击确定，在项目浏览器中生成图纸。

6.3.3 创建出图视图

1. 视图创建

在 Revit 模型搭建完成后，根据需要创建多个视图来满足图纸体系的要求，例如：平面图中包含原始平面图、墙体拆除图、新建隔断图、平面布置图、地面布置图、顶面布置图等多张平面图纸，所以我们应在对应的平面下创建多张视图来表现图纸体系。选择需要复制的视图，选择带细节复制（图 6.3.3-1、图 6.3.3-2）。

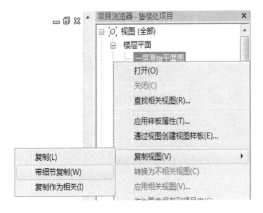
图 6.3.3-1　复制视图

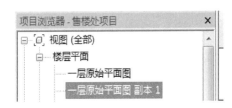
图 6.3.3-2　新视图

注：在项目浏览器中复制视图的方式有三种，分别是"复制"、"带细节复制"、"复制作为相关"。平面视图和立面视图有"复制作为相关"的选项，而三维视图则没有此选项。第一种"复制"只能复制项目的三维模型文件，而二维标注等注释信息无法进行复制。第二种"带细节复制"可以将项目的三维模型文件和二维标注等注释信息同时复制到"子"视图当中。第三种"复制作为相关"会将项目的模型文件和二维标注复制到"子"视图当中，新复制出来的"子"视图会显示裁剪区域和注释裁剪。在"子"视图中任意添加和修改二维标注，"父"视图也会随着一起改变。三种复制方式中，修改实体模型时，视图都会同时改变。但是只有"复制作为相关"这种复制方式，当在"子"视图中添加二维注释后，"父"视图中也会同步添加。

通常在项目中，我们需要复制出很多的视图来进行模型创建、演示或者出图等，由于"复制作为相关"会使复制出来的视图与原来的视图的视图可见性完全一致，不方便我们对各个视图进行图元的指定显示，因此建议大家不要采用"复制作为相关"，其他两种均可，且复制出来的视图采用不同的视图类型归类。

2. 视图管理

Revit 的视图除了在三维上的查看外，还包括楼层平面视图、天花板视图、立面视图、剖面视图、详图视图和明细表等，我们在视图平面创建完相应的视图后，对其进行管理以便于协助用户更好地进行设计检讨和后期的成果输出。

视图的组织与分类其实就是对已有的视图进行系统的划分与管理，对各个视图的内容进行明确表示，以方便后期工作。

在项目设计过程中，同一视图常常需要复制出多个来应对不同的使用目的。当各视图的规程或子规程不同时，我们可以根据规程或子规程的不同，使其在项目浏览器中分别成组显示。

但如果各视图的各参数相同,那么就只有通过视图名称来区分它们的用途(图 6.3.3-3)。

图 6.3.3-3　视图重命名

除了可以利用视图名称来区分用途,利用视图类型,首先,我们可以选中其中的某视图。然后点击属性面板中的"编辑类型"按钮,打开类型属性对话框。在类型属性对话框中,我们可以单击"复制"按钮,复制一个新的类型出来,名字根据视图用途来定义。我们就可以将不同用途的视图区分开,便于管理和查找。这种分类方式并不只限于平面视图,剖面、三维视图、绘图视图、图例和明细表等都适用(图 6.3.3-4、图 6.3.3-5)。

图 6.3.3-4　视图分类

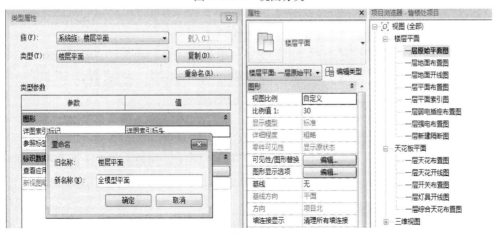

图 6.3.3-5　视图类型重命名

297

3. 视图设置

（1）视图范围

视图主要范围，也即可见范围。该范围由顶部平面、剖切面、底部平面三部分组成。顶部平面和底部平面用于控制视图范围最顶部和底部位置，剖切面是确定剖切高度的平面。

视图深度是视图主要范围外的附加平面，可以设置视图深度的标高，以显示位于底裁剪平面之下的图元，默认情况下该标高与底部重合。视图主要范围的底不能超过视图深度设置范围（图6.3.3-6）。

图 6.3.3-6　视图范围

（2）视图样板

视图样板是一系列视图属性，例如：视图比例、规程、详细程度以及可见性设置。使用视图样板为视图设置应用标准。使用视图样板可以帮助确保遵守公司标准，并实现施工图文档集的一致性。

创建视图样板：

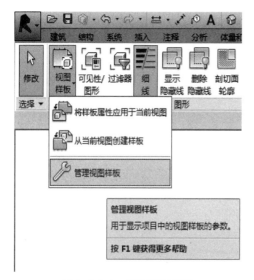

图 6.3.3-7　提取视图样板

可通过复制现有的视图样板，并进行必要的修改来创建新的视图样板。也可以从项目视图或直接从"图形显示选项"对话框中创建视图样板。

单击"视图"选项卡"图形"面板"视图样板"下拉列表"管理视图样板"，如图6.3.3-7所示。

在"视图样板"对话框中的"视图样板"下，使用"规程"过滤器和"视图类型"过滤器限制视图样板列表。每个视图类型的样板都包含一组不同的视图属性（图6.3.3-8）。

选择 V/G 替换模型，选择在该视图样板上需要出现的模型类别、注释类别和 Revit 链接。视图样板制作完成。在设置视图时，在属

6.3 Revit装饰施工图应用内容详解

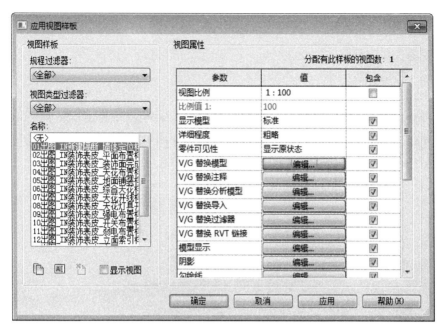

图 6.3.3-8 视图样板

性中选择对应的视图样板即可。

模型类别指的是你所建立的构件。比如，你在建立装饰模型时不想让某一种构件显示出来，你就可以在这里去掉对应构件的勾。确定后，相应的构件在视图中就无法显示了。我们还可以在这里更改模型中构件的显示方式（图 6.3.3-9）。

图 6.3.3-9 模型类别

299

6.3.4 图面说明

图面说明工作基于视图生成图纸后,提取模型信息进行对图面需要表达的内容进行文字、尺寸标注等的说明工作。

1. 尺寸标注添加

对齐尺寸标注为 Revit 视图专有图元,仅在其放置的视图中显示(平面或剖面视图),对齐尺寸标注用于注释两个或两个以上的平行参照或两个以上的点参照之间的距离。按 Tab 键可以在图元不同参照之间进行切换(图 6.3.4-1、图 6.3.4-2)。

图 6.3.4-1　对齐尺寸标注

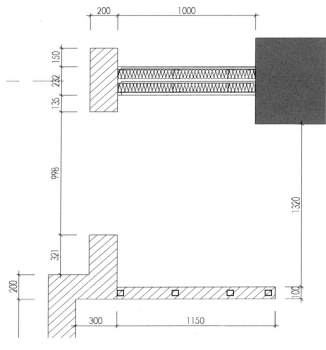

图 6.3.4-2　局部尺寸标注

2. 文字说明

当在图纸中的施工设计说明中需要大量文字来描述时,可以在图面上添加文字说明,选择"注释"下面的"文字"命令,在格式中可以选择文字说明的格式,在需要特殊说明的地方点一下,输入文字,点击空白处即可,可以根据需要移动位置以及旋转(图 6.3.4-3)。

6.3 Revit装饰施工图应用内容详解

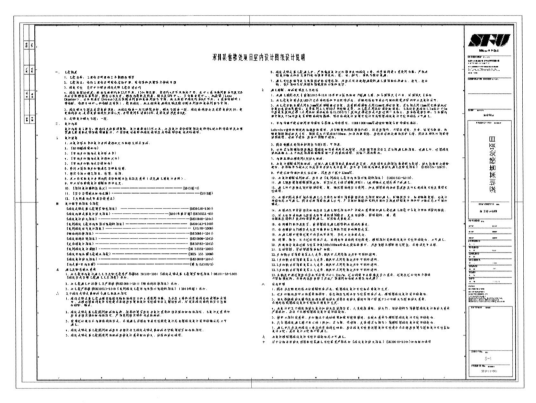

图 6.3.4-3 施工设计说明

文字标注类型根据视图中具体类型进行标注,如图 6.3.4-4 所示。

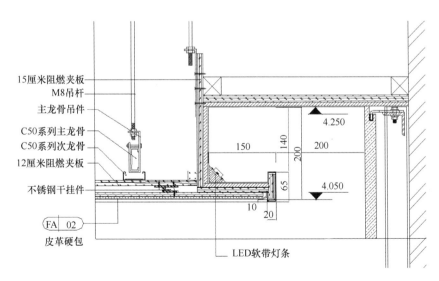

图 6.3.4-4 标注形式

6.4 创建装饰施工图系列

6.4.1 平面图系列

装饰平面图中包含原始平面图、新建隔断图、平面布置图、天花布置图、地面布置图、综合天花图、天花开线图、灯具开线图、开关开线图、地面开线图、强弱电布置图以及平面索引图。

下面以天花布置图为例,学习如何创建新的图纸,打开售楼处项目模型。

选择"视图"→"图纸组合"→"图纸",点"载入"载入公司图框,如图 6.4.1-1、图 6.4.1-2 所示。

选择"SFU A2-标题栏",然后点击"确定",新创建的图纸位于项目浏览器下的"图纸(全部)",如图 6.4.1-3 所示。

选择图框标题栏,在属性面板添加标题栏内容信息,依次修改本项目各相关人员名单,如图 6.4.1-4 所示。

选择天花布置视图,将其拖入到新建图纸中(图 6.4.1-5),会出现一个框,表示当前天花布置视图的范围,在这个例子中,我们使用的图纸尺寸较大,所以需要调整视图比例大小。

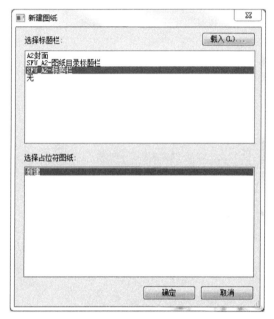

图 6.4.1-1　新建图纸

图 6.4.1-2　载入图框

6.4 创建装饰施工图系列

图 6.4.1-3 初始标题栏视图

图 6.4.1-4 图纸标题栏

第 6 章　装饰施工图应用

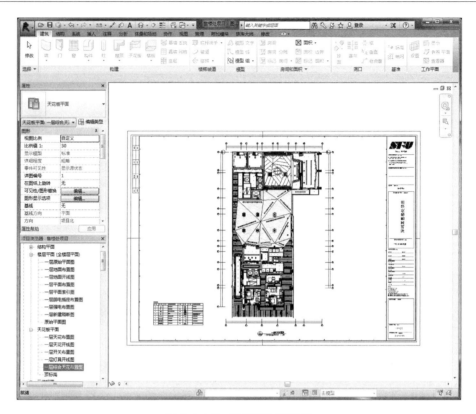

图 6.4.1-5　视图添加到图纸

左右移动光标，直到框的位置如图 6.4.1-6 所示。

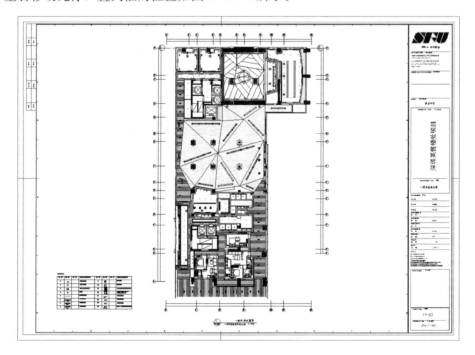

图 6.4.1-6　图纸布图

6.4 创建装饰施工图系列

修改视图样板参数，将天花布置图中应该出现的模型图元保留，不该出现模型图元的取消勾选，这样天花布置图的视图样板设置完成（图 6.4.1-7）。

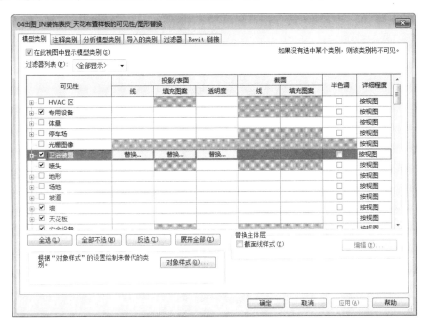

图 6.4.1-7 视图样板设置

图面说明添加，标注尺寸、材质、标高以及文字补充说明等。选择注释里的材质标记，把鼠标放在需要标注的材质平面上，就会自动提取该平面的材质信息，放置到合适位置（图 6.4.1-8）。

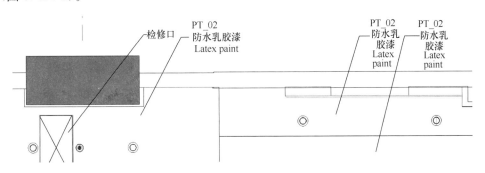

图 6.4.1-8 文字标注

选择注释里的高程点命令，选择需要提取标高的平面，标注该吊顶完成面（图 6.4.1-9）。

在标注完成以后，添加图例，填写图框信息，天花布置图完成（图 6.4.1-10）。

依据以上设置完成其他平面图系列的设定，形成本项目的平面图纸系列。

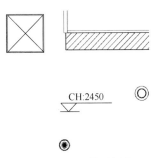

图 6.4.1-9 吊顶标高

第6章 装饰施工图应用

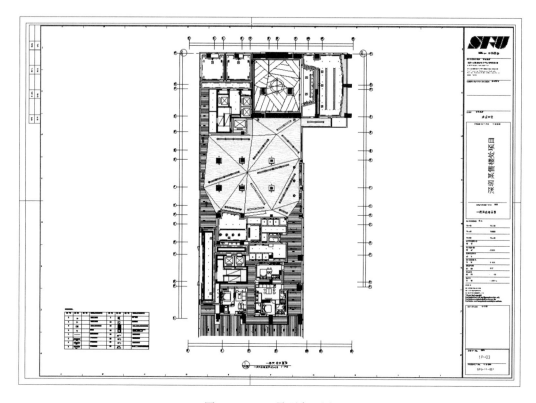

图 6.4.1-10　吊顶布置图

6.4.2　立面图系列

立面图视图平面索引视图中生成，打开平面索引视图，单击视图选项卡立面面板，会有立面索引符号，将索引符号放置在视图需要生成立面的位置（图 6.4.2-1）。

鼠标放在立面符号上不要点击，点击"Tab"键，选择其他三个立面（图 6.4.2-2）。

图 6.4.2-1　创建立面　　　　　　　　图 6.4.2-2　立面符号

根据需要勾选索引符号，然后点击索引符号调整立面范围，调整完成后双击索引符号进入该立面视图（图 6.4.2-3）。

6.4 创建装饰施工图系列

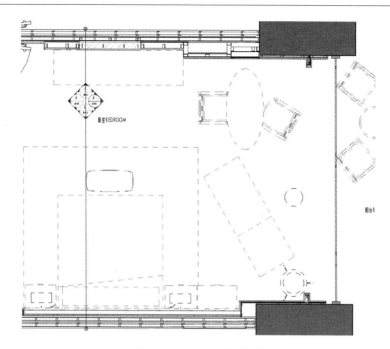

图 6.4.2-3 立面范围调整

双击立面符号进入该立面,调整立面范围(图 6.4.2-4)。

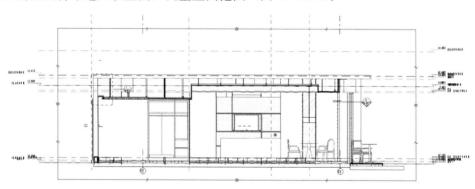

图 6.4.2-4 立面范围调整

新建立面图纸,将立面视图拖入图纸,调整比例大小,修改项目样板(图 6.4.2-5)。

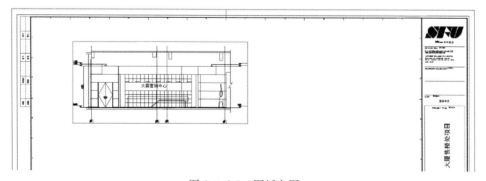

图 6.4.2-5 图纸布图

图面说明添加，选择注释里的材质标记，把鼠标放在需要标注的材质平面上，就会自动提取该平面的材质信息，放置到合适位置（图6.4.2-6）。

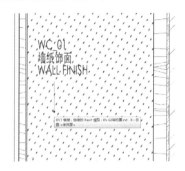

图6.4.2-6　文字标注

选择修改里的对齐尺寸标记命令，进行尺寸标记（图6.4.2-7、图6.4.2-8）。

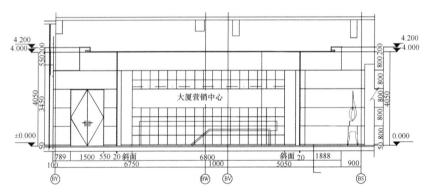

图6.4.2-7　尺寸标注

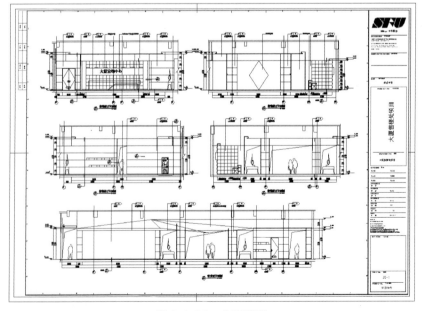

图6.4.2-8　立面图纸

依据以上操作步骤完成其他立面图系列的设定，形成本项目的立面图纸系列。

6.4.3 详图节点系列

在 Revit 中利用对装饰模型进行剖切便可以得到详细的节点图，我们以新建隔断墙节点为例，选择视图中的剖面选项（图 6.4.3-1）。

在墙面立面视图中拉一个剖面框，调节剖面框的范围（图 6.4.3-2）。

图 6.4.3-1 创建剖面

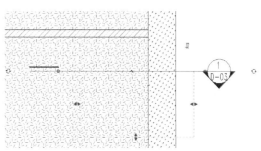

图 6.4.3-2 剖面范围调整

进入新创建的节点视图中，视图的范围较大，可以调节，将视图范围调到需要的大小（图 6.4.3-3）。

新建图纸，将其拖入图纸中，调整比例。图面说明标注，文字标注选择注释里的材质标记，把鼠标放在需要标注的材质平面上，就会自动提取该平面的材质信息，放置到合适位置（图 6.4.3-4）。

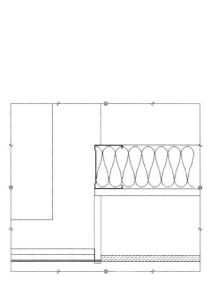

图 6.4.3-3 剖面视图调整

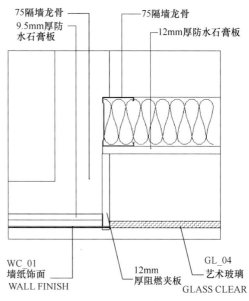

图 6.4.3-4 文字标注

选择修改里的对齐尺寸标记命令，进行尺寸标记（图 6.4.3-5）。

各种注释标注完成后，节点图完成。其他节点图依照此流程设置（图 6.4.3-6、图 6.4.3-7）。

第 6 章　装饰施工图应用

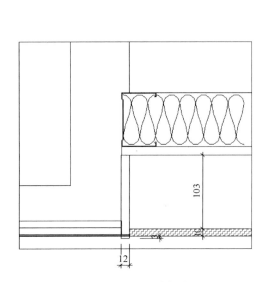

图 6.4.3-5　尺寸标注

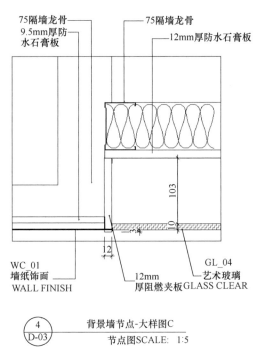

图 6.4.3-6　大样图

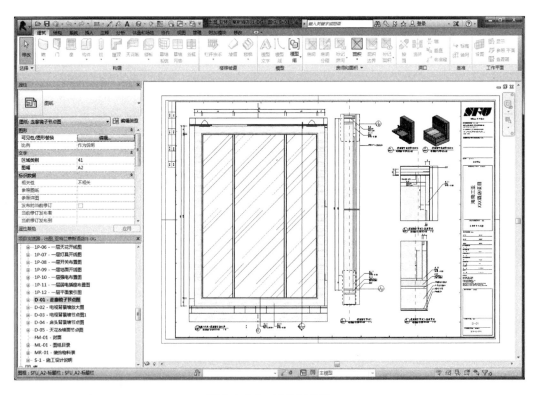

图 6.4.3-7　节点图系列

6.4 创建装饰施工图系列

依据上面操作,完成本项目的节点图系列。

6.4.4 前图部分

1. 封面

选择"视图"→"图纸",Revit 会提示你使用的标题栏。

点击"载入",选择制作的企业封面标题栏。

选择"SFU A2-标题栏",然后点击确定,新创建的图纸位于项目浏览器下的"图纸(全部)"。

新建图纸封面后,在属性栏中添加公司 LOGO、公司名称、项目名称、施工图类型以及时间(图 6.4.4-1~图 6.4.4-3)。

图 6.4.4-1 新建封面图纸

图 6.4.4-2 图纸封面

图 6.4.4-3 属性栏添加信息

2. 图纸目录

打开售楼处项目,选择"视图"→"明细表"→"图纸列表",如图 6.4.4-4 所示。

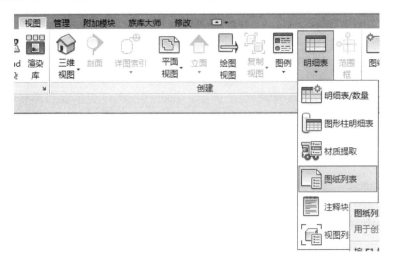

图 6.4.4-4　提取图纸列表

在图纸列表属性中选择需要提取明细表字段,如图 6.4.4-5、图 6.4.4-6 所示。

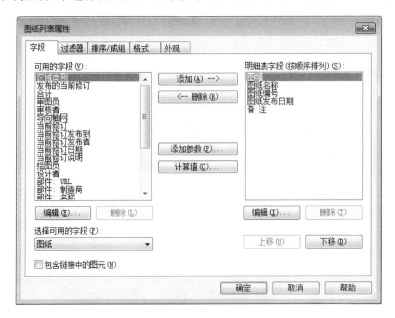

图 6.4.4-5　图纸列表属性

新建空白图纸,然后选择"视图"的"明细表"下拉菜单中的"图纸列表"命令,如图 6.4.4-7 所示。

打开新建图纸,将已经提取好的明细表拖入到图纸中去。明细表过长可以选择拆分明信表,点击明细表,在明细表中间会出现一个拆分符号,点击拆分符号将明细表拆分(图 6.4.4-8)。

6.4 创建装饰施工图系列

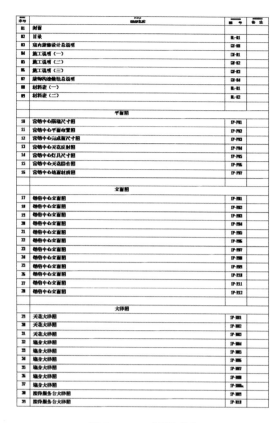

图 6.4.4-6 图纸列表

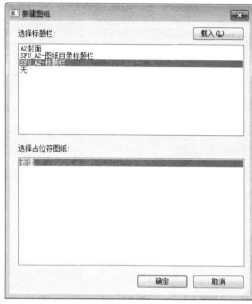

图 6.4.4-7 新建图纸

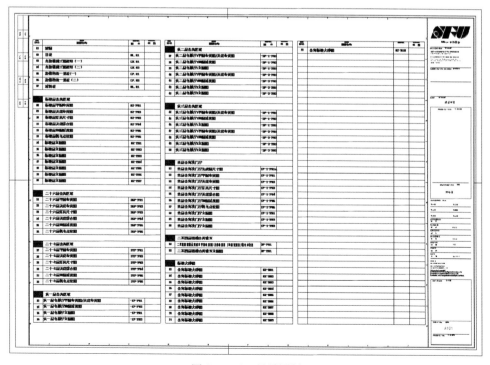

图 6.4.4-8 目录图纸

3. 装饰物料表

打开售楼处项目，选择"视图"→"明细表"→"明细表/数量"命令，如图 6.4.4-9 所示。

选择需要提取的材质类型，在图纸列表属性中选择需要提取明细表字段，如图 6.4.4-10、图 6.4.4-11 所示。

图 6.4.4-9　提取明细表

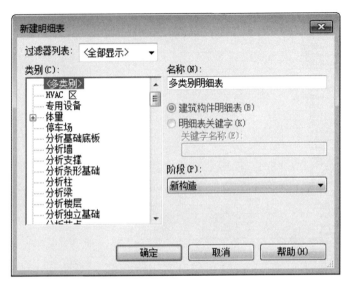

图 6.4.4-10　类别选择

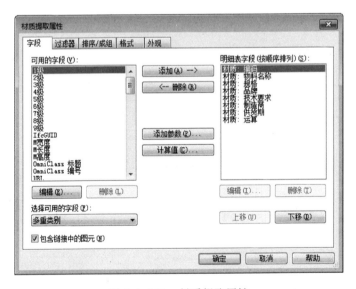

图 6.4.4-11　材质提取属性

设置过滤器条件，创建限制明细表中的数据显示的过滤器。最多可以创建四个过滤器，且所有过滤器都必须满足数据显示的条件。可以使用明细表字段的许多类型来创建过滤器：包括文字、编码、整数、长度、面积、体积、楼层和关键字明细表参数。不支持过滤的明细表字段：族、类型、族和类型、面积类型（在面积明细表中）、材质参数（图

6.4 创建装饰施工图系列

6.4.4-12)。

图 6.4.4-12 属性过滤器

设置排序方式，勾选总数，选择合计与总数，勾选逐项列举每个实例后导出的明细表中是以每个实例显示，不勾选导出的明细表将各种字段类型相同的实例合并为一条，便于查阅。

总计下拉选项中包含四项：标题、合计和总数，标题显示页眉信息，合计显示组中图元的数量，标题和合计对齐显示在组的下方。总数在列的下方显示其小计，小计之和为总计，具有小计的列的范例有成本和合计，可以使用格式选项卡添加这些列。

标题和总数：显示标题和小计信息/合计和总数，显示合计值和小计/仅总数，仅显示可求和的列的小计信息（图 6.4.4-13）。

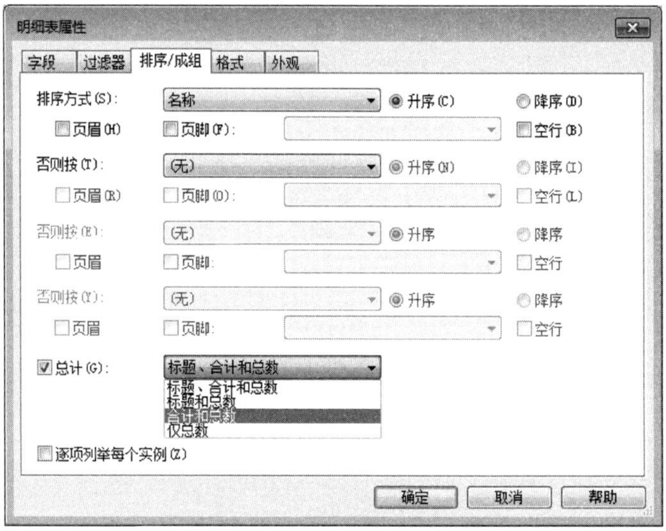

图 6.4.4-13 属性排序/成组

设计格式，设定各个字段的显示输出格式，注意标题可以与字段名不同，勾选计算总数，可以进行列统计（图 6.4.4-14）。

图 6.4.4-14　属性格式

网格线、轮廓线设置，设置标题文字，如图 6.4.4-15 所示。

图 6.4.4-15　明细表外观定制

点击确定生成相应的表格，如图 6.4.4-16 所示。
打开新建图纸，将已经提取好的明细表拖入到图纸中去（图 6.4.4-17）。

6.4 创建装饰施工图系列

深圳某售楼处项目装饰物料表						
编码	物料名称	规格	品牌	技术要求	制造商	供货期
CT_01	仿灰色石材瓷砖	12厚	国产	符合国家技术要求	国产	15天
CT_02	浅灰色石材瓷砖	12厚	国产	符合国家技术要求	国产	15天
GL_02	镜子	6mm	国产	符合国家技术要求	国产	15天
GL_04	艺术玻璃	10mm	国产	符合国家技术要求	国产	15天
MT_01	金属饰面	1.5mm	国产	符合国家技术要求	国产	15天
PT_02	防水乳胶漆	常规	国产	符合国家技术	国产	15天
ST_01A	云都拉灰大理石	20厚	国产	表面结晶处理，六面防护	国产	15天
ST_01A	石材饰面	20mm	国产	表面结晶处理，六面防护	国产	15天
ST_01C	云都拉灰大理石	20厚	国产	表面结晶处理，六面防护	国产	15天
ST_02	雅士白防水大理石	20厚	国产	表面结晶处理，六面防护	国产	15天
ST_02A	雅士白大理石	20厚	国产	表面结晶处理，六面防护	国产	15天
ST_03	云都拉灰防水大理石	20厚	国产	表面结晶处理，六面防护	国产	15天
ST_03A	拉槽云都拉灰大理石	20厚	国产	表面结晶处理，六面防护	国产	15天
UP_01	硬包饰面	常规	国产	符合国家技术要求	国产	15天
UP_02	软包饰面	常规	国产	符合国家技术要求	国产	15天
WC_01	墙纸饰面	常规	国产	符合国家技术要求	国产	15天
WD_01	木饰面	15mm	国产	符合国家技术要求	国产	15天
WD_02	哑光橡木饰面	20mm	国产	符合国家技术要求	国产	15天

图 6.4.4-16 装饰物料表

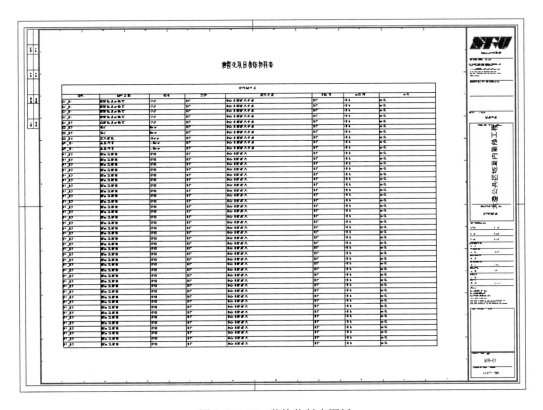

图 6.4.4-17 装饰物料表图纸

6.5 打印导出

6.5.1 打印 PDF

Revit 可以输出整套图纸，也可以选择性打印。

选择"应用菜单"→"打印"。

在"打印范围"区域中，单击"所选视图/图纸"选择的选项，单击"选择"打印区域内按钮（图 6.5.1-1）。

图 6.5.1-1 打印设置

选择需要打印的图纸—所选图纸/图纸—"选择"。

在"视图/图纸集"可以看到所有的试图与图纸，注意在底部，可以同时显示图纸和视图，或者每个单独显示（图 6.5.1-2）。

图 6.5.1-2 选择打印的图纸

取消选中"视图"选项，该列表中只显示图纸。

对"视图/图纸集"中的图纸进行分组，依次命名为：00 前图、01 平面系列、02 立面系列、03 节点系列（图 6.5.1-3）

图 6.5.1-3 图纸集设定

依次选择图纸集，点击"确定"以关闭"视图/图纸集"对话框，设定电子文件保存路径。

依次按照图纸集序列打印项目全套 PDF 图纸。

6.5.2 导出 CAD

1. 导出设置

选择"应用菜单"→"导出"→"CAD 格式"→"DWG"，如图 6.5.2-1 所示。

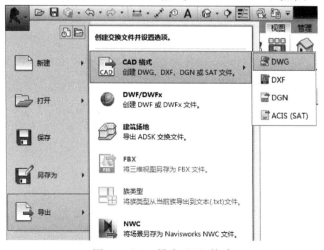

图 6.5.2-1 导出 CAD 格式

2. 导出 DWG 设置

进入 DWG 设置页面，选择导出-"任务中的视图/图纸集"，按列表显示中选择"模型中的图纸"，然后勾选需要导出的图纸（图 6.5.2-2）。

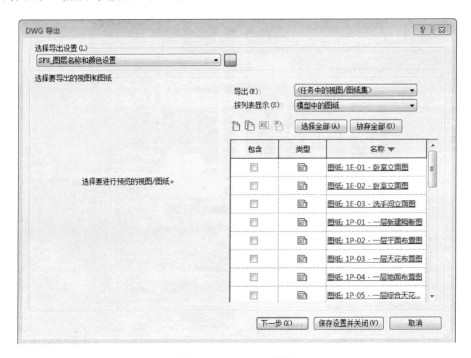

图 6.5.2-2　DWG 设置

依据企业标准修改导出图层名及图层颜色，如图 6.5.2-3 所示。

图 6.5.2-3　修改 DWG/DXF 导出设置

6.5 打 印 导 出

指定导出图纸的路径、文件名称、文件类型,将图纸上的视图和链接作为外部参照导出不要勾选,因为勾选后会将图纸中不该出现的外部参照导出(图 6.5.2-4)。

图 6.5.2-4　导出路径设置

课 后 习 题

一、选择题

1. 在复制视图时可以将项目的三维模型文件和二维标注等注释信息同时复制到"子"视图当中的是哪一项？（ ）

　　A. 复制　　　　　　　　　　　　B. 带细节复制
　　C. 复制作为相关　　　　　　　　D. 复制视图

2. 导出 DWG 时在导出任务中的图纸集中，按以下哪种列表显示？（ ）

　　A. 集中的视图　　　　　　　　　B. 集中的图纸
　　C. 模型中的视图　　　　　　　　D. 模型中的图纸

3. 在创建横剖节点图时，应在哪个视图中添加剖面符号？（ ）

　　A. 立面视图　　　　　　　　　　B. 顶面视图
　　C. 平面视图　　　　　　　　　　D. 所有视图

二、判断题

1. DWF 文件是远远大于 Revit 文件。（ ）
2. 将图纸打印成 PDF 时只显示需要打印的图纸，不需要选中视图。（ ）

参考答案

一、选择题

1. B　2. D　3. D

二、判断题

1. ×　2. √

第 7 章　计量

本章导读

　　利用 Revit 的视图、明细表和配电盘明细表工具可以按指定要求统计并列表显示项目中的各类模型图元数量、材质等信息，生成各种各样的明细表，实现工程量自动计算、统计；还可以通过设置"计算值"功能在明细表中进行数值运算。任何时候创建明细表，对项目的修改会影响明细表，明细表将自动更新以反映这些修改，明细表中数据与项目信息实时关联，是 BIM 数据综合利用的体现。Revit 本身不是造价工具，只是能根据造价计量找到合适的量，然后给模型添加上合适的定额，能为第三方提供接口，例如广联达软件。建筑装饰装修工程项目繁多，新材料、新工艺、新技术应用多，异形的、非标的构件多，导致建筑装饰装修工程的施工管理复杂，工程量计算复杂。本章将利用 Revit 中的明细表工具，通过对实际案例模型的工程量统计过程让读者掌握如何创建明细表，掌握乳胶漆、瓷砖、壁纸、石膏板、石膏线、木地板、地砖、水电暖工程中的材料用量统计和家具、电器等常见工程量的统计。

本章学习目标

　　通过本章计量的学习，需掌握以下技能：
　　(1) 提取材质工具功能使用；
　　(2) 编辑材质属性的功能使用；
　　(3) 创建明细表提取项目信息；
　　(4) 导出明细表。

7.1 分部分项统计

乳胶漆作为装修中使用面积最多的一项建材，常常需要统计乳胶漆工程量。下面以深圳某售楼处项目的部分工程量计算为例，学习如何利用 Revit 的"明细表"工具实现乳胶漆工程量自动统计及计算采购数量的一般方法。

（1）单击"视图"选项卡"创建"面板中的"明细表"工具下拉列表，在列表中选择"材质提取"工具，在列表中选择"材质提取"工具，弹出"新建材质提取"对话框，如图 7.1-1 所示。

（2）在"类别"列表中选择"墙"类别，输入明细表名称为"墙材质提取_乳胶漆"，如图 7.1-2 所示。单击"确定"按钮，打开"材质提取属性"对话框，如图 7.1-3 所示。

图 7.1-1　材质提取面板

图 7.1-2　提取乳胶漆材质

（3）在"可用字段"中依次添加"材质：名称"、"合计"和"材质：面积"等至明细表字段列表中，如图 7.1-4 所示。

图 7.1-3　材质提取属性

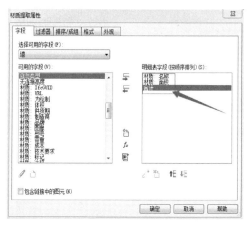

图 7.1-4　添加字段

(4) 单击"确定",然后在"项目浏览器"里找到"明细表/数量"下的 step 02 所建的"墙材质提取_乳胶漆",如图 7.1-5 所示。

(5) 在"属性"窗口中单击"排序/成组"参数后的"编辑"按钮,打开"材质提取属性"对话框并自动切换至"排序/成组"选项卡,如图 7.1-6 所示。

图 7.1-5 打开新建明细表

图 7.1-6 排序/成组

(6) 在"排序/成组"选项卡,设置排序方式为"材质:名称"、"升序";不勾选"逐项列举每个实例"选项,如图 7.1-7 所示,单击"确定"按钮,如图 7.1-8 所示。

图 7.1-7 设置排序方式

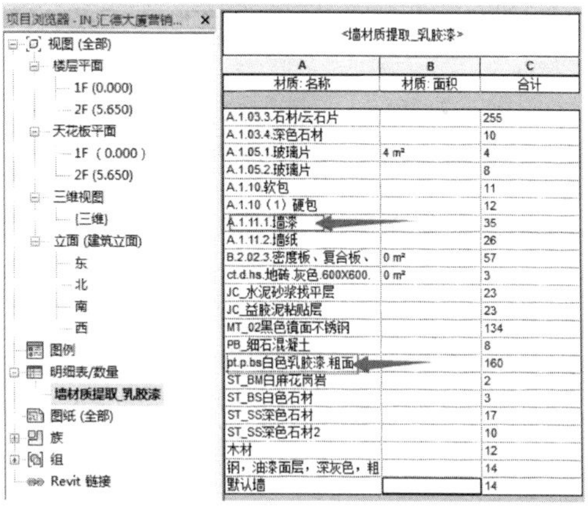

图 7.1-8 重组后明细表

(7) 在"墙材质提取_乳胶漆"的"墙漆"是否为我们需要统计的"乳胶漆"?在明细表中还不能确定。在"属性"窗口中单击"字段"参数后的"编辑"按钮,打开"材质提取属性"对话框并自动切换至"字段"选项卡,如图 7.1-9 所示。在"可用字段"中添加"族与类型"至明细表字段列表中,如图 7.1-10 所示。

(8) 单击"确定",如图 7.1-11 所示。可以确定"墙漆"正是我们需要统计的"乳胶漆"。现在我们已经把墙面的乳胶漆全部统计出来了,接下来,我们要把不需要的信息过滤掉。在"属性"窗口中单击"过滤器"参数后的"编辑"按钮,打开"材质提取属性"对话框并自动切换至"过滤器"选项卡,如图 7.1-12 所示。

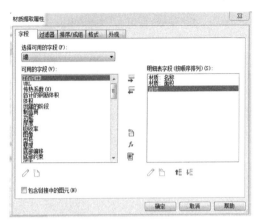

图 7.1-9 字段选项卡　　　　　　　　图 7.1-10 添加字段

图 7.1-11 乳胶漆统计　　　　　　　　图 7.1-12 过滤器

（9）设置过滤条件为"材质：名称"、"包含"、"漆"，并且"不包含"、"钢"（去掉钢材表面的防火漆），如图 7.1-13 所示。单击"确定"，如图 7.1-14 所示。注意明细表已将墙面的乳胶漆全部统计出来了，但"材质：面积"单元格的内容有的为空白。

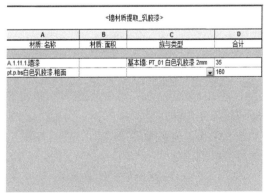

图 7.1-13 过滤条件　　　　　　　　　图 7.1-14 材质—面积

(10) 打开"材质提取属性"对话框并自动切换至"格式"选项卡,如图 7.1-15 所示。在显示格式中,选择"计算总数",如图 7.1-16 所示。

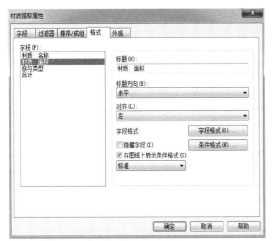 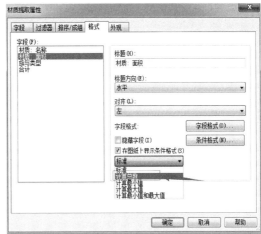

图 7.1-15 格式选项卡　　　　　　　　图 7.1-16 计算总数

(11) 单击"确定",返回明细表视图,如图 7.1-17 所示。单击"字段格式"按钮可以设置材质面积的显示单位、精度等。去掉默认采用的项目单位设置,如图 7.1-18 所示。

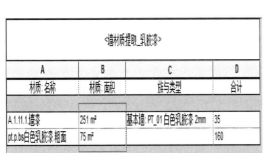

图 7.1-17 返回明细表　　　　　　　图 7.1-18 取消"使用项目设置"

(12) 单击"确定",返回明细表视图,如图 7.1-19 所示。注意明细表的"材质:面积"单元格的内容已经按我们的格式要求显示出来了,但没有累计总数。

(13) "属性"中单击"排序/成组"参数后的"编辑"按钮,打开"材质提取属性"对话框并自动切换至"排序/成组"

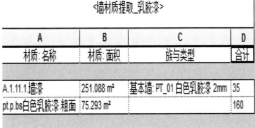

图 7.1-19 返回明细表

选项卡，如图 7.1-20 所示。勾选"总计"，下拉菜单选"仅总数"，如图 7.1-21 所示。单击"确定"，返回明细表视图，如图 7.1-22 所示。

图 7.1-20　排序/成组选项卡

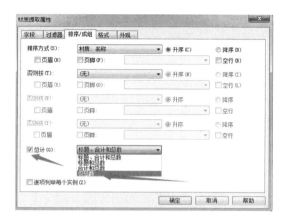

图 7.1-21　勾选总计

（14）现在，墙面的乳胶漆的数量累计为 326.381m² 已经统计出来了，若要把"材质：面积"与"族与类型"对换位置，则在"属性"中单击"字段"参数后的"编辑"按钮，打开"材质提取属性"对话框并自动切换至"字段"选项卡，如图 7.1-23 所示。把"族与类型"往上移动，与"材质：面积"对换位置，单击"确定"，如图 7.1-24 所示。

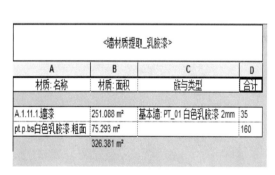

图 7.1-22　返回明细表

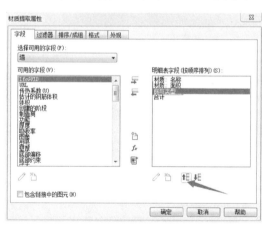

图 7.1-23　移动字段

图 7.1-24　返回明细表

(15) 施工时，我们往往要根据工程量制定材料采购计划，那么我们需要采购多少乳胶漆呢？大致整理了一下每种乳胶漆的涂刷面积（数据来源于宣传册）。下面以立邦涂刷两遍为例，见表 7.1-1。

每种乳胶漆的涂刷面积　　　　　　　　　　　表 7.1-1

序号	品牌	每升涂刷面积（一遍）（m²）	取平均值（m²）
1	多乐士	14～16	15
2	立邦	14～16	15
3	来威	12～14	13
4	都芳	14～18	16
5	芬琳	16～20	18
6	宣威	11～15	13

(16) 在"属性"中单击"字段"参数后的"编辑"按钮，打开"材质提取属性"对话框并自动切换至"字段"选项卡，如图 7.1-25 所示。添加计算参数，打开"计算值"对话框，如图 7.1-26 所示。

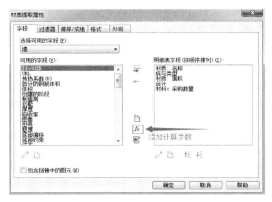

图 7.1-25　添加计算参数　　　　　图 7.1-26　计算值

(17) 输入名称"材料：采购数量"，点击公式后面的打开"字段"对话框如图 7.1-27 所示。选择"材质：面积"，回到"计算值"对话框，输入"*15*2"，如图 7.1-28 所示。

图 7.1-27　字段面板　　　　　　　图 7.1-28　计算值

第 7 章 计　　量

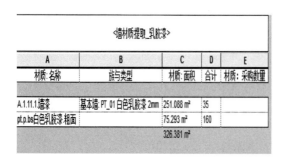

图 7.1-29　返回

（18）单击"确定"，如图 7.1-29 所示。注意到"材质：采购数量"单元格的内容为空白，参照第 9 步，设置"材质：采购数量"的"字段格式"和"计算总数"，如图 7.1-30、图 7.1-31 所示。

（19）单击"确定"，如图 7.1-32 所示。接下来统计天花板的乳胶漆数量，参照墙乳胶漆的统计方法单击"视图"选项卡"创建"面板中的"明细表"工具下拉列表，在列表中选择"材质提取"工具，弹出"新建材质提取"对话框，如图 7.1-33 所示。在"类别"列表中选择"天花板"类别，输入明细表名称为"天花板材质提取_乳胶漆"，单击"确定"按钮，打开"材质提取属性"对话框，依次添加"材质：名称"、"族与类型"、"材质：面积"和"合计"等至明细表字段列表中，如图 7.1-34 所示。

图 7.1-30　设置格式（1）

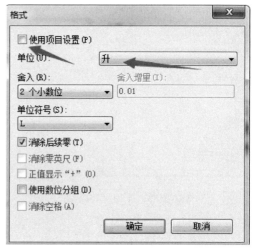

图 7.1-31　设置格式（2）

图 7.1-32　完成

图 7.1-33　新建材质提取

（20）单击"确定"，然后在"项目浏览器"里的"明细表/数量"下，找到已创建的"天花板材质提取_乳胶漆"，如图 7.1-35 所示。

图 7.1-34　天花板明细表

图 7.1-35　打开天花板明细表

（21）在"属性"窗口中单击"排序/成组"参数后的"编辑"按钮，打开"材质提取属性"对话框，并自动切换至"排序/成组"选项卡，如图 7.1-36 所示。设置排序方式为"材质：名称"、"升序"，不勾选"逐项列举每个实例"选项，单击"确定"按钮，如图 7.1-37 所示。

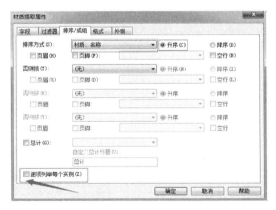

图 7.1-36　排序/成组

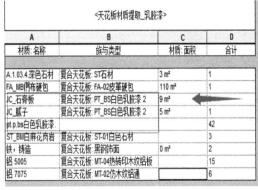

图 7.1-37　取消逐项列举

（22）接下来，我们要把不需要的信息过滤掉。在"属性"窗口中单击"过滤器"参数后的"编辑"按钮，打开"材质提取属性"对话框并自动切换至"过滤器"选项卡。设置过滤条件为"材质：名称"、"不包含"、"石材"、"铁"、"铝"、"岩"，如图 7.1-38 所示。

（23）单击"确定"，如图 7.1-39 所示，乳胶漆的数量统计完了。其他例如瓷砖、壁纸、防水材料、石膏板、石膏线、木地板、地砖的数量统计的方法相同。读者可以参照乳胶漆的统计方法自行统计。

第7章 计 量

图 7.1-38　过滤器　　　　　　　　图 7.1-39　设置过滤条件

7.2　室内家具统计与陈设统计

（1）单击"视图"选项卡"创建"面板中的"明细表"工具下拉列表，在列表中选择"明细表/数量"工具，弹出"新建明细表"对话框，如图 7.2-1 所示，在"类别"列表中选择"家具"类别，明细表名称自动改为"家具明细表"，如图 7.2-2 所示。

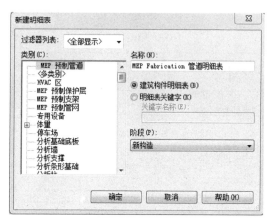 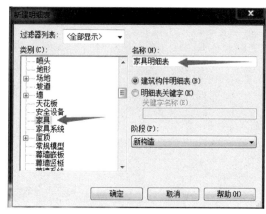

图 7.2-1　新建明细表　　　　　　　　图 7.2-2　家具明细表

（2）单击"确定"按钮，打开"明细表属性"对话框，如图 7.2-3、图 7.2-4 所示。依次添加"型号"、"图像"、"标记"、"标高"、"类型"、"构件名称"和"合计"至明细表字段列。

（3）单击"确定"，生成"家具明细表"，如图 7.2-5 所示。在"属性"窗口中单击"排序/成组"参数后的"编辑"按钮，打开"明细表属性"如图 7.2-6 所示。

（4）设置排序方式为"类型"，不勾选"逐项列举每个实例"选项，如图 7.2-7 所示。单击"确定"，完成明细表属性设置，回到"家具明细表"，如图 7.2-8 所示。

332

7.2 室内家具统计与陈设统计

图 7.2-3 添加字段（1）　　　　　图 7.2-4 添加字段（2）

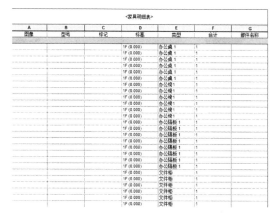

图 7.2-5 生成明细表　　　　　图 7.2-6 明细表属性

图 7.2-7 取消逐项列举　　　　　图 7.2-8 完成

（5）注意明细表的单元格的内容有的为空白，说明建模时没有录入相关信息。例如餐桌椅的图像、注释、标记等均为空白，如图 7.2-9 所示。

333

第7章 计 量

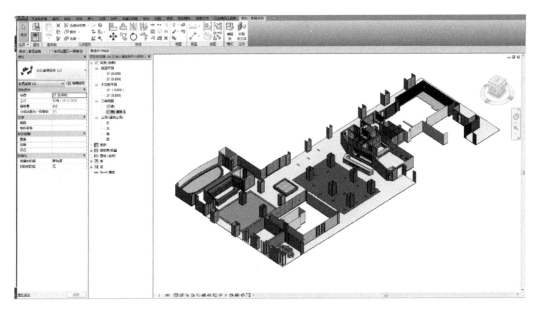

图 7.2-9 缺少模型信息

（6）在项目浏览器中单击明细表/数量的下拉列表中的"家具明细表"，打开"家具明细表""视图"→"平铺"窗口，点击餐桌椅的型号单元格，如图 7.2-10 所示。

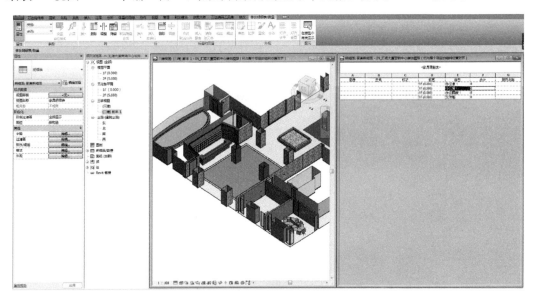

图 7.2-10 平铺窗口选择族单元格

（7）单击餐桌椅的任何一个单元格，均会如图 7.2-10 所示，所有的餐桌椅均被选中，在"标记"单元格中输入"甲供"；在"型号"单元格中输入"马头家具"。回到三维视图中，如图 7.2-11 所示，所有的餐桌椅被选中，在"属性"中可见，其"标记"均被赋予了"甲供"，"型号"均被赋予了"马头家具"。由此可见，利用明细表可以批量修改构件的参数。

7.2 室内家具统计与陈设统计

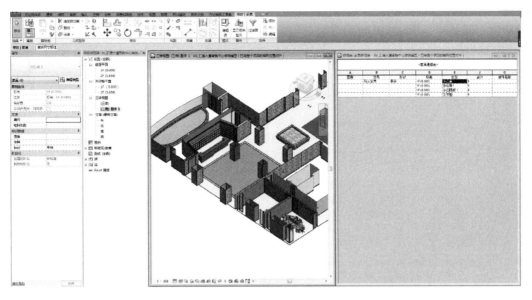

图 7.2-11 输入参数信息

（8）接下来给餐桌椅添加图像，点击图像单元格，打开"管理图像"对话框如图 7.2-12 所示。点击"添加"打开"导入图像"对话框，在浏览器中找到餐桌椅的图像文件如图 7.2-13 所示。支持的图像文件格式有"∗.bmp、∗.jpg、∗.jpeg、∗.png、∗.tif"。

（9）打开图像文件"办公桌.jpg"（给出文件位置，并且有已完成的成果作为参考），如图 7.2-14 所示。单点"确定"回到明细表，如图 7.2-15 所示。

图 7.2-12 打开图像管理

335

第 7 章 计　　量

图 7.2-13　导入图像

图 7.2-14　打开图像文件

图 7.2-15　返回明细表

（10）但是我们发现当前明细表并没有显示具体的图像，这时候该怎么办呢？其实只需要将明细表拖到图纸中就可以看到图像了，如图 7.2-16 所示。

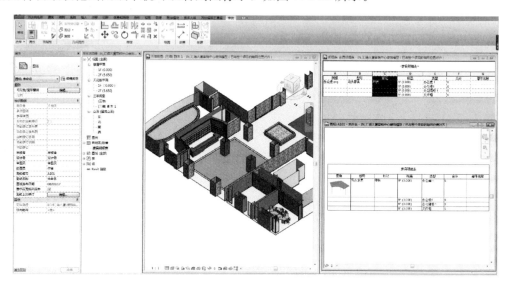

图 7.2-16　明细表拖至图纸

（11）按相同的办法，把其他家具的相关参数赋值，就可以完成家具数量的统计。其他构件的统计方法都基本类似，例如门、窗等。读者可以根据需要自行创建各种明细表，限于篇幅，在此不再赘述。

7.3 导出明细表

使用"应用程序菜单"→"导出"→"报告"→"明细表"选项，可以将所有类型的明细表均导出为以逗号分隔的文本文件，大多数电子表格应用程序如 Microsoft Excel 可以很好地支持这类文件，将其作为数据源导入电子表格程序中，实现更强大的数据处理功能，如图 7.3-1、图 7.3-2 所示。

图 7.3-1　导出明细表

图 7.3-2　保存路径

课 后 习 题

一、单项选择题

1. 关于明细表,以下说法正确的是哪项?(　　)
   A. 同一明细表可以添加到同一项目的多个图纸中
   B. 同一明细表经复制后才可添加到同一项目的多个图纸中
   C. 同一明细表经重命名后才可添加到同一项目的多个图纸中
   D. 目前,墙饰条没有明细表

2. Revit 明细表中的数值具有的格式选项是哪项?(　　)
   A. 可以将货币指定给数值　　　　B. 可以消除零和空格
   C. 较大数字可包含逗号作为分隔符　D. 以上说法都对

3. Revit 中提取名称和类型的明细表类别选项是哪项?(　　)
   A. 明细表/数量　　　　　　　　B. 材质提取
   C. 图形柱明细表　　　　　　　　D. 以上 3 种都可以

4. 如何给家具添加图像?(　　)
   A. 在家具族中—材质　　　　　　B. 修改面板—填色
   C. 属性—标识数据　　　　　　　D. 家具明细表

二、操作题

打开一个项目,在空间内放置家具后,依次添加图像、型号、标记、标高、类型、合计、部件名称等共享参数,制作家具明细表,并在明细表中添加所需数据,最后把生成的明细表拖至图纸并输出。

参考答案

一、单项选择题

1. A　2. D　3. A　4. C

二、操作题

略

第 8 章 交付成果

本章导读

BIM 成果交付依据项目策划进行，应对交付成果进行系统管理。成果交付分为内部交付和外部交付，它是个实时动态的过程，涵盖了向甲方和其他专业交付二维图纸、清单、各种轻量化的不可编辑的浏览模型、常规三维模型、标准数据库文件等，本文主要介绍企业内部成果管理和对外成果交付及 Revit 可以输出其他数据的方法。

企业内部成果交付：企业应依据自身业务特性定制内部成果交付标准。企业内部成果交付标准的确立，涉及企业对外成果输出的均值化和内部实施工作的高效作业。内部成果应以文件夹形式进行系统管理。

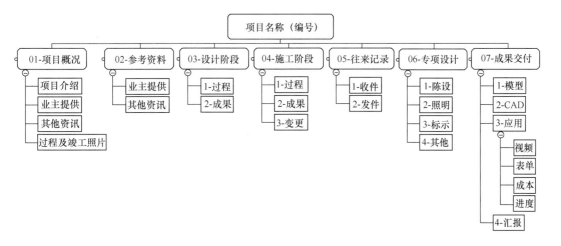

对外成果交付：作为项目约束条件，应严格按照项目策划进行。

本章学习目标

通过本章交付成果的学习，需掌握以下技能：
(1) 了解内部成果和外部成果管理；
(2) Revit 输出其他数据的方法。

第 8 章 交 付 成 果

8.1 Revit 软件导出文件格式

Revit 软件支持多种文件格式导出，具体格式如下：

（1）CAD 格式：包括 DWG、DXF、DGN、SAT 这 4 种二维或三维文件格式（详见第 6 章）。

（2）DWF/DWFx：Autodesk 标准轻量化浏览文件格式，可以根据需要导出二维或三维的视图和图纸，常与 NWC 文件搭配，以弥补 NWC 文件无法导出二维图纸的不足。

（3）建筑场地：通过导出 ADSK 交换文件与 Autodesk、AutoCAD、Civil 3D 软件进行数据交互。

图 8.1-1 文件导出格式

（4）FBX：导出 FBX 模型文件，带有材质，可以与其他主流三维设计软件进行数据交互，如 3ds Max，也可以直接导入可视化软件如 Lumion、LumenRT 等软件之中。

（5）gbXML：常用来作建筑性能分析的一种数据格式。

（6）IFC：IFC 是一种通用 BIM 模型文件交换格式，一般主流的 BIM 软件都支持 IFC 文件。

（7）ODBC 数据库：ODBC 是 Microsoft 提出的数据库访问接口标准，可以将 BIM 项目文件导出为标准的数据库文件，以被诸如 ERP、MIS 等软件读取。

（8）图像和动画：详见第 5 章。

（9）报告：可以将明细表和房间/面积报告导出为 TXT 文本文件。

Revit 软件作为民用建筑行业使用最为广泛的 BIM 设计软件，本节主要讲解 Revit 软件能交付的数据（图 8.1-1）。

8.2 Revit 导出明细表

Revit 软件的明细表工具除了可以用来提取项目文件中工程量，还可以用来提取项目的工程信息。很多时候，我们需要使用明细表来浏览、查询、搜索项目信息，但仅在 Revit 软件内进行这些工作还需要打开项目文件，较为繁琐，也限制其他非 BIM 专业人员的使用。所以，我们一般是将明细表导出，然后再创建 Microsoft Excel 工作表文件。

8.2.1 导出 Excel 明细表

(1) 在"项目浏览器"组织栏下双击打开"明细表/数量"下的"天花板材质提取"明细表，如图 8.2.1-1 所示。

(2) 在 菜单栏下，选择"导出"下的"报告"中的"明细表"，如图 8.2.1-2 所示。

图 8.2.1-1 打开明细表

图 8.2.1-2 导出明细表

(3) 设置文件保存路径，设置文件名，确定文件类型为"分隔符文本（*.txt）"，点击保存，如图 8.2.1-3 所示。

图 8.2.1-3 保存明细表

（4）在弹出的"导出明细表"对话框中点击确定，完成明细表的导出，如图 8.2.1-4 所示。

图 8.2.1-4　完成导出

8.2.2　创建 Microsoft Excel 工作表文件

（1）在保存明细表的文件夹下，新建 Microsoft Excel 工作表文件，并命名为"天花板材质提取"，如图 8.2.2-1 所示。

图 8.2.2-1　新建工作表文件

（2）双击打开"天花板材质提取"工作表文件，打开"天花板材质提取.txt"文件，如图 8.2.2-2 所示。

8.2 Revit 导出明细表

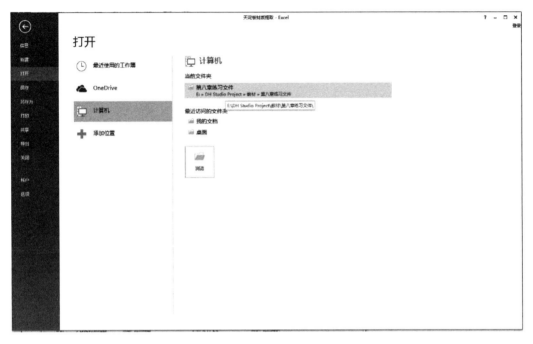

图 8.2.2-2 打开工作表文件

（3）在弹出的"文本导入向导"对话框中连续点击"下一步"直到其按钮变灰，点击完成，最终完成明细表的导入，如图 8.2.2-3、图 8.2.2-4 所示。

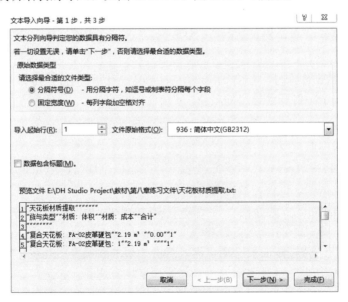

图 8.2.2-3 明细表导入（1）

343

第8章 交付成果

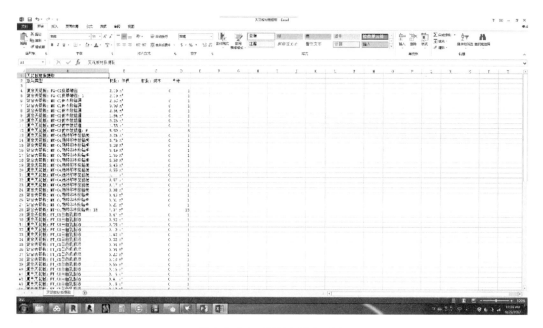

图 8.2.2-4 明细表导入（2）

8.3 导出 ODBC 数据库

ODBC 数据库是 Microsoft 公司开发的一种标准数据库文件格式，可以被 Microsoft Access 软件直接读取，也可以被 ERP 或 MIS 等软件直接读取。Revit 软件提供了快速导出 ODBC 数据库的工具。

一个 Access 数据库文件，包含了 Revit 项目文件中所有构件模型的工程信息。

（1）在 Revit 中，打开要导出的项目。

（2）单击 ![] ▸ "导出" ▸ ![]（ODBC 数据库）。

（3）创建新数据源/数据库文件

对于 Microsoft ® Access，可单击 "选择" 选择一个现有的数据库，或单击 "创建" 创建一个新的空数据库，以便将数据导出到其中。

1）在项目文件夹下右键新建一个 Microsoft Access 文件，并命名为 "info"，如图 8.3-1 所示。

2）打开计算机的 "控制面板" 浏览器，点击 "系统和安全" 选项，如图 8.3-2 所示。

3）在 "系统和安全" 浏览器中，点击 "管理工具" 选项，如图 8.3-3 所示。

4）在 "管理工具" 浏览器中点击 "数据源（ODBC）"，如图 8.3-4 所示。

5）在弹出的 "ODBC 数据源管理器" 对话框中，点击 "系统 DSN" 选项卡中 "添加" 按钮，如图 8.3-5 所示。

6）在 "创建新数据源" 对话框中的 "选择您想为其安装数据源的驱动程序" 的列表中选择 "Microsoft Access Driver（*.mdb，*.accdb）" 点击完成，如图 8.3-6 所示。

8.3 导出 ODBC 数据库

图 8.3-1　新建文件

图 8.3-2　系统和安全

第 8 章 交付成果

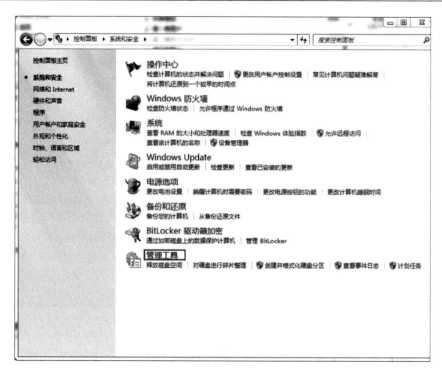

图 8.3-3 管理工具

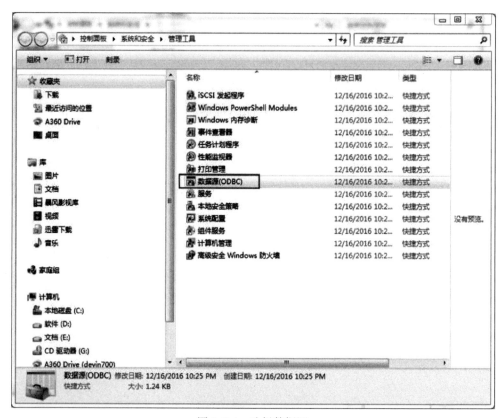

图 8.3-4 选择数据源

8.3 导出 ODBC 数据库

图 8.3-5 ODBC 数据管理器

图 8.3-6 创建新数据源面板

（4）在弹出的"选择数据库"对话框中，选择"info"文件的保存路径，并选择此文件，点击确定，完成当前项目的文件 ODBC 数据库的创建，如图 8.3-7 所示。

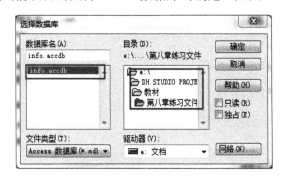

图 8.3-7 选择数据库面板

（5）打开"info"数据库文件，可以浏览、查询、搜索数据库的各个构件的数据，如图 8.3-8 所示。

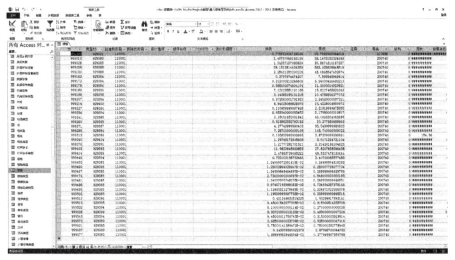

图 8.3-8 数据库文件

347

8.4 导出 DWF 文件

DWF 文件是 Autodesk 公司开发的一种轻量化浏览模型,可将 Revit 项目文件的模型、信息、视图和图纸都打包导出,方便在 Autodesk Design Review 和 Autodesk Navisworks 软件中进行查阅、检查。

(1) 在 菜单栏下,选择"导出"下的"DWF/DWFx",如图 8.4-1 所示。

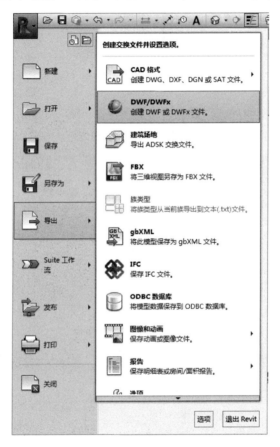

图 8.4-1　导出 DWF/DWFx

(2) 在弹出的"DWF 导出设置"对话框的"视图/图纸"选项卡中点击"选择全部"按钮,如图 8.4-2 所示。

(3) 打开"DWF 属性"选项卡,点选"使用压缩的光栅格式",并选择"图像质量"级别为"高",然后点击"打印设置"按钮,如图 8.4-3 所示。

(4) 在弹出的"打印设置"对话框的"尺寸"列表中选择"ISO A0:841 x 1189 mm",点击确定,如图 8.4-4 所示。

(5) 在弹出的"导出 DWF"对话框中设置文件名,点击确定,即可完成 DWF 文件的导出,如图 8.4-5 所示。

8.4 导出 DWF 文件

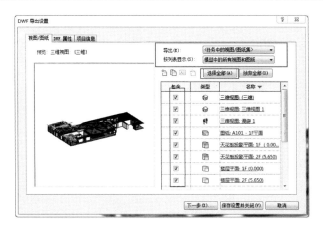

图 8.4-2 导出设置

图 8.4-3 DWF 属性

图 8.4-4 打印设置

349

第8章 交付成果

图 8.4-5　设置文件名称

课 后 习 题

一、单项选择题

1. 在 Revit 软件中能够导出 3D 图纸的是哪一项？（　　）
A. IFC B. DWF/DWFx
C. 图像和动画 D. ODBC 数据库

2. 导出文件需要带有材质，可以与其他主流三维设计软件进行数据交互的是哪一项？（　　）
A. DWF/DWFx B. ODBC 数据库
C. 图像和动画 D. FBX

3. 可以将明细表和房间/面积报告导出为 TXT 文本文件的是哪一项？（　　）
A. DWF/DWFx B. ODBC 数据库
C. gbXML D. 报告

二、判断题

1. ODBC 数据库是 Microsoft 公司开发的一种标准数据库文件格式，可以被 Microsoft Access 软件直接读取，也可以被 ERP 或 MIS 等软件直接读取。（　　）

2. 一个 Access 数据库文件，包含了 Revit 项目文件中部分的构建模型的工程信息。（　　）

参考答案

一、选择题

1. B 2. D 3. D

二、判断题

1. √ 2. ×

附　　录

序号	快捷键	名称	序号	快捷键	名称
1	MD	修改	76	RA	重设分析模型
2	LI	模型 线；直线；模型线；边界线；线形钢筋	77	LO	热负荷和 冷负荷
3	CM	放置构件	78	PS	配电盘 明细表
4	GP	模型 组：创建组；详图 组：创建组	79	DC	检查风管 系统
5	RP	参照 平面；参照平面	80	PC	检查管道 系统
6	DI	对齐尺寸标注	81	EC	检查 线路
7	TX	文字	82	ER	正在编辑 请求
8	FR	查找/ 替换	83	RR	渲染
9	VG#VV	可见性/ 图形	84	RC	Cloud 渲染
10	TL	细 线；细线	85	RG	渲染 库
11	WC	层叠窗口	86	MS	MEP 设置：机械设置
12	WT	平铺窗口	87	ES	MEP 设置：电气设置
13	Fn9	系统浏览器	88	BS	MEP 设置：建筑/空间类型设置
14	KS	快捷键	89	EH	在视图中隐藏：隐藏图元
15	UN	项目 单位	90	VH	在视图中隐藏：隐藏类别
16	MA	匹配类型属性	91	EOD	替换视图中的图形：按图元替换
17	PT	填色	92	LW	线处理
18	CP	连接端切割；应用连接端切割	93	AP	添加到组
19	RC	连接端切割；删除连接端切割	94	RG	从组中删除
20	SF	拆分面	95	AD	附着详图组
21	AL#AA	对齐	96	FG	完成
22	MV	移动	97	CG	取消
23	OF	偏移	98	JP	对正点
24	CO#CC	复制	99	JY	偏移：Y 轴偏移
25	MM	镜像 - 拾取轴	100	JZ	偏移：Z 轴偏移
26	RO	旋转	101	EG	编辑 组
27	DM	镜像 - 绘制轴	102	UG	解组
28	TR	修剪/延伸为角	103	LG	链接
29	SL	拆分图元	104	RA	恢复所有 已排除成员
30	AR	阵列	105	EW	编辑 尺寸界线
31	RE	缩放	106	EU	取消隐藏 图元
32	UP	解锁	107	VU	取消隐藏 类别
33	PN	锁定	108	RH	切换显示隐藏 图元模式
34	DE	删除	109	SE	端点
35	CS	创建类似	110	VOG	图形由视图中的类别替换：切换假面
36	LL	标高	111	RY	光线追踪
37	SU	其他 设置：日光 设置	112	SO	关闭捕捉
38	SF	拆分面	113	HL	隐藏线
39	WA	墙；墙：墙；建筑	114	SR	捕捉远距离对象
40	DR	门	115	GD	图形显示选项
41	WN	窗	116	RB	恢复已排除构件
42	CL	柱；结构柱	117	SZ	关闭
43	LI	模型 线	118	HI	隔离图元
44	RM	房间	119	SS	关闭替换
45	RT	标记 房间；标记；房间 标记	120	IC	隔离类别
46	GR	轴网	121	ST	切点
47	BM	结构框架：梁	122	ZO#ZV	缩小两倍
48	BR	结构框架：支撑	123	3F	飞行模式
49	BS	结构梁系统：自动创建 梁系统	124	VOT	图形由视图中的类别替换：切换透明度
50	FT	结构基础：墙	125	3O	对象模式
51	RN	钢筋编号	126	SC	中心
52	DT	风管	127	SM	中点
53	DF	风管 管件	128	EX	排除
54	DA	风管 附件	129	EOG	图形由视图中的图元替换：切换假面
55	CV	转换为 软风管	130	WF	线框
56	FD	软 风管	131	RC	重复上一个命令
57	AT	风道 末端	132	3W	漫游模式
58	ME	机械 设备	133	HR	重设临时隐藏/隔离
59	PI	管道	134	SQ	象限点
60	PF	管件	135	PC	捕捉到点云
61	PA	管路 附件	136	ZA	缩放全部以匹配
62	FP	软 管	137	SD	带边缘着色
63	PX	卫浴 装置	138	EOH	图形由视图中的图元替换：切换半色调
64	SK	喷头	139	SW	工作平面网格
65	EW	弧形导线	140	SX	点
66	CT	电缆 桥架	141	SA	选择全部实例：在整个项目中
67	CN	线管	142	ZS	缩放图纸大小
68	TF	电缆桥架 配件	143	MP	移动到项目
69	NF	线管 配件	144	HH	隐藏图元
70	EE	电气 设备	145	EOT	图形由视图中的图元替换：切换透明度
71	LF	照明 设备	146	HC	隐藏类别
72	EL	高程点	147	SI	交点
73	DL	详图 线	148	VOH	图形由视图中的类别替换：切换半色调
74	TG	按类别标记；按类别标记	149	SN	最近点
75	LD	荷载	150	SP	垂足

参 考 文 献

［1］ 装饰工程节点构造设计图集-基于 Revit 软件．江苏凤凰科学技术出版社．
［2］ BIM 设计项目样板设置指南-基于 Revit 软件．中国建筑工业出版社．2015
［3］ Revit 族设计手册
［4］ Revit 全过程建筑设计师掌握参数的核心用法
［5］ BIM 技术室内设计
［6］ Revit 建筑建模与室内设计基础
［7］ 建筑工程管理与实务．中国建筑工业出版社．2015
［8］ Interior Design Using Autodesk Revit Architecture 2013
［9］ 中国 BIM 网 www.chinabim.com

附件1 建筑信息化 BIM 技术系列岗位专业技能考试管理办法

北京绿色建筑产业联盟文件

联盟　通字　【2018】09 号

通　知

各会员单位，BIM 技术教学点、报名点、考点、考务联络处以及有关参加考试的人员：

根据国务院《2016—2020 年建筑业信息化发展纲要》《关于促进建筑业持续健康发展的意见》（国办发［2017］19 号），以及住房和城乡建设部《关于推进建筑信息模型应用的指导意见》《建筑信息模型应用统一标准》等文件精神，北京绿色建筑产业联盟组织开展的全国建筑信息化 BIM 技术系列岗位人才培养工程项目，各项培训、考试、推广等工作均在有效、有序、有力的推进。为了更好地培养和选拔优秀的实用性 BIM 技术人才，搭建完善的教学体系、考评体系和服务体系。我联盟根据实际情况需要，组织建筑业行业内 BIM 技术经验丰富的一线专家学者，对于本项目在 2015 年出版的 BIM 工程师培训辅导教材和考试管理办法进行了修订。现将修订后的《建筑信息化 BIM 技术系列岗位专业技能考试管理办法》公开发布，2018 年 6 月 1 日起开始施行。

特此通知，请各有关人员遵照执行！

附件：建筑信息化 BIM 技术系列岗位专业技能考试管理办法　全文

二〇一八年三月十五日

附件：

建筑信息化 BIM 技术系列岗位专业技能考试管理办法

根据中共中央办公厅、国务院办公厅《关于促进建筑业持续健康发展的意见》（国发办〔2017〕19号）、住建部《2016—2020年建筑业信息化发展纲要》（建质函〔2016〕183号）和《关于推进建筑信息模型应用的指导意见》（建质函〔2015〕159号），国务院《国家中长期人才发展规划纲要（2010—2020年）》《国家中长期教育改革和发展规划纲要（2010—2020年）》，教育部等六部委联合印发的《关于进一步加强职业教育工作的若干意见》等文件精神，北京绿色建筑产业联盟结合全国建设工程领域建筑信息化人才需求现状，参考建设行业企事业单位用工需要和工作岗位设置等特点，制定 BIM 技术专业技能系列岗位的职业标准、教学体系和考评体系，组织开展岗位专业技能培训与考试的技术支持工作。参加考试并成绩合格的人员，由工业和信息化部教育与考试中心（电子通信行业职业技能鉴定指导中心）颁发相关岗位技术与技能证书。为促进考试管理工作的规范化、制度化和科学化，特制定本办法。

一、岗位名称划分

1. BIM 技术综合类岗位：

BIM 建模技术，BIM 项目管理，BIM 战略规划，BIM 系统开发，BIM 数据管理。

2. BIM 技术专业类岗位：

BIM 技术造价管理，BIM 工程师（装饰），BIM 工程师（电力）

二、考核目的

1. 为国家建设行业信息技术（BIM）发展选拔和储备合格的专业技术人才，提高建筑业从业人员信息技术的应用水平，推动技术创新，满足建筑业转型升级需求。

2. 充分利用现代信息化技术，提高建筑业企业生产效率、节约成本、保证质量，高效应对在工程项目策划与设计、施工管理、材料采购、运营维护等全生命周期内进行信息共享、传递、协同、决策等任务。

三、考核对象

1. 凡中华人民共和国公民，遵守国家法律、法规，恪守职业道德的。土木工程类、工程经济类、工程管理类、环境艺术类、经济管理类、信息管理与信息系统、计算机科学与技术等有关专业，具有中专以上学历，从事工程设计、施工管理、物业管理工作的社会企事业单位技术人员和管理人员，高职院校的在校大学生及老师，涉及 BIM 技术有关业务，均可以报名参加 BIM 技术系列岗位专业技能考试。

2. 参加 BIM 技术专业技能和职业技术考试的人员，除符合上述基本条件外，还需具备下列条件之一：

（1）在校大学生已经选修过 BIM 技术有关岗位的专业基础知识、操作实务相关课程的；或参加过 BIM 技术有关岗位的专业基础知识、操作实务的网络培训；或面授培训，或实习实训达到 140 学时的。

附件1　建筑信息化BIM技术系列岗位专业技能考试管理办法

（2）建筑业企业、房地产企业、工程咨询企业、物业运营企业等单位有关从业人员，参加过BIM技术基础理论与实践相结合的系统培训和实习达到140学时，具有BIM技术系列岗位专业技能的。

四、考核规则

1. 考试方式

（1）网络考试：不设定统一考试日期，灵活自主参加考试，凡是参加远程考试的有关人员，均可在指定的远程考试平台上参加在线考试，卷面分数为100分，合格分数为80分。

（2）大学生选修学科考试：不设定统一考试日期，凡在校大学生选修BIM技术相关专业岗位课程的有关人员，由各院校根据教学计划合理安排学科考试时间，组织大学生集中考试。卷面分数为100分，合格分数为60分。

（3）集中考试：设定固定的集中统一考试日期和报名日期，凡是参加培训学校、教学点、考点考站、联络办事处、报名点等机构进行现场面授培训学习的有关人员，均需凭准考证在有监考人员的考试现场参加集中统一考试，卷面分数为100分，合格分数为60分。

2. 集中统一考试

（1）集中统一报名计划时间：（以报名网站公示时间为准）

夏季：每年4月20日10：00至5月20日18：00。

冬季：每年9月20日10：00至10月20日18：00。

各参加考试的有关人员，已经选择参加培训机构组织的BIM技术培训班学习的，直接选择所在培训机构报名，由培训机构统一代报名。网址：www.bjgba.com（建筑信息化BIM技术人才培养工程综合服务平台）

（2）集中统一考试计划时间：（以报名网站公示时间为准）

夏季：每年6月下旬（具体以每次考试时间安排通知为准）。

冬季：每年12月下旬（具体以每次考试时间安排通知为准）。

考试地点：准考证列明的考试地点对应机位号进行作答。

3. 非集中考试

各高等院校、职业院校、培训学校、考点考站、联络办事处、教学点、报名点、网教平台等组织大学生选修学科考试的，应于确定的报名和考试时间前20天，向北京绿色建筑产业联盟测评认证中心BIM技术系列岗位专业技能考评项目运营办公室提报有关统计报表。

4. 考试内容及答题

（1）内容：基于BIM技术专业技能系列岗位专业技能培训与考试指导用书中，关于BIM技术工作岗位应掌握、熟悉、了解的方法、流程、技巧、标准等相关知识内容进行命题。

（2）答题：考试全程采用BIM技术系列岗位专业技能考试软件计算机在线答题，系统自动组卷。

（3）题型：客观题（单项选择题、多项选择题），主观题（案例分析题、软件操作题）。

（4）考试命题深度：易30%，中40%，难30%。

5. 各岗位考试科目

序号	BIM技术系列岗位专业技能考核	考核科目			
		科目一	科目二	科目三	科目四
1	BIM建模技术岗位	《BIM技术概论》	《BIM建模应用技术》	《BIM建模软件操作》	
2	BIM项目管理岗位	《BIM技术概论》	《BIM建模应用技术》	《BIM应用与项目管理》	《BIM应用案例分析》
3	BIM战略规划岗位	《BIM技术概论》	《BIM应用案例分析》	《BIM技术论文答辩》	
4	BIM技术造价管理岗位	《BIM造价专业基础知识》	《BIM造价专业操作实务》		
5	BIM工程师（装饰）岗位	《BIM装饰专业基础知识》	《BIM装饰专业操作实务》		
6	BIM工程师（电力）岗位	《BIM电力专业基础知识与操作实务》	《BIM电力建模软件操作》		
7	BIM系统开发岗位	《BIM系统开发专业基础知识》	《BIM系统开发专业操作实务》		
8	BIM数据管理岗位	《BIM数据管理业基础知识》	《BIM数据管理专业操作实务》		

6. 答题时长及交卷

客观题试卷答题时长120分钟，主观题试卷答题时长180分钟，考试开始60分钟内禁止交卷。

7. 准考条件及成绩发布

（1）凡参加集中统一考试的有关人员应于考试时间前10天内，在www.bjgba.com（建筑信息化BIM技术人才培养工程综合服务平台）打印准考证，凭个人身份证原件和准考证等证件，提前10分钟进入考试现场。

（2）考试结束后60天内发布成绩，在www.bjgba.com平台查询成绩。

（3）考试未全科目通过的人员，凡是达到合格标准的科目，成绩保留到下一个考试周期，补考时仅参加成绩不合格科目考试，考试成绩两个考试周期有效。

五、技术支持与证书颁发

1. 技术支持：北京绿色建筑产业联盟内设BIM技术系列岗位专业技能考评项目运营办公室，负责构建教学体系和考评体系等工作；负责组织开展编写培训教材、考试大纲、题库建设、教学方案设计等工作；负责组织培训及考试的技术支持工作和运营管理工作；负责组织优秀人才评估、激励、推荐和专家聘任等工作。

2. 证书颁发及人才数据库管理

（1）凡是通过BIM技术系列岗位专业技能考试，成绩合格的有关人员，专业类可以获得《职业技术证书》，综合类可以获得《专业技能证书》，证书代表持证人的学习过程和考试成绩合格证明，以及岗位专业技能水平。

附件1　建筑信息化BIM技术系列岗位专业技能考试管理办法

（2）工业和信息化部教育与考试中心（电子通信行业职业技能鉴定指导中心）颁发证书，并纳入工业和信息化部教育与考试中心信息化人才数据库。

六、考试费收费标准

1. BIM技术综合类岗位考试收费标准：BIM建模技术830元/人，BIM项目管理950元/人，BIM系统开发950元/人，BIM数据管理950元/人，BIM战略规划980元/人（费用包括：报名注册、平台数据维护、命题与阅卷、证书发放、考试场地租赁、考务服务等考试服务产生的全部费用）。

2. BIM技术专业类岗位考试收费标准：BIM工程师（装饰）等各个专业类岗位830元/人（费用包括：报名注册、平台数据维护、命题与阅卷、证书发放、考试场地租赁、考务服务等考试服务产生的全部费用）。

七、优秀人才激励机制

1. 凡取得BIM技术系列岗位相关证书的人员，均可以参加BIM工程师"年度优秀工作者"评选活动，对工作成绩突出的优秀人才，将在表彰颁奖大会上公开颁奖表彰，并由评委会颁发"年度优秀工作者"荣誉证书。

2. 凡主持或参与的建设工程项目，用BIM技术进行规划设计、施工管理、运营维护等工作，均可参加"工程项目BIM应用商业价值竞赛"BVB奖（Business Value of BIM）评选活动，对于产生良好经济效益的项目案例，将在颁奖大会上公开颁奖，并由评委会颁发"工程项目BIM应用商业价值竞赛"BVB奖获奖证书及奖金，其中包括特等奖、一等奖、二等奖、三等奖、鼓励奖等奖项。

八、其他

1. 本办法根据实际情况，每两年修订一次，同步在www.bjgba.com平台进行公示。本办法由BIM技术系列岗位专业技能人才考评项目运营办公室负责解释。

2. 凡参与BIM技术系列岗位专业技能考试的人员、BIM技术培训机构、考试服务与管理、市场传推广、命题判卷、指导教材编写等工作的有关人员，均适用于执行本办法。

3. 本办法自2018年6月1日起执行，原考试管理办法同时废止。

北京绿色建筑产业联盟

（BIM技术系列岗位专业技能人才考评项目运营办公室）

二〇一八年三月

附件2 建筑信息化 BIM 工程师（装饰）职业技能考试大纲

目　录

编制说明	360
考试说明	361
BIM 装饰专业基础知识考试大纲	364
BIM 装饰专业操作实务考试大纲	371

附件2 建筑信息化 BIM 工程师（装饰）职业技能考试大纲

编 制 说 明

为了响应住建部《2016—2020年建筑业信息化发展纲要》（建质函〔2016〕183号）《关于推进建筑信息模型应用的指导意见》（建质函〔2015〕159号）文件精神，结合《建筑信息化BIM技术系列岗位专业技能考试管理办法》，北京绿色建筑产业联盟邀请多位BIM装饰方面相关专家经过多次讨论研究，确定了《BIM装饰专业基础知识》与《BIM装饰专业操作实务》两个科目的考核内容，BIM工程师（装饰）职业技能考试将依据本考纲命题考核。

建筑信息化BIM工程师（装饰）职业技能测评考试大纲，是参加BIM工程师（装饰）职业技能考试的人员在专业知识方面的基本要求。也是考试命题的指导性文件，考生在备考时应充分解读《考试大纲》的核心内容，包括各科目的章、节、目、条下具体需要掌握、熟悉、了解等知识点，以及报考条件和考试规则等，各备考人员应紧扣本大纲内容认真复习，有效备考。

《BIM装饰专业基础知识》要求被考评者了解BIM装饰的基本概念、特点；熟悉BIM装饰的应用及价值；掌握建筑装饰项目BIM应用策划、建筑装饰工程BIM模型创建、建筑装饰工程BIM应用、建筑装饰工程BIM应用协同以及建筑装饰工程BIM交付。

《BIM装饰专业操作实务》要求考评者了解BIM建模工作流的样例：从前期的项目定位策划开始，依次进行各分部分项工程模型的创建，再到基于模型的应用成果，最后对成果的管理和输出；掌握最佳的建模工作方法、建模工作注意事项以及高效率的建模工具软件，重点掌握运用REVIT进行装饰BIM建模操作流程。

《建筑信息化BIM工程师（装饰）职业技能考试大纲》编写委员会

2018年4月

考 试 说 明

一、考核目的

1. 为建筑业装饰装修企事业单位选拔和储备合格的建筑信息化 BIM 技术专业人才，提高装饰工程从业人员信息技术的应用水平，推动技术创新，从而满足建筑业装饰装修企事业单位转型升级需求。

2. 让装饰专业技术人员充分利用现代建筑信息化 BIM 技术，提高生产效率、节约成本、提升质量，高效完成在工程项目策划与设计、施工管理、材料采购、运行和维护等全生命周期内进行信息共享、传递、协同、决策等任务。

二、职业名称定义

BIM 工程师（装饰）是特指从事装饰 BIM 相关工程技术及其管理的人员。装饰 BIM 工程师在装饰工程项目策划、实施到维护的全生命周期过程中，承担包括设计、协调、管理、数据维护等相关工作任务，为建筑装饰信息一体化发展提供可传导性、数据化、标准化的信息支撑；为提升工作效率、提高质量、节约成本和缩短工期方面发挥重要作用。

三、考核对象

1. 凡中华人民共和国公民，遵守国家法律、法规，恪守职业道德的，建筑学，工程管理，建筑环境艺术，室内设计，建筑装饰，建筑艺术，信息管理与信息系统，计算机科学与技术，建筑智能化等有关专业，具有中专以上学历，从事工程装饰装修设计、施工管理工作的企事业单位技术人员和管理人员，高职院校的在校大学生及老师，涉及 BIM 技术有关业务的，均可以报名参加 BIM 工程师（装饰）职业技术考试。

2. 参加 BIM 工程师（装饰）职业技术考试的人员，除符合上述基本条件外，还需具备下列条件之一：

（1）在校大学生已经选修过 BIM 工程师（装饰）的《BIM 装饰专业基础知识》、《BIM 装饰专业操作实务》相关课程的；或参加过 BIM 工程师（装饰）有关岗位的专业基础知识、操作实务的网络培训；或面授培训，或实习实训达到 140 学时的。

（2）建筑装饰企业从事工程项目设计、施工技术、现场管理的在职人员，已经掌握《BIM 装饰专业基础知识》《BIM 装饰专业操作实务》相关知识，经过装饰 BIM 技术应用能力训练达到 140 学时的。

（3）建筑业企事业单位有关从业人员，参加过相关机构的装饰 BIM 工程师职业技术理论与实践相结合系统培训，具备装饰 BIM 技术专业技能的。

四、考试方式

（1）大学生选修学科考试：不设定统一考试日期，凡在校大学生选修 BIM 技术相关专业岗位课程的有关人员，由各院校根据教学计划合理安排学科考试时间，组织大学生集中考试。卷面分数为 100 分，合格分数为 60 分。

（2）集中考试：设定固定的集中统一考试日期和报名日期，凡是参加培训学校、教学点、考点考站、联络办事处、报名点等机构进行现场面授培训学习的有关人员，均需凭准考证在有监考人员的考试现场参加集中统一考试，卷面分数为 100 分，合格分数为 60 分。

五、报名及考试时间

（1）网络平台报名计划时间（以报名网站公示时间为准）：

夏季：每年 4 月 20 日 10：00 至 5 月 20 日 18：00。

冬季：每年 9 月 20 日 10：00 至 10 月 20 日 18：00。

各参加考试的有关人员，已经选择参加培训机构组织的 BIM 工程师（装饰）职业技术培训班学习的，直接选择所在培训机构报名考试，由培训机构统一组织考生集体报名。网址：www.bjgba.com（建筑信息化 BIM 技术人才培养工程综合服务平台）。

（2）集中统一考试计划时间（以报名网站公示时间为准）：

夏季：每年 6 月下旬（具体以每次考试时间安排通知为准）。

冬季：每年 12 月下旬（具体以每次考试时间安排通知为准）。

考试地点：准考证列明的考试地点对应机位号进行作答。

六、考试科目、内容、答题及题量

（1）考试科目：《BIM 装饰专业基础知识》《BIM 装饰专业操作实务》（由 BIM 技术应用型人才培养丛书编写委员会编写，中国建筑工业出版社出版发行，各建筑书店及网店有售）。

（2）内容：基于 BIM 技术应用型人才培养丛书中，关于 BIM 工程师（装饰）工作岗位应掌握、熟悉、了解的方法、流程、技巧、标准等相关知识内容进行命题。

（3）答题：考试全程采用 BIM 工程师（装饰）职业技术考试平台计算机在线答题，系统自动组卷。

（4）题型：客观题（单项选择题、多项选择题），主观题（简答题、软件操作题）。

（5）考试命题深度：易 30%，中 40%，难 30%。

（6）题量及分值：

《BIM 装饰专业基础知识》考试科目：单选题共 40 题，每题 1 分，共 40 分。多选题共 20 题，每题 2 分，共 40 分。简答题共 4 道，每道 5 分，共 20 分。卷面合计 100 分，答题时间为 120 分钟。

《BIM 装饰专业操作实务》考试科目：工装建模软件操作 2 题，每题 30 分，共 60 分。家装建模软件操作 2 题，每题 20 分，共 40 分，答题时间为 180 分钟。

（7）答题时长及交卷：客观题试卷答题时长 120 分钟，主观题试卷答题时长 180 分钟，考试开始 60 分钟内禁止交卷。

七、准考条件及成绩发布

（1）凡参加集中统一考试的有关人员应于考试时间前 10 天内，在 www.bjgba.com（建筑信息化 BIM 技术人才培养工程综合服务平台）打印准考证，凭个人身份证原件和准考证等证件，提前 10 分钟进入考试现场。

（2）考试结束后 60 天内发布成绩，在 www.bjgba.com 平台查询。

（3）考试未全科目通过的人员，凡是达到合格标准的科目，成绩保留到下一个考试周期，补考时仅参加成绩不合格科目考试，考试成绩两个考试周期有效。

八、继续教育

为了使取得 BIM 工程师（装饰）职业技术证书的人员能力不断更新升级，通过考试成绩合格的人员每年需要参加不低于 30 学时的继续教育培训并取得继续教育合格证书。

九、证书颁发

考试测评合格人员，由工业和信息化部教育与考试中心颁发"职业技术证书"，在参加考试的站点领取，证书全国统一编号，在中心的官方网站进行证书查询。

BIM 装饰专业基础知识
考 试 大 纲

1 建筑装饰工程 BIM 综述

1.1 BIM 技术概述
1.1.1 熟悉 BIM 技术概念
1.1.2 熟悉 BIM 的特点
1.1.3 熟悉 BIM 技术优势
1.1.4 了解 BIM 国内外发展历程
1.1.5 了解 BIM 应用现状

1.2 建筑装饰行业现状
1.2.1 了解行业现状
1.2.2 了解行业业态
1.2.3 了解存在问题
1.2.4 了解行业发展

1.3 建筑装饰工程 BIM 技术概述
1.3.1 了解建筑装饰工程 BIM 发展历程与现状
1.3.2 掌握建筑装饰工程各业态的 BIM 应用内容
1.3.3 熟悉建筑装饰工程 BIM 应用各阶段及其流程
1.3.4 掌握建筑装饰工程 BIM 创新工作模式
1.3.5 掌握建筑装饰工程 BIM 应用的优势

1.4 建筑装饰 BIM 与行业信息化
1.4.1 了解信息化技术
1.4.2 了解建筑装饰行业信息化发展现状
1.4.3 了解建筑装饰行业信息化发展存在的问题
1.4.4 了解建筑装饰行业信息化发展前景

1.5 建筑装饰工程 BIM 职业发展
1.5.1 了解建筑装饰 BIM 工程师的职业定义
1.5.2 熟悉建筑装饰 BIM 工程师基本职业素质要求
1.5.3 熟悉不同应用方向建筑装饰 BIM 工程师职业素质要求
1.5.4 熟悉不同应用等级建筑装饰 BIM 工程师职业素质要求
1.5.5 了解建筑装饰企业 BIM 应用相关岗位
1.5.6 了解建筑装饰 BIM 工程师现状

1.6 建筑装饰工程 BIM 应用展望
1.6.1 了解建筑装饰工程 BIM 应用的问题

1.6.2 了解建筑装饰工程 BIM 应用趋势

2 建筑装饰工程 BIM 软件及相关设备

2.1 建筑装饰工程 BIM 软件简介
2.1.1 了解建筑装饰工程相关 BIM 软件
2.1.2 掌握建筑装饰工程设计阶段 BIM 软件
2.1.3 掌握建筑装饰专业施工阶段 BIM 应用软件

2.2 建筑装饰工程 BIM 方案设计软件
2.2.1 熟悉 Trimble 的 SketchUp 及 BIM 应用
2.2.2 掌握 Robert McNeel & Assoc 的 Rhinoceros 及 BIM 应用

2.3 BIM 建模软件及应用解决方案
2.3.1 掌握 AutoDesk 的 Revit 及 BIM 应用解决方案
2.3.2 掌握 Graphisoft 的 ARCHICAD 及 BIM 应用解决方案
2.3.3 了解 Dassault Systémes 的 CATIA 及 BIM 应用解决方案
2.3.4 了解 Bentley 的 ABD 及 BIM 应用解决方案

2.4 BIM 协同平台简介
了解 BIM 协同平台

2.5 建筑装饰工程 BIM 相关设备
2.5.1 了解 BIM 设备
2.5.2 了解相关设备

2.6 建筑装饰工程 BIM 资源配置
2.6.1 熟悉 BIM 软件配置
2.6.2 熟悉 BIM 硬件配置
2.6.3 熟悉 BIM 资源库

3 建筑装饰项目 BIM 应用策划

3.1 建筑装饰项目 BIM 实施策划概述
3.1.1 熟悉建筑装饰项目 BIM 实施策划的作用
3.1.2 熟悉影响建筑装饰项目 BIM 策划的因素
3.1.3 熟悉建筑装饰项目 BIM 实施策划的主要内容

3.2 制定建筑装饰项目 BIM 应用目标
3.2.1 熟悉 BIM 目标内容
3.2.2 熟悉 BIM 应用点筛选
3.2.3 掌握 BIM 目标实施优先级

3.3 建立建筑装饰项目 BIM 实施组织架构
3.3.1 熟悉建立建筑装饰 BIM 管理团队
3.3.2 熟悉装饰项目 BIM 工作岗位划分
3.3.3 了解 BIM 咨询顾问

3.4 制定建筑装饰项目 BIM 应用流程
3.4.1 熟悉流程确定的步骤
3.4.2 掌握总体流程
3.4.3 掌握分项流程

3.5 明确 BIM 信息交换内容和格式
掌握 BIM 信息交换内容和格式

3.6 建筑装饰项目 BIM 实施保障措施
3.6.1 掌握建立系统运行保障体系
3.6.2 掌握建立模型维护与应用保障机制

3.7 建筑装饰项目 BIM 实施工作总结计划
3.7.1 了解 BIM 实施工作总结的作用
3.7.2 了解 BIM 效益总结计划
3.7.3 了解项目 BIM 经验教训总结计划

4 建筑装饰工程 BIM 模型创建

4.1 建筑装饰工程 BIM 建模准备
4.1.1 了解原始数据的作用
4.1.2 了解原始数据的获取
4.1.3 了解原始数据的处理

4.2 建筑装饰工程 BIM 建模规则
4.2.1 熟悉模型命名
4.2.2 熟悉模型拆分
4.2.3 熟悉模型样板
4.2.4 熟悉模型色彩
4.2.5 熟悉模型材质
4.2.6 熟悉模型细度

4.3 建筑装饰工程 BIM 模型整合
4.3.1 掌握模型整合内容
4.3.2 掌握模型整合管理
4.3.3 掌握模型整合应用

4.4 建筑装饰工程 BIM 模型审核
4.4.1 了解模型审核的目的
4.4.2 了解模型审核的原则
4.4.3 了解模型审核方法
4.4.4 了解模型审核流程
4.4.5 了解模型审核参与者
4.4.6 了解模型审核内容

5 建筑装饰工程 BIM 应用

5.1 概述
熟悉建筑装饰 BIM 的各阶段关键环节

5.2 方案设计 BIM 应用
5.2.1 掌握方案设计建模内容
5.2.2 掌握参数化方案设计
5.2.3 掌握装饰方案设计比选
5.2.4 掌握方案经济性比选
5.2.5 了解设计方案可视化表达

5.3 初步设计 BIM 应用
5.3.1 了解初步设计建模内容
5.3.2 了解室内采光分析
5.3.3 了解室内通风分析
5.3.4 了解室内声学分析
5.3.5 了解安全疏散分析

5.4 施工图设计 BIM 应用
5.4.1 掌握施工图设计建模内容
5.4.2 掌握碰撞检查及净空优化
5.4.3 掌握施工图设计出图与统计
5.4.4 掌握辅助工程预算

5.5 施工深化设计 BIM 应用
5.5.1 掌握施工深化设计建模内容
5.5.2 掌握施工现场测量
5.5.3 了解样板 BIM 应用
5.5.4 掌握施工可行性检测
5.5.5 熟悉饰面排版
5.5.6 掌握施工工艺模拟
5.5.7 掌握辅助图纸会审
5.5.8 掌握工艺优化
5.5.9 掌握辅助出图

5.6 施工过程的 BIM 应用
5.6.1 掌握施工过程建模内容
5.6.2 掌握施工组织模拟
5.6.3 掌握设计变更管理
5.6.4 掌握可视化施工交底
5.6.5 了解智能放线
5.6.6 了解构件预制加工与材料下单
5.6.7 了解施工进度管理
5.6.8 了解施工物料管理
5.6.9 了解质量与安全管理

5.6.10 了解工程成本管理

5.7 竣工交付 BIM 应用

5.7.1 掌握竣工交付建模内容

5.7.2 掌握竣工图纸生成

5.7.3 了解辅助工程结算

5.8 运维 BIM 应用

5.8.1 了解运维 BIM 建模内容

5.8.2 了解日常运行维护管理

5.8.3 了解设备设施运维管理

5.8.4 了解装饰装修改造运维管理

5.9 拆除 BIM 应用

5.9.1 了解拆除 BIM 建模内容

5.9.2 了解拆除模拟

5.9.3 了解拆除工程量统计及拆除物资管理

6 建筑装饰工程 BIM 应用协同

6.1 建筑装饰项目 BIM 应用协同概述

6.1.1 熟悉基于 BIM 协同工作的意义

6.1.2 掌握基于 BIM 的协同工作策划

6.1.3 掌握 BIM 协同工作的文件管理

6.2 建筑装饰工程设计阶段的 BIM 协同

6.2.1 掌握基于 BIM 的设计协同方法

6.2.2 掌握内部设计协同

6.2.3 掌握各专业间设计协同

6.2.4 掌握各环节设计协同

6.2.5 掌握设计方与项目其他参与方协同

6.3 建筑装饰工程施工阶段的 BIM 协同

6.3.1 了解基于 BIM 的施工协同方法

6.3.2 了解施工深化设计协同

6.3.3 了解施工组织模拟协同

6.3.4 了解变更管理下的协同

6.3.5 了解施工—加工一体化协同

6.4 基于 BIM 协同平台的协作

6.4.1 了解 BIM 协同平台的功能

6.4.2 了解基于 BIM 的协同平台管理

7 建筑装饰工程 BIM 交付

7.1 建筑装饰工程 BIM 交付物

7.1.1 了解交付物概念

7.1.2　了解交付物类型

7.1.3　了解交付物数据格式

7.2　建筑装饰工程 BIM 交付程序

7.2.1　了解 BIM 交付责任划分

7.2.2　了解交付与变更流程

7.2.3　了解质量记录与审查结果归档

7.3　建筑装饰工程 BIM 成果交付要求

7.3.1　掌握交付总体要求

7.3.2　掌握建筑装饰信息模型交付要求

7.3.3　掌握碰撞检查报告交付要求

7.3.4　掌握基于 BIM 的性能分析交付要求

7.3.5　掌握基于 BIM 的可视化成果交付要求

7.3.6　掌握基于 BIM 的量化统计成果交付要求

7.3.7　掌握基于 BIM 的工程图纸交付要求

7.3.8　掌握 BIM 实施计划交付要求

7.4　建筑装饰工程各环节 BIM 交付

7.4.1　熟悉方案设计 BIM 交付

7.4.2　了解初步设计 BIM 交付

7.4.3　熟悉施工图设计 BIM 交付

7.4.4　熟悉施工深化设计 BIM 交付

7.4.5　熟悉施工过程 BIM 交付

7.4.6　熟悉竣工 BIM 交付

7.4.7　了解运维 BIM 交付

8　建筑装饰工程 BIM 应用案例

8.1　住宅装饰项目 BIM 应用案例

8.1.1　了解项目概况

8.1.2　熟悉项目 BIM 应用策划

8.1.3　掌握项目 BIM 应用及效果

8.1.4　了解项目 BIM 应用总结

8.2　商业店铺装饰项目 BIM 应用案例

8.2.1　了解项目概况

8.2.2　熟悉项目 BIM 应用策划

8.2.3　掌握项目 BIM 应用实施

8.2.4　了解项目 BIM 应用总结

8.3　办公楼装饰项目 BIM 应用案例

8.3.1　了解项目概况

8.3.2　熟悉项目 BIM 应用策划

8.3.3　掌握项目 BIM 应用及效果

8.3.4 了解项目 BIM 应用总结

8.4 大型会场装饰项目 BIM 应用案例

8.4.1 了解项目概况

8.4.2 熟悉项目 BIM 应用策划

8.4.3 掌握项目 BIM 应用及效果

8.4.4 了解项目 BIM 应用总结

8.5 剧院装饰项目 BIM 应用案例

8.5.1 了解项目概况

8.5.2 熟悉项目 BIM 应用策划

8.5.3 掌握项目 BIM 应用及效果

8.5.4 了解项目 BIM 应用总结

8.6 音乐厅装饰项目 BIM 应用案例

8.6.1 了解项目概况

8.6.2 熟悉项目 BIM 应用策划

8.6.3 掌握项目 BIM 应用及效果

8.6.4 了解项目 BIM 应用总结

8.7 主题公园项目装饰 BIM 应用案例

8.7.1 了解项目概况

8.7.2 熟悉项目 BIM 应用策划

8.7.3 掌握项目 BIM 应用及效果

8.7.4 了解项目 BIM 应用总结

8.8 综合大厦装饰项目 BIM 应用案例

8.8.1 了解项目概况

8.8.2 熟悉项目 BIM 应用策划

8.8.3 掌握项目 BIM 应用及效果

8.8.4 了解项目 BIM 应用总结

8.9 地铁装饰项目 BIM 应用案例

8.9.1 了解项目概况

8.9.2 熟悉项目 BIM 应用策划

8.9.3 掌握项目 BIM 应用及效果

8.9.4 了解项目 BIM 应用总结

8.10 客运站幕墙项目 BIM 应用案例

8.10.1 了解项目概况

8.10.2 熟悉项目 BIM 应用策划

8.10.3 掌握项目 BIM 应用及效果

8.10.4 了解项目 BIM 应用总结

BIM 装饰专业操作实务
考 试 大 纲

1 装饰专业的业态及建筑建模

1.1 装饰专业的业态
1.1.1 了解装饰发展
1.1.2 了解艺术与技术的结合
1.1.3 了解专业化分工细化
1.1.4 了解 BIM 含义

1.2 装饰 BIM 软件
1.2.1 熟悉 BIM 相关软件介绍
1.2.2 熟悉 Revit 软件介绍

1.3 装饰 BIM 工作准备
1.3.1 掌握新建、改扩建工程数据获得及协同
1.3.2 掌握修缮工程数据获得及协同

1.4 建筑快速入门
1.4.1 熟悉软件术语
1.4.2 熟悉软件界面

1.5 墙、轴网、尺寸
1.5.1 掌握外墙绘制的操作步骤
1.5.2 掌握轴网绘制的操作步骤
1.5.3 掌握标高绘制的操作步骤
1.5.4 掌握如何使用"对齐"工具，使轴网与相邻墙的外表皮对齐
1.5.5 掌握如何添加轴网的尺寸，使用尺寸来控制墙和轴网的位置
1.5.6 掌握绘制室内隔断墙的操作步骤

1.6 门
1.6.1 掌握放置门族的操作步骤
1.6.2 掌握使用镜像命令，快速创建相邻垂直墙对面的另一扇门
1.6.3 掌握将绘制好的两个门复制到其他房间的操作步骤
1.6.4 掌握如何使用所有标记命令，对现有的构件进行统一标记
1.6.5 掌握删除门的操作步骤

1.7 窗
1.8 屋顶
1.9 楼板

1.10 注释、房间标记、明细表
1.10.1 掌握文字标注的方法
1.10.2 掌握添加房间标签的方法
1.10.3 掌握如何创建房间明细表

2 创建分部分项工程模型

2.1 隔断墙
2.1.1 掌握隔墙的创建
2.1.2 掌握玻璃隔断墙的创建

2.2 装饰墙柱面
2.2.1 掌握壁纸装饰面墙的创建
2.2.2 掌握瓷砖装饰墙的创建

2.3 门窗

2.4 楼地面

2.5 天花板
2.5.1 掌握如何创建整体式天花板
2.5.2 掌握如何创建木格栅天花板

2.6 楼梯及扶手
掌握如何运用 BIM 软件绘制楼梯及扶手

2.7 固装家具
2.7.1 熟悉如何选择样板文件
2.7.2 掌握绘制参照平面的操作步骤
2.7.3 掌握绘制模型的操作步骤
2.7.4 掌握如何生成效果图

2.8 装饰节点
2.8.1 掌握木作装饰墙的创建
2.8.2 掌握轻钢龙骨隔墙的创建

2.9 卫生间机电设计
2.9.1 熟悉建模准备工作流程
2.9.2 掌握暖通专业的操作步骤
2.9.3 掌握给排水专业的操作步骤
2.9.4 掌握电气专业的操作步骤
2.9.5 掌握管道综合的操作步骤
2.9.6 掌握模型处理方法

3 定制参数化装饰构件

3.1 家具与陈设
3.1.1 掌握坐卧类家具的参数化定制
3.1.2 掌握凭倚类家具的参数化定制

3.1.3 掌握储存类家具的参数化定制
3.1.4 掌握陈设类家具的参数化定制

3.2 照明设备
3.2.1 熟悉台灯参数化定制

3.3 装饰构件
3.3.1 熟悉定制踢脚线参数化定制
3.3.2 掌握定制轻钢龙骨族参数化定制

3.4 注释族
3.4.1 熟悉立面符号族
3.4.2 熟悉图纸封面族
3.4.3 熟悉图框族
3.4.4 熟悉材质标记族

4 定制装饰材料

4.1 概述 Revit 材料应用
4.1.1 了解 Revit 材料属性
4.1.2 了解 Revit 应用对象
4.1.3 熟悉 Revit 应用范围

4.2 创建 Revit 材质
4.2.1 掌握如何添加到材质列表的操作流程
4.2.2 掌握如何添加材质资源的操作流程
4.2.3 掌握如何替换材质资源的操作流程
4.2.4 掌握删除资源的操作流程

4.3 详解材质面板参数
4.3.1 熟悉材质面板标识
4.3.2 熟悉材质面板图形
4.3.3 熟悉材质面板外观
4.3.4 掌握材质面板的材料库

4.4 Revit 材料应用对象一：面层
4.4.1 熟悉面层的通用术语（例：石材-ST）
4.4.2 熟悉壁纸材质
4.4.3 熟悉面层材料库

4.5 Revit 材料应用对象二：功能材料
4.5.1 熟悉水泥砂浆
4.5.2 熟悉功能材料库

4.6 Revit 材料和自定义参数
4.6.1 熟悉 Revit 项目参数
4.6.2 熟悉 Revit 自定义参数

5 可视化应用

5.1 Revit 表现室内效果图
5.1.1 熟悉运用 Revit 表现室内效果图的流程
5.1.2 掌握如何运用 Revit 制作效果图

5.2 AutoDesk 360 云渲染效果图
5.2.1 掌握运用 AutoDesk 创建 360 云渲染效果图的操作步骤

5.3 Revit 制作漫游动画
5.3.1 掌握运用 Revit 创建漫游
5.3.2 掌握如何运用 Revit 进行美化视图
5.3.3 掌握如何导出漫游
5.3.4 掌握如何运用 Revit 进行日光研究
5.3.5 掌握如何导出日光研究

5.4 3ds Max Design 室内渲染
5.4.1 掌握如何在 3ds Max Design 软件中新建项目文件
5.4.2 掌握如何导出 Revit 项目文件

6 装饰施工图应用

6.1 Revit 装饰施工图应用概述
6.1.1 熟悉 Revit 装饰施工图软件要素

6.2 创建 Revit 施工图一般流程

6.3 Revit 装饰施工图应用内容详解
6.3.1 掌握 Revit 装饰施工图出图准备工作
6.3.2 掌握 Revit 装饰施工图图纸创建
6.3.3 掌握如何创建出图视图
6.3.4 熟悉 Revit 装饰施工图图面说明

6.4 创建装饰施工图系列
6.4.1 掌握创建装饰平面图系列
6.4.2 掌握创建装饰立面图系列
6.4.3 掌握创建装饰详图节点系列
6.4.4 熟悉装饰施工图前图部分

6.5 打印导出
6.5.1 掌握如何将施工图打印为 PDF 格式
6.5.2 掌握如何将施工图导出为 CAD 格式

7 计量

7.1 分部分项统计
7.1.1 掌握乳胶漆工程量的统计

7.2 室内家具统计家具与陈设统计

7.3 导出明细表

8 交付成果

8.1 Revit 软件导出文件格式
8.2 Revit 导出明细表
8.2.1 掌握导出 Excel 明细表的操作方法
8.2.2 掌握如何创建 Microsoft Excel 工作表文件
8.3 导出 ODBC 数据库
8.3.1 掌握设置 ODBC 数据源的操作方法
8.4 导出 DWF 文件
8.4.1 掌握导出 DWF 文件的操作方法